Christian Heß

Paramagnetische Relaxation in radikaldotierten Festkörpern

Christian Heß

Paramagnetische Relaxation in radikaldotierten Festkörpern

Messung elektronischer Relaxationszeiten in dynamisch polarisierten Festkörpertargets mittels gepulster NMR

Südwestdeutscher Verlag für Hochschulschriften

Impressum / Imprint
Bibliografische Information der Deutschen Nationalbibliothek: Die Deutsche Nationalbibliothek verzeichnet diese Publikation in der Deutschen Nationalbibliografie; detaillierte bibliografische Daten sind im Internet über http://dnb.d-nb.de abrufbar.

Bibliographic information published by the Deutsche Nationalbibliothek: The Deutsche Nationalbibliothek lists this publication in the Deutsche Nationalbibliografie; detailed bibliographic data are available in the Internet at http://dnb.d-nb.de.

Verlag / Publisher:
Südwestdeutscher Verlag für Hochschulschriften
ist ein Imprint der / is a trademark of
OmniScriptum GmbH & Co. KG
Heinrich-Böcking-Str. 6-8, 66121 Saarbrücken, Deutschland / Germany
Email: info@svh-verlag.de

Herstellung: siehe letzte Seite /
Printed at: see last page
ISBN: 978-3-8381-1619-8

Zugl. / Approved by: Bochum, Ruhr-Universität, Dissertation, 2009

Inhaltsverzeichnis

Einleitung

Vor gut einhundert Jahren, im Frühjahr 1909, begannen RUTHERFORDs Mitarbeiter HANS GEIGER und ERNEST MARSDEN mit den Streuexperimenten von Alpha-Teilchen an einer Goldfolie, deren Ergebnisse Rutherford eineinhalb Jahre später zur Entwicklung eines neuen Atommodells anregten: Da die allermeisten Alpha-Teilchen die Folie ungehindert durchquerten, mussten die Grundbausteine der Materie weitgehend leer sein. Nur wenn die Partikel in die Nähe eines massereichen Kernes kamen, wurden sie durch dessen starkes Feld abgelenkt. Da dies nur mit sehr wenigen Teilchen passierte, musste der Kern extrem klein sein. „Ich weiß jetzt, wie ein Atom aussieht!“ soll Rutherford gerufen haben, als er am Morgen nach seiner Eingebung Geigers Zimmer betrat. Es ist das fundamentale Bild vom Atom, das wir noch heute – hundert Jahre später – im Wesentlichen vor uns haben. Dieser Zeitpunkt kann als die Geburtsstunde der Kernphysik angesehen werden, da Rutherford hier bereits quantitative Vorstellungen von der Größe des Kerns hatte. Unter Verwendung der nach ihm benannten Streuformel schätzte er die Größe des Kerns auf ca. 1/3 000 des Atomdurchmessers ab [Rut 11].

Seitdem hat die Physik große Fortschritte gemacht. In den 30er und 40er Jahren zeichnete sich schließlich mit den Entdeckungen von Positron (1931), Muon (1937) und dem geladenen π-Meson (1947) die Entstehung einer weiteren Disziplin ab, die der Teilchenphysik. Wurden die ersten Teilchen noch mit Hilfe kosmischer Strahlung entdeckt, begann man Anfang der 50er Jahre mit Hilfe von Teilchenbeschleunigern systematisch nach ihnen zu suchen. Ferner enthüllten bald Streuexperimente von Elektronen am Proton eine ausgedehnte Ladungsstruktur der Nukleonen und gaben erste Hinweise auf eine innere Struktur.

Zur Untersuchung der Teilcheneigenschaften und ihrer Wechselwirkungen sind Beschleuniger bis heute die wichtigsten Werkzeuge der Teilchenphysik. Um auch die Spinabhängigkeit der Wechselwirkungen näher zu untersuchen, müssen die Spinzustände der einlaufenden Teilchen festgelegt sein. Neben der Polarisation des Teilchenstrahls besteht die Möglichkeit des Einsatzes eines polarisierten Gas- oder Festkörpertargets. Dabei bieten Festkörpertargets aufgrund ihrer hohen Teilchendichte auch bei Verwendung relativ schwacher Strahlströme eine hohe Luminosität und werden insbesondere dann eingesetzt, wenn hohe Ansprüche an die statistische Präzision bestehen. Um eine hohe Polarisation, d. h. eine möglichst vollständige Ausrichtung der Kernspins im Festkörper zu erzielen und diese flexibel steuern (das heißt auch umkehren) zu können, wird die Methode der dynamischen Kernspin-Polarisation (Dynamic Nuclear Polarization, DNP) verwendet. Dazu müssen paramagnetische Zentren (in Form ungepaarter Elektronen) in geringer Konzentration in das Targetmaterial eingebracht werden bzw. durch geeignete Bestrahlung darin erzeugt werden. Deren Polarisation wird durch Mikrowelleneinstrahlung auf die

Kerne übertragen. Dabei bestimmen die Eigenschaften der Elektronen wie ESR-Linienbreite und Relaxationszeit maßgeblich die Effektivität bzw. Geschwindigkeit des DNP-Prozesses. So hat das Studium der ESR-Linienbreite in den letzten Jahren wichtige Fortschritte, insbesondere im Bestreben nach hohen Deuteronenpolarisationen, ermöglicht.

Bezüglich der paramagnetischen Relaxation in Festkörpern findet man in der Literatur relativ wenig experimentelle Fakten; von ein paar Untersuchungen an F-Zentren in Kristallen abgesehen, gibt es kaum für die DNP relevante Informationen. Insbesondere chemische Radikale in gefrorenen organischen Lösungsmitteln scheinen bislang nicht untersucht worden zu sein. In Abschätzungen geht man davon aus, dass die Relaxationszeiten im Millisekundenbereich liegen, zudem sagt die Theorie gewisse Abhängigkeiten von Temperatur und Magnetfeld voraus.

In der vorliegenden Arbeit soll deshalb das Relaxationsverhalten der paramagnetischen Zentren in polarisierten Festkörpermaterialien experimentell untersucht werden. Dazu ist es nötig, diese Messungen unter den gleichen Bedingungen durchzuführen, wie sie bei der DNP herrschen – das bedeutet bei Temperaturen im Bereich von 1 K und bei Magnetfeldstärken von 2.5 T und mehr. Um dabei nicht auf ein gepulstes ESR-Spektrometer angewiesen zu sein, wird ein alternative Messmethode vorgestellt, die auf der Beobachtung der NMR-Linie beruht. Man nutzt dazu die Tatsache aus, dass Form und Lage der NMR-Linie von der Elektronenpolarisation abhängen. Wird diese kurzzeitig zerstört, kann ihr Aufbau anhand der NMR-Linie verfolgt und die Relaxationszeit bestimmt werden. Essentiell für dieses Verfahren ist dabei ein Nutzung eines schnellen NMR-Systems, mit dem mehrere hundert Spektren binnen weniger Sekunden aufgenommen werden können. Das gepulste NMR-System ist dafür wegen seines hohen Dynamikumfangs und seiner kurzen Messzeiten prädestiniert.

Nach ausführlicher Behandlung der Theorie und Vorstellung des selbst gebauten NMR-Systems werden die Ergebnisse der Messungen an zahlreichen Proben vorgestellt. Es wird der Einfluss der Radikalkonzentration auf die Relaxationszeit am Beispiel TEMPO-dotierter Butanol-Proben untersucht und mit einzelnen Messungen mit einem Trityl-Radikal verglichen. Dabei sind sowohl Proben mit H-Butanol (Protonen) als auch mit D-Butanol (Deuteronen) untersucht worden. Weiterhin ist an einer Probe die Temperaturabhängigkeit der Relaxationszeit bestimmt worden. Untersuchungen an ^{6}LiD geben Hinweise auf die Relaxationszeit der darin durch Elektronenbestrahlung erzeugten F-Zentren und möglicherweise eine Klärung des in der Vergangenheit oft beobachteten, relativ langsamen Polarisationsaufbaus bei der DNP.

Alle Messungen wurden im laboreigenen vertikalen ^{4}He-Verdampferkryostaten bei 1 K durchgeführt. Da die Feldfluktuation des normalleitenden Magneten für diese Messungen zu groß war, wurde für den vorhandenen Kryostaten ein neues Gehäuse mit supraleitendem Magneten entworfen und gebaut, in dem schließlich die Messungen erfolgreich durchgeführt werden konnten. Kryostat und das neue Gehäuse samt Magnetsystem sind im Anhang beschrieben.

Kapitel 1

Spin und Spinsysteme

Dieses Kapitel soll zunächst die grundlegenden Begriffe und Größen wie Spin und magnetisches Moment definieren und in Zusammenhang setzen. Dies ist insofern nötig, als dass gerade auf diesem Gebiet eine Vielzahl von verschiedenen Nomenklaturen in Gebrauch sind, die sich z. B. dadurch unterscheiden, dass eine Größe mit oder ohne den Faktor $\hbar$ definiert ist, oder dass eine abweichende Vorzeichenkonvention verwendet wird. Die in der vorliegenden Arbeit verwendeten Definitionen sind so gewählt, dass sie möglichst konsistent zu denen in den von ABRAGAM und GOLDMAN verfassten Büchern und Artikeln sind.

Nach der klassischen Definition einiger Größen von Spin-Systemen werden kurz die quantenmechanischen Spin-Operatoren vorgestellt. Mit Ihrer Hilfe werden schließlich die Hamiltonoperatoren zur Beschreibung der Spin-Wechselwirkungen abgeleitet. Nach einem Abschnitt zum Dichteoperator-Formalismus werden schließlich zwei Modelle zur Beschreibung der dynamischen Kernspin-Polarisation (DNP) vorgestellt.

Zu dem verwendeten Einheitensystem: Obwohl SI zweifelsohne das für den Experimentalphysiker gängige Einheitensystem ist, sind in dieser Arbeit einige theoretische Berechnungen im Gauß'schen cgs-System ausgeführt. Das liegt zum einen an der besseren Übersichtlichkeit der Rechnung, soll zum anderen aber auch den Vergleich mit Büchern der theoretischen Physik erleichtern, die überwiegend das cgs-System benutzen. Im Anhang A ist beschrieben, wie einzelne Größen und Gleichungen zwischen SI- und cgs-System umgerechnet werden. Das jeweils benutzte Einheitensystem wird durch den Zusatz (SI) bzw. (G) in den Kapitel- oder Abschnittsüberschriften vermerkt, die auch in den Kopfzeilen der Seiten wiederholt werden. Von dieser Konvention abweichende Gleichungen sind extra gekennzeichnet. Zeigen weder Kapitel noch Abschnittsüberschrift das verwendete Einheitensystem an, so gelten die Gleichungen (wenn nicht extra gekennzeichnet) sowohl im SI- als auch im Gauß'schen cgs-System.

1.1 Teilchen mit Spin

Mit Spin bezeichnet man den intrinsischen Drehimpuls eines Teilchens. In verschiedenen Fach- und Lehrbüchern wird der Spin häufig mit der Eigenrotation des Teilchens veranschaulicht; diese Modellvorstellung ist zwar naheliegend, stößt aber schnell an ihre Grenze. Der Spin ist eine rein quantenmechanische Eigenschaft, die kein klassisches Analogon hat. Zwar besitzt der Spin formale Eigenschaften, die denen des Bahndrehimpulses entsprechen, ist aber grundsätzlich von ihm zu unterscheiden.

Der Spin eines Teilchens wird meist mit einem der Buchstaben s, i und j bezeichnet (auch als Majuskel). Wenn zwischen verschiedenen Spins unterschieden werden soll, werden feste Buchstaben benutzt: I für Kernspin und S für Elektronenspin; diese Konvention hilft, z. B. wenn die Wirkung der Elektronenspins auf den Kernspin beschrieben wird, in den Gleichungen den Überblick zu behalten. Ansonsten gelten – wenn nicht extra darauf hingewiesen wird – die Gleichungen für alle Spins.

Als physikalische Größen stellen s, i und j die Spin-Quantenzahl des jeweiligen Spinzustandes dar; diese ist quantisiert und kann ganz- oder halbzahlige Werte annehmen. Entsprechend spricht man auch von Spin-1/2-Teilchen (z. B. Elektron und Proton) oder Spin-1-Teilchen (z. B. Deuteron). Der Spin-Vektor $\vec{j}$ hat den Betrag

$$|\vec{j}| = \sqrt{j(j+1)} \quad . \tag{1.1}$$

Der Drehimpuls des Spins ist

$$L = \hbar j \quad , \tag{1.2}$$

nicht zu verwechseln mit dem Betrag des Drehimpulses

$$|\vec{L}| = \hbar|\vec{j}| = \hbar\sqrt{j(j+1)} \quad \neq L \quad . \tag{1.3}$$

Die Komponente des Spins bezüglich einer äußeren Vorzugsrichtung (in der Regel die Richtung des externen Magnetfeldes), hier der z-Richtung, wird mit der magnetischen Quantenzahl m (oder M) bezeichnet und ist ebenso wie der Spin quantisiert

$$j_z = m \qquad m \in \{-j, \ldots, j-1, j\} \quad , \tag{1.4}$$

entsprechend ist die z-Komponente des Drehimpulses

$$L_z = \hbar j_z = \hbar m \quad . \tag{1.5}$$

Das magnetische Moment eines Teilchens ist proportional zu seinem Spin

$$\vec{\mu} = \text{const} \cdot \vec{j} = \pm g\mu_\text{M} \cdot \vec{j} = \gamma\hbar\vec{j} = \gamma\vec{L} \qquad \text{bzw.} \qquad \mu = \gamma\hbar j \quad , \tag{1.6}$$

dabei ist g der Landé-Faktor des jeweiligen Teilchens und μ_M das entsprechende Magneton. Das Vorzeichen des gyromagnetischen Verhältnisses γ zeigt an, ob Spin und magnetisches Moment parallel ($\gamma > 0$) oder antiparallel ($\gamma < 0$) zueinander stehen:

$$\gamma = \frac{\vec{\mu} \cdot \vec{j}}{\hbar\,|\vec{j}|^2} \tag{1.7}$$

Beim Kernspin haben g und γ das gleiche Vorzeichen, beim Elektronenspin ist per Konvention g positiv obwohl Spin und magnetisches Moment antiparallel stehen. Folgende kleine Übersicht soll hierzu Klarheit verschaffen:

Elektronenspin $\vec{s}$	Kernspin $\vec{I}$
$\vec{\mu} = -g\mu_{\mathrm{B}}\vec{s}$	$\vec{\mu} = g\mu_{\mathrm{K}}\vec{I}$
$= \gamma\hbar\vec{s}$	$= \gamma\hbar\vec{I}$
$g\mu_{\mathrm{B}} = -\gamma\hbar$	$g\mu_{\mathrm{K}} = \gamma\hbar$
$g = 2.0023\ldots$ (> 0 nach Konvention)	g und γ gleiches Vorzeichen
$\gamma = -1.759 \times 10^{11}\ \frac{\mathrm{rad}}{\mathrm{T\,s}}$	z. B. $\gamma_{\mathrm{p}} = 2.675 \times 10^{8}\ \frac{\mathrm{rad}}{\mathrm{T\,s}}$ (Proton)
	$\gamma_{\mathrm{d}} = 4.107 \times 10^{7}\ \frac{\mathrm{rad}}{\mathrm{T\,s}}$ (Deuteron)
	$\gamma_{^{13}\mathrm{C}} = 6.728 \times 10^{7}\ \frac{\mathrm{rad}}{\mathrm{T\,s}}$ (^{13}C)

1.1.1 Potentielle Energie im Magnetfeld

In einem äußeren magnetischen Feld $\vec{B} = B\vec{e}_z$ besitzt ein Spin potentielle Energie V, die von der Ausrichtung seines magnetischen Moments gegenüber dem Feld abhängt; für alle Spins gilt:

$$V = -\vec{\mu}\cdot\vec{B} = -\gamma\hbar\,\vec{j}\cdot\vec{B} = -\gamma\hbar B j_z \tag{1.8a}$$

$$= -\gamma\hbar m B = m\,\hbar\omega \quad , \tag{1.8b}$$

oder in anderer Schreibweise mit dem g-Faktor

$$V = \begin{cases} g\mu_{\mathrm{B}} m B & \text{für Elektronen} \\ -g\mu_{\mathrm{K}} m B & \text{für Kerne} \quad . \end{cases} \tag{1.9}$$

Die Definition der Larmorfrequenz ist mit

$$\omega := -\gamma B \tag{1.10}$$

so gewählt, dass der Ausdruck $V = m\,\hbar\omega$ aus Gl. (1.8b), für Elektron und Kern immer korrekt ist. Das heißt allerdings, dass genau wie γ auch ω verschiedenes Vorzeichen haben kann. Das Vorzeichen von γ drückt dabei aus, mit welchem Drehsinn die freien Spins im Magnetfeld um die Magnetfeldrichtung präzedieren.

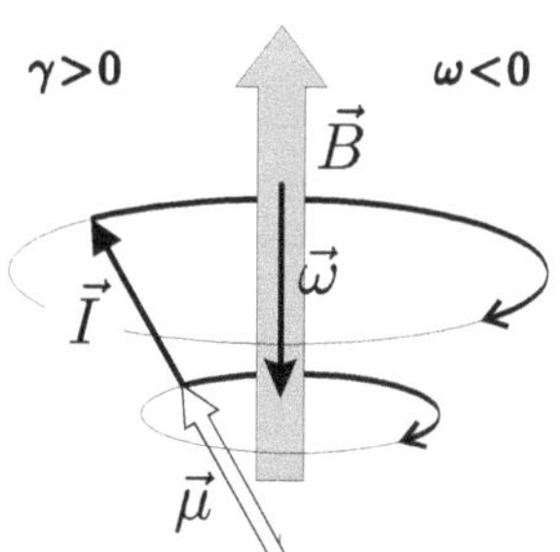

Abb. 1.1 *Teilchen mit positivem γ präzedieren im Uhrzeigersinn um die Magnetfeldrichtung.*

Für Teilchen mit positivem gyromagnetischen Verhältnis (die Mehrzahl der Kerne) ist die Larmorfrequenz negativ – das heißt die Präzession von Spin und magnetischem Moment läuft in mathematisch negativem Drehsinn, also im Uhrzeigersinn, wenn man von oben auf den Magnetfeldvektor schaut. Wie in Abb. 1.1 skizziert, steht der Vektor der Präzession antiparallel zum Magnetfeld.

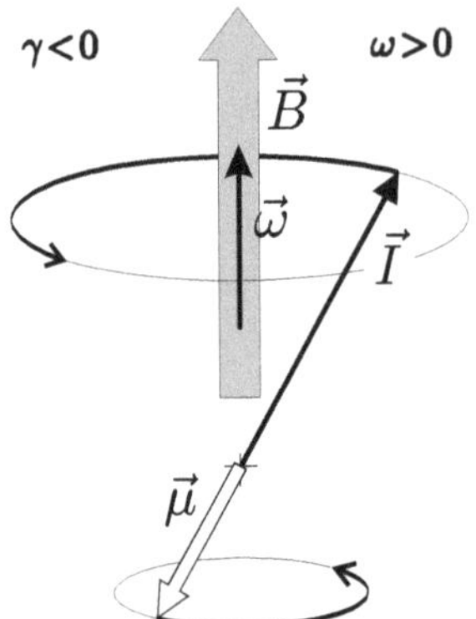

Abb. 1.2 *Teilchen mit negativem γ präzedieren gegen den Uhrzeigersinn um die Magnetfeldrichtung.*

Entsprechend anders sieht die Sache bei Teilchen mit negativem γ (Elektron und einige Kerne) aus. Die Larmorfrequenz ist positiv, Spin und magnetisches Moment präzedieren in positiver Richtung – gegen den Uhrzeigersinn um die Magnetfeldrichtung (Abb. 1.2). Spin und magnetisches Moment präzedieren jeweils im gleichen Drehsinn, unabhängig von der z-Komponente des Spins.

Je nach Spinzustand (m-Quantenzahl) ist die potentielle Energie des Spins verschieden (Gl. 1.8), was zur Ausbildung der Zeeman-Niveaus führt. Ein Spin-j-Teilchen bildet auf diese Weise $(2j+1)$ äquidistante Energieniveaus aus, jeweils im Abstand von

$$\Delta E = |\gamma|\hbar B = \hbar|\omega| = h\nu \quad . \tag{1.11}$$

dabei ist die Larmorfrequenz

$$\nu := \frac{|\omega|}{2\pi} \tag{1.12}$$

anders als ω stets positiv definiert, um damit Energiebeträge unabhängig vom γ-Vorzeichen auszudrücken zu können.

1.2 System von Spins

Bei einem Ensemble von Teilchen ist der genaue Zustand der einzelnen Spins in der Regel nicht bekannt. Es lassen sich aber statistische Größen definieren und berechnen, die die makroskopischen Eigenschaften von Spinsystemen bestimmen. Dies geschieht hier zunächst aus sehr anschaulichen Überlegungen heraus. In Abschn. 1.3 werden dann die Spin-Operatoren eingeführt, mit denen schließlich in Abschn. 1.5 eine quantenmechanisch korrekte Beschreibung der Eigenschaften von Spinsystemen auf der Basis des Dichteoperators möglich ist.

1.2.1 Spin-Polarisation

Die Polarisation (genauer die Vektorpolarisation) eines Spinsystems ist der Erwartungswert des Spins in einer bestimmten Vorzugsrichtung (hier die der z-Achse), normiert auf die Größe des Spins selbst:

$$P := \frac{\langle j_z \rangle}{j} = \frac{\langle m \rangle}{j} = \frac{\langle \mu_z \rangle}{\gamma\hbar j} \tag{1.13}$$

Für Spin-1/2 Teilchen ergibt das durch „Abzählen“ der Spins in den zwei Zuständen:

$$P_{\frac{1}{2}} = \frac{1}{\frac{1}{2}} \frac{N_{\frac{1}{2}} \cdot (\frac{1}{2}) + N_{-\frac{1}{2}} \cdot (-\frac{1}{2})}{N_{\frac{1}{2}} + N_{-\frac{1}{2}}} = \frac{N_{\frac{1}{2}} - N_{-\frac{1}{2}}}{N_{\frac{1}{2}} + N_{-\frac{1}{2}}} \tag{1.14}$$

Dabei sind $N_{\frac{1}{2}}$ und $N_{-\frac{1}{2}}$ die Besetzungszahlen der zwei m-Zustände.

Natürliche Polarisation

Ist das System im thermischen Gleichgewicht (engl. *thermal equilibrium*, Abk. TE), können die Besetzungszahlen über die Boltzmann-Statistik berechnet werden. Die Anzahl der Teilchen im i-ten Zustand mit der Energie E_i ist

$$N_i = \frac{N}{Z} \exp\left(-\frac{E_i}{kT}\right) \qquad \text{mit} \quad Z = \sum_i \exp\left(-\frac{E_i}{kT}\right) \; . \tag{1.15}$$

Mit der potentiellen Energie aus Gl. (1.8) folgt schließlich für die Polarisation

$$P_{\frac{1}{2}} = \frac{\exp\left(-\frac{\hbar\omega}{2kT}\right) - \exp\left(\frac{\hbar\omega}{2kT}\right)}{\exp\left(-\frac{\hbar\omega}{2kT}\right) + \exp\left(\frac{\hbar\omega}{2kT}\right)} = -\tanh\left(\frac{\hbar\omega}{2kT}\right) = \tanh\left(\frac{\gamma\hbar B}{2kT}\right) \; . \tag{1.16}$$

Die TE-Polarisation hat also das gleiche Vorzeichen wie das gyromagnetische Verhältnis. Zum Beispiel beträgt bei klassischen PT-Bedingungen von $T = 1\,\mathrm{K}$ und $B = 2.5\,\mathrm{T}$ die TE-Polarisation der paramagnetischen Elektronen $P_e = -93.3\%$. Eine negative Polarisation bedeutet, dass die Mehrzahl der Spins entgegen der Magnetfeldrichtung zeigen.

Unter Verwendung der Brillouin-Funktion

$$\mathcal{B}_j(x) := \left(1 + \frac{1}{2j}\right) \coth\left[\left(1 + \frac{1}{2j}\right) x\right] - \frac{1}{2j} \coth\left(\frac{x}{2j}\right) \tag{1.17}$$

lässt sich die TE-Polarisation für Spin-j-Teilchen allgemein schreiben:

$$P_j = \frac{\frac{1}{j} \sum_{m=-j}^{j} m \cdot \exp\left(\frac{m\gamma\hbar B}{kT}\right)}{\sum_{m=-j}^{j} \exp\left(\frac{m\gamma\hbar B}{kT}\right)} = \mathcal{B}_j\left(j \, \frac{\gamma\hbar B}{kT}\right) \tag{1.18}$$

Für den Fall von Spin-1-Teilchen ergibt dies für die TE-Polarisation:

$$P_1 = \mathcal{B}_1\left(\frac{\gamma\hbar B}{kT}\right) = \frac{4 \, \tanh\left(\frac{\gamma\hbar B}{2kT}\right)}{3 + \tanh^2\left(\frac{\gamma\hbar B}{2kT}\right)} \tag{1.19}$$

1.2.2 Magnetisierung

Die magnetischen Momente der einzelnen Teilchen (mit Spin j) in einer Probe erzeugen eine makroskopische Magnetisierung bzw. magnetische Momentdichte:

$$\vec{M} = \frac{\sum_i \vec{\mu}_i}{V} = n_j \langle \vec{\mu} \rangle \tag{1.20}$$

Darin bedeutet n_j die Spindichte, also die Anzahl der Spins pro Volumen. Im statischen oder quasi-statischen Fall[1)] zeigt die Magnetisierung in Richtung des Magnetfelds:

$$\vec{M} = n_j \langle \vec{\mu} \rangle = n_j \langle \mu_z \rangle \vec{e}_z = M \vec{e}_z \tag{1.21}$$

Mit der Definition der Polarisation (1.13) schreibt man schließlich

$$M = n_j \langle \mu_z \rangle = n_j \cdot \gamma \hbar j P \quad . \tag{1.22}$$

Die statische Suszeptibilität der Teilchen ist dann

$$\chi = \frac{M}{H} = \frac{n_j \gamma \hbar j P}{H} \quad . \tag{1.23}$$

In der Hochtemperaturnäherung ($h\nu \ll kT$), die bei Kernen auch unter Polarisationsbedingungen einigermaßen gut erfüllt ist, lässt sich die Brillouin-Funktion Gl. (1.17) bis zur linearen Ordnung entwickeln:

$$\mathcal{B}_j(x) = \frac{j+1}{3j}\, x + \mathcal{O}(x^3) \tag{1.24}$$

Damit erhält man unter Verwendung von Gl. (1.18) den Ausdruck für die statische Kern-Suszeptibilität

$$\chi_{\text{nuc}} = \mu_0 \frac{I(I+1)\,\gamma^2 \hbar^2 n_I}{3kT} \quad , \qquad \text{(SI)} \tag{1.25}$$

analog zum Curie-Gesetz paramagnetischer Substanzen, mit der charakteristischen T^{-1}-Abhängigkeit.

Ist hingegen die magnetische Energie deutlich größer als die thermische ($h\nu \gg kT$), konvergiert die Brillouin-Funktion für nicht all zu große j recht schnell

$$\lim_{x \to \infty} \mathcal{B}_j(x) = 1 \quad ,$$

und sowohl die Polarisation als auch die Magnetisierung erreichen ihren Maximalwert. Die Sättigungsmagnetisierung ist entsprechend ($P = 1$)

$$M_{\text{max}} = n_j \gamma \hbar j \quad . \tag{1.26}$$

[1)] statisch meint TE-Gleichgewicht, quasi-statisch meint den Fall einer dynamischen Polarisation, die zwar im strengen Sinne kein Gleichgewichtszustand ist, die aber auf der Zeitskala der Larmorpräzession als statisch betrachtet werden kann.

1.2.3 Übergangswahrscheinlichkeiten und Relaxation

Elektronen und Kerne mit $j = \frac{1}{2}$ bilden im Magnetfeld zwei Zeeman-Niveaus aus und sind somit die klassischen Vertreter von quantenmechanischen Zweiniveausystemen. Ein solches System soll im folgenden genauer betrachtet werden. Aus grundlegenden Überlegungen lassen sich recht schnell einige wichtige Beziehungen zwischen den Übergangswahrscheinlichkeiten und der Relaxationszeit ableiten. Des Weiteren wird dargestellt, wie eine mehr oder weniger intensive resonante HF-Einstrahlung das Gleichgewicht verschiebt und wie groß die Aufbauzeit für diesen neuen Gleichgewichtszustand ist.

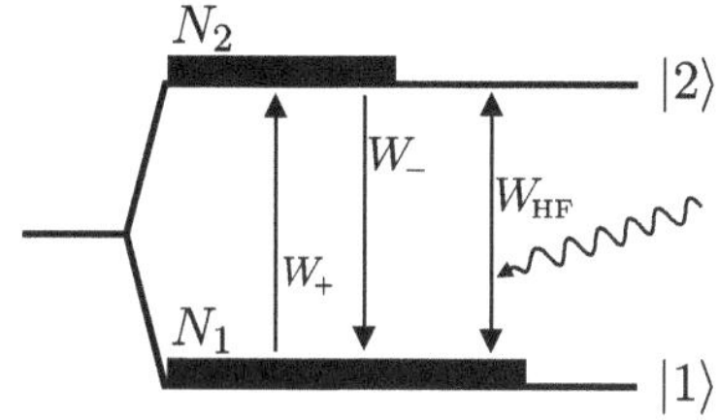

Abb. 1.3 *Besetzungszahlen und Übergangswahrscheinlichkeiten in einem Zweiniveausystem.*

In Abb. 1.3 ist schematisch ein Zweiniveausystem dargestellt. Die Besetzungszahlen des unteren und oberen Niveaus sind mit N_1 bzw. N_2 bezeichnet. Summe und Differenz sollen mit

$$N := N_1 + N_2$$
$$n := N_1 - N_2$$

bezeichnet werden. Für die zeitlichen Ableitungen gelten folgende Beziehungen:

$$\dot{N}_1 = -\dot{N}_2$$
$$\dot{n} = 2\dot{N}_1$$

Spontane Übergänge

Im ungestörten Fall treten nur spontane Übergänge zwischen den Niveaus auf. Deren Wahrscheinlichkeit ist richtungsabhängig und wird mit W_+ sowie W_- für die Aufwärts- bzw. Abwärtsrichtung bezeichnet (siehe Abb. 1.3). Die Übergangsrate ist nun das Produkt aus Besetzungszahl und Übergangswahrscheinlichkeit; berücksichtigt man Übergänge in beiden Richtungen, ist die Nettorate

$$\dot{N}_1 = W_- N_2 - W_+ N_1 \quad . \tag{1.27}$$

Im thermischen Gleichgewicht gilt $\dot{N}_1 = \dot{N}_2 = 0$ und das Verhältnis der Übergangswahrscheinlichkeiten ist

$$\frac{N_2}{N_1} \overset{\text{TE}}{=} \frac{W_+}{W_-} = \exp\left(-\frac{\Delta E}{kT}\right) \tag{1.28}$$

gleich dem Boltzmann-Faktor mit der Gittertemperatur T. Für die Besetzungszahldifferenz gilt dann

$$n_0 = N\frac{W_- - W_+}{W_- + W_+} \quad . \tag{1.29}$$

Die Null im Index soll das thermische Gleichgewicht kennzeichnen.

Befindet sich das System zum Zeitpunkt $t = 0$ nicht im thermischen Gleichgewicht, unterliegt aber keiner äußeren Störung, so gilt für die Entwicklung der Besetzungszahldifferenz die Differentialgleichung

$$\dot{n} = (n - n_o)(W_- + W_+) \quad . \tag{1.30}$$

Mit einem Exponentialansatz findet man dazu leicht die Lösung

$$n(t) = (n(0) - n_0)\, \mathrm{e}^{-(W_- + W_+)t} + n_0 \quad . \tag{1.31}$$

Die Zeitkonstante der Relaxation, die sogenannte „Relaxationszeit“ [2]), ist also

$$T_1 = \frac{1}{W_- + W_+} \quad . \tag{1.32}$$

Um die Beziehung für die Besetzungszahldifferenz (1.29) auf die Polarisation umzurechnen, muss beachtet werden, dass die Polarisation in Gl. (1.13) anhand der Spinausrichtung definiert ist, weshalb das Vorzeichen von γ entscheidend ist:

$$P_0 = \frac{\gamma}{|\gamma|} \cdot \frac{n_0}{N} = \frac{\gamma}{|\gamma|} \cdot \frac{W_- - W_+}{W_- + W_+} \tag{1.33}$$

Gesamtübergangsrate

Die Summe aus Auf- und Abwärtsübergangsrate ist (auch außerhalb des Gleichgewichts)

$$R := W_- N_2 + W_+ N_1 \quad . \tag{1.34}$$

Unabhängig von N_1 oder N_2 lautet der Ausdruck

$$R = N \left[\frac{W_-}{1 + \frac{1}{\kappa}} + \frac{W_+}{1 + \kappa} \right] \tag{1.35}$$

mit dem Besetzungszahlverhältnis $\kappa := N_2 / N_1$. Anschaulicher ist die Darstellung durch Relaxationszeit und Polarisation

$$R = \frac{N}{2} \cdot \frac{1}{T_1} \big(1 - P P_0 \big) \quad . \tag{1.36}$$

Dabei ist P die momentane Polarisation und P_0 die des Gleichgewichtszustandes. Die Beziehung gilt insbesondere auch für Systeme außerhalb des Gleichgewichts; sie wird später hilfreich sein, die Abhängigkeit der Kernspin-Relaxation von der der Elektronen zu verstehen.

Induzierte Übergänge – HF-Einstrahlung

Die Gegenwart eines Strahlungsfeldes der passenden Frequenz $h\nu = \Delta E$ bewirkt zusätzliche induzierte Übergänge in beide Richtungen. Der Aufwärts-Übergang erfolgt durch Absorption

[2])der später häufig benutzte Kehrwert der Relaxationszeit, wird abweichend von her hiesigen Definition der Übergangsrate mit „Relaxationsrate“ bezeichnet.

eines Quants $h\nu$ aus dem Strahlungsfeld, beim Abwärts-Übergang wird ein Quant der gleichen Energie kohärent ins Strahlungsfeld abgegeben. Die Übergangswahrscheinlichkeit für induzierte Übergänge ist für beide Richtungen identisch und soll mit W_{HF} bezeichnet werden.

Alle oben für den Fall der spontanen Übergänge gemachten Überlegungen können auf die Situation mit resonantem Strahlungsfeld übertragen werden, indem man die Übergangswahrscheinlichkeiten wie folgt ersetzt:

$$W_+ \to W_+ + W_{\mathrm{HF}}$$
$$W_- \to W_- + W_{\mathrm{HF}}$$

Dann ist die Zeitkonstante (bzw. dessen Kehrwert) für die Einstellung des neuen Gleichgewichts

$$T_1^{\mathrm{HF}} = \frac{1}{W_- + W_+ + 2W_{\mathrm{HF}}} \qquad \text{bzw.} \qquad \frac{1}{T_1^{\mathrm{HF}}} = \frac{1}{T_1} + \frac{1}{\tau_{\mathrm{HF}}} \quad , \tag{1.37}$$

mit $\tau_{\mathrm{HF}} := (2W_{\mathrm{HF}})^{-1}$, während das neue Gleichgewicht für

$$n_0^{\mathrm{HF}} = N\frac{W_- - W_+}{W_- + W_+ + 2W_{\mathrm{HF}}} = n_0 \cdot \frac{T_1^{\mathrm{HF}}}{T_1} = n_0 \cdot \frac{1}{1 + \dfrac{T_1}{\tau_{\mathrm{HF}}}} \tag{1.38}$$

erreicht ist. Für die Polarisation gilt entsprechend Gl. (1.33) jetzt

$$P_0^{\mathrm{HF}} = P_0 \cdot \frac{T_1^{\mathrm{HF}}}{T_1} \quad . \tag{1.39}$$

Je stärker die Einstrahlung ist, desto mehr überwiegen die induzierten Übergänge gegenüber den spontanen. Da Erstere aber für beide Richtungen gleich wahrscheinlich sind, verringert sich die Besetzungszahldifferenz. Auf diese Weise gelingt es, die Polarisation der Spins durch sättigendes Einstrahlen mit der Spin-Larmor-Frequenz zu zerstören.

1.3 Quantenmechanische Beschreibung des Spins 1/2

Für die weiteren Rechnungen ist es nötig, die quantenmechanisch korrekte Beschreibung des Spins und seiner Wechselwirkungen aufzustellen. Dies kann im Rahmen dieser Arbeit natürlich nicht vollständig bewerkstelligt werden, weshalb im folgenden nur Spin- und Pauli-Operatoren sowie ihre wichtigsten Eigenschaften kurz zusammengefasst werden. Für eine komplette Darstellung der Thematik sei auf die einschlägigen Bücher der Quantenmechanik verwiesen.

Das Spin-$\frac{1}{2}$ System wird in der Quantenmechanik durch einen zweidimensionalen Hilbertraum beschrieben. Dabei ist a priori keine Raumrichtung ausgezeichnet. Der Spin-Operator $\boldsymbol{J}_i$ hat für alle Raumrichtungen die möglichen Eigenwerte

$$\boldsymbol{J}_i|\psi\rangle = \pm\frac{1}{2}|\psi\rangle \qquad \text{mit} \quad i \in \{x, y, z\} \ . \tag{1.40}$$

Die Pauli-Operatoren sind durch

$$\boldsymbol{\sigma}_i = 2\,\boldsymbol{J}_i \tag{1.41}$$

definiert und haben entsprechend die Eigenwerte ± 1.

Analog zu klassischen Vektoren bildet man aus den einzelnen Komponenten wieder einen Vektor, der aber die Operator-Eigenschaft seiner Komponenten behält und Vektoroperator genannt wird:

$$\vec{\boldsymbol{J}} = \begin{pmatrix} \boldsymbol{J}_x \\ \boldsymbol{J}_y \\ \boldsymbol{J}_z \end{pmatrix} \qquad \text{bzw.} \qquad \vec{\boldsymbol{\sigma}} = \begin{pmatrix} \boldsymbol{\sigma}_x \\ \boldsymbol{\sigma}_y \\ \boldsymbol{\sigma}_z \end{pmatrix} \tag{1.42}$$

Als Basis des Spin-Hilbertraumes wählt man üblicherweise die Eigenzustände von $\boldsymbol{\sigma}_z$ und bezeichnet diese kurz mit $|+\rangle$ für Spin up und $|-\rangle$ für Spin down. Es gilt also

$$\langle +|\boldsymbol{\sigma}_z|+\rangle = +1 \tag{1.43a}$$

$$\langle -|\boldsymbol{\sigma}_z|-\rangle = -1 \ . \tag{1.43b}$$

Die Pauli-Operatoren lassen sich nun durch diese beiden Eigenzustände darstellen:

$$\boldsymbol{\sigma}_x = \ |+\rangle\langle -| \ + \ |-\rangle\langle +| \tag{1.44a}$$

$$\boldsymbol{\sigma}_y = -\mathrm{i}|+\rangle\langle -| \ + \mathrm{i}|-\rangle\langle +| \tag{1.44b}$$

$$\boldsymbol{\sigma}_z = \ |+\rangle\langle +| \ - \ |-\rangle\langle -| \tag{1.44c}$$

Bezüglich der Basisdarstellung der $\boldsymbol{\sigma}_z$-Eigenzustände als Spinoren

$$|+\rangle \equiv \chi_+ = \begin{pmatrix} 1 \\ 0 \end{pmatrix} \ , \qquad |-\rangle \equiv \chi_- = \begin{pmatrix} 0 \\ 1 \end{pmatrix} \ , \tag{1.45}$$

lautet die Matrizendarstellung der Pauli-Operatoren:

$$\sigma_x = \begin{pmatrix} 0 & 1 \\ 1 & 0 \end{pmatrix}, \qquad \sigma_y = \begin{pmatrix} 0 & -\mathrm{i} \\ \mathrm{i} & 0 \end{pmatrix}, \qquad \sigma_z = \begin{pmatrix} 1 & 0 \\ 0 & -1 \end{pmatrix} \tag{1.46}$$

Man nennt $\sigma_x, \sigma_y, \sigma_z$ entsprechend die Pauli-Matrizen. Für sie gilt genauso wie für die Pauli-Operatoren die wichtige Relation

$$\boldsymbol{\sigma}_i\,\boldsymbol{\sigma}_j = \delta_{ij}\mathbf{1} + \mathrm{i}\,\varepsilon_{ijk}\,\boldsymbol{\sigma}_k \ . \tag{1.47}$$

Werden zur Beschreibung der Spin-Zustände die oben einführten $\boldsymbol{J}_z$-Eigenzustände verwendet, erweist es sich oft als vorteilhaft, anstelle der verbliebenen Komponenten $\boldsymbol{J}_x$ und $\boldsymbol{J}_y$ die als Leiteroperatoren bekannten Linearkombinationen

$$\boldsymbol{J}_\pm = \boldsymbol{J}_x \pm \mathrm{i}\,\boldsymbol{J}_y \tag{1.48}$$

zu verwenden. Wichtige Eigenschaften sind

$$\boldsymbol{J}_\pm = \boldsymbol{J}_\mp^\dagger\,, \qquad [\boldsymbol{J}_z, \boldsymbol{J}_\pm] = \pm \boldsymbol{J}_\pm\,, \qquad [\boldsymbol{J}_+, \boldsymbol{J}_-] = 2\boldsymbol{J}_z\,, \qquad \boldsymbol{J}_\pm|\mp\rangle = |\pm\rangle\,, \qquad \boldsymbol{J}_\pm|\pm\rangle = 0\,. \tag{1.49}$$

Natürlich gelten die hier stellvertretend mit dem Buchstaben J geschriebenen Relationen für beliebige Spin-1/2-Teilchen.

1.4 Spin-Hamiltonoperator (G)

Auf den folgenden Seiten werden die für die späteren Berechnungen nötigen Hamiltonoperatoren der Spin-Wechselwirkungen abgeleitet. Insbesondere wegen des Abschnitts zur Dipol-Dipol-Wechselwirkung ist es geboten, in diesem Abschnitt das Gauß'sche-Einheitensystem zu verwenden, um sich so bei vielen Gleichungen den Vorfaktor $\frac{\mu_0}{4\pi}$ zu sparen. Für Umrechnung zwischen Gauß'schem- und SI-System sei nochmals auf Anhang A verwiesen. In theoretischen NMR-Büchern wird der Hamiltonoperator oft in Frequenzeinheiten dargestellt, in dieser Arbeit wird die klassische Definition des Hamiltonoperators benutzt, d. h. er hat die Dimension einer Energie.

Für ein Spin-System mit äußerem Magnetfeld setzt sich der Hamiltonoperator aus zwei Teilen zusammen:

$$\mathcal{H} = \mathcal{H}_\mathrm{Z} + \mathcal{H}_\mathrm{D} \tag{1.50}$$

Dabei stellt der Zeeman-Teil $\mathcal{H}_\mathrm{Z}$ die Wechselwirkung der einzelnen Spins mit dem Feld dar; der Dipolar-Teil $\mathcal{H}_\mathrm{D}$ berücksichtigt die Dipol-Dipol-Wechselwirkung der Spins untereinander.

1.4.1 Zeeman-Energie

Den Zeeman-Hamiltonoperator für einen Spin erhält man aus dem klassischen Ausdruck für die potentielle Energie Gl. (1.8a), indem man die Spin-Komponente j_z durch den entsprechenden Operator $\boldsymbol{j}_z$ ersetzt:

$$\mathcal{Z} = -\gamma\hbar B_0\,\boldsymbol{j}_z = \hbar\omega_0\,\boldsymbol{j}_z \tag{1.51}$$

Für den Zeeman-Hamiltonoperator eines System von gleichen Spins werden die $\mathcal{Z}$ jedes einzelnen Spins einfach aufsummiert:

$$\mathcal{H}_\mathrm{Z} = \sum_k \mathcal{Z}^k = -\gamma\hbar B_0 \sum_k \boldsymbol{j}_z^k = \hbar\omega_0 \sum_k \boldsymbol{j}_z^k\,, \tag{1.52}$$

mit den Energieeigenwerten $E^0(M) = \hbar\omega M$ zu den Eigenwerten M von $J_z = \sum j_z^k$. Bei verschiedenen Spins muss für jede Spin-Spezies ein eigenes $\mathcal{H}_\mathrm{Z}$ gebildet werden.

1.4.2 Dipol-Dipol-Wechselwirkung

Ein magnetisches Dipolmoment erzeugt in seiner Umgebung ein magnetisches Dipolfeld. Ein Dipol im Ursprung erzeugt am Ort $\vec{x}$ das Feld [Jac 06]

$$\vec{B}(\vec{x}) = \frac{\mu_0}{4\pi}\left[\frac{3\,(\vec{\mu}\cdot\vec{x})\,\vec{x}}{r^5} - \frac{\vec{\mu}}{r^3}\right] . \qquad \text{(SI)} \tag{1.53}$$

Dabei ist $r = |\vec{x}|$ der Abstand zum Ursprung. Ein zweiter Dipol μ_2 am Punkt $\vec{x}$ hat dann im Feld des ersten die potentielle Energie

$$W_{12} = -\vec{\mu}_2 \cdot \vec{B}(\vec{x}) = \frac{\mu_0}{4\pi}\left[\frac{\vec{\mu}_1\cdot\vec{\mu}_2}{r^3} - \frac{3\,(\vec{\mu}_1\cdot\vec{x})(\vec{\mu}_2\cdot\vec{x})}{r^5}\right] \qquad \text{(SI)} \tag{1.54a}$$

$$= \frac{\vec{\mu}_1\cdot\vec{\mu}_2}{r^3} - \frac{3\,(\vec{\mu}_1\cdot\vec{x})(\vec{\mu}_2\cdot\vec{x})}{r^5} . \qquad \text{(G)} \tag{1.54b}$$

Den gleichen Ausdruck erhält man für die Energie des ersten Dipols im Feld des zweiten. Die Dipole üben also wechselseitig eine Wirkung aufeinander aus, weshalb man den Ausdruck (1.54) auch Wechselwirkungsenergie der zwei Spins nennt.
Um den Hamilton-Operator dieser Wechselwirkung für eine Vielzahl von Spins zu erhalten, ersetzen wir die magnetischen Momente $\vec{\mu}$ durch die entsprechenden Operatoren

$$\vec{\mu} \to \gamma\hbar\vec{\boldsymbol{I}} \tag{1.55}$$

und summieren über alle Spin-Paarungen:

$$\mathcal{H}_{\mathrm{D}} = \sum_{j<k} \boldsymbol{W}_{jk} = \sum_{j<k} \frac{\gamma_j\gamma_k\hbar^2}{r_{jk}^3}\left[\vec{\boldsymbol{I}}^j\cdot\vec{\boldsymbol{I}}^k - 3\frac{(\vec{\boldsymbol{I}}^j\cdot\vec{x}_{jk})(\vec{\boldsymbol{I}}^k\cdot\vec{x}_{jk})}{r_{jk}^2}\right] \tag{1.56}$$

Wie in [Abr 61] gezeigt, kann der Term in der Summe noch weiter zerlegt werden; dazu betrachten wir den Wechselwirkungsoperator für zwei konkrete Spins $\vec{\boldsymbol{\imath}}$ und $\vec{\boldsymbol{\jmath}}$ und schreiben den Abstandsvektor in Kugelkoordinaten (θ = Polarwinkel):

$$\begin{aligned}\boldsymbol{W}_{ij} = \frac{\gamma_i\gamma_j\hbar^2}{r^3}\Big[\vec{\boldsymbol{\imath}}\cdot\vec{\boldsymbol{\jmath}} - 3\Big(&\big[\boldsymbol{i}_z\cos\theta + \sin\theta(\boldsymbol{i}_x\cos\varphi + \boldsymbol{i}_y\sin\varphi)\big]\cdot\\ &\cdot\big[\boldsymbol{j}_z\cos\theta + \sin\theta(\boldsymbol{j}_x\cos\varphi + \boldsymbol{j}_y\sin\varphi)\big]\Big)\Big]\end{aligned} \tag{1.57}$$

Unter Verwendung der Auf- und Absteige-Operatoren gemäß (1.48) lassen sich die Terme mit $\boldsymbol{i}_x$ und $\boldsymbol{i}_y$ zugunsten von Kombinationen aus $\boldsymbol{i}_+$ und $\boldsymbol{i}_-$ eliminieren. Nach Ausmultiplizieren der inneren Klammern können die Terme neu geordnet und zu sechs Summanden zusammengefasst werden:

$$\boldsymbol{W}_{ij} = \frac{\gamma_i\gamma_j\hbar^2}{r^3}\Big(\boldsymbol{A} + \boldsymbol{B} + \boldsymbol{C} + \boldsymbol{D} + \boldsymbol{E} + \boldsymbol{F}\Big) \tag{1.58}$$

mit

$$\boldsymbol{A} = \quad \left(1 - 3\cos^2\theta\right) \boldsymbol{i}_z\boldsymbol{j}_z \tag{1.59a}$$

$$\boldsymbol{B} = -\tfrac{1}{4}\left(1 - 3\cos^2\theta\right) (\boldsymbol{i}_+\boldsymbol{j}_- + \boldsymbol{i}_-\boldsymbol{j}_+) = \tfrac{1}{2}\left(1 - 3\cos^2\theta\right) \left(\boldsymbol{i}_z\boldsymbol{j}_z - \vec{\boldsymbol{\imath}}\cdot\vec{\boldsymbol{\jmath}}\right) \tag{1.59b}$$

$$\boldsymbol{C} = -\tfrac{3}{2}\sin\theta\cos\theta\, \mathrm{e}^{-\mathrm{i}\varphi} (\boldsymbol{i}_z\boldsymbol{j}_+ + \boldsymbol{j}_z\boldsymbol{i}_+) \tag{1.59c}$$

$$\boldsymbol{D} = -\tfrac{3}{2}\sin\theta\cos\theta\, \mathrm{e}^{\mathrm{i}\varphi} (\boldsymbol{i}_z\boldsymbol{j}_- + \boldsymbol{j}_z\boldsymbol{i}_-) \quad = \boldsymbol{C}^\dagger \tag{1.59d}$$

$$\boldsymbol{E} = -\tfrac{3}{4}\sin^2\theta\, \mathrm{e}^{-2\mathrm{i}\varphi}\, \boldsymbol{i}_+\boldsymbol{j}_+ \tag{1.59e}$$

$$\boldsymbol{F} = -\tfrac{3}{4}\sin^2\theta\, \mathrm{e}^{2\mathrm{i}\varphi}\, \boldsymbol{i}_-\boldsymbol{j}_- \quad = \boldsymbol{E}^\dagger \tag{1.59f}$$

Die Wirkung der Dipol-Dipol-Wechselwirkung ist ca. vier Größenordnungen kleiner als die der Zeeman-Aufspaltung. Der Dipolar-Hamiltonoperator kann daher gut in Störungsrechnung untersucht werden. Dazu müssen aber nicht zwangsläufig alle Terme der Entwicklung benutzt werden. Im Folgenden wird für die Fälle gleicher und verschiedener Spins dargestellt, was die einzelnen Terme bewirken und welche für die folgenden Rechnungen berücksichtigt werden müssen.

Gleiche Spins

Für zwei Kernspins i und i' der gleichen Spezies ist in Abb. 1.4 links zunächst die Lage der ungestörten Zustände, d. h. nur unter Wirkung des Zeeman-Anteils, dargestellt. Der Operator $\boldsymbol{A}$ ist komplett diagonal und hat die Form der klassischen Wechselwirkung zweier Dipole (vgl. Gl. (1.54)): der eine Spin sieht zusätzlich zum externen Feld das lokale Feld des anderen Spins, wodurch sich seine Energie erhöht oder verringert. Der sogenannte Flip-Flop-Term $\boldsymbol{B}$ ermöglicht simultane Übergänge der beiden Spins in entgegengesetzter Richtung. Obwohl $\boldsymbol{B}$ nur nicht-diagonal-Elemente besitzt, kommutiert er mit $\mathcal{H}_0$, da die Energiebilanz des Flip-Flop Prozesses ausgeglichen ist. Das führt zur kompletten Mischung der zwei entarteten Spin-Zustände $|+-\rangle$ und $|-+\rangle$[3] und macht den Wechsel von individuellen Spin-Zuständen zu einem gekoppelten System nötig.

Die zwei Spins ($i = i' = \frac{1}{2}$) koppeln zu den drei symmetrischen Zuständen mit Gesamtspin $i + i' = 1$

$$\text{Triplett} \quad \begin{cases} |\mathrm{T}_1\rangle = |+\,+\rangle \\ |\mathrm{T}_0\rangle = \dfrac{1}{\sqrt{2}}\Big(|+\,-\rangle + |-\,+\rangle\Big) \\ |\mathrm{T}_{-1}\rangle = |-\,-\rangle \end{cases} \tag{1.60a}$$

[3] Der Zustand der beiden Spins wird abkürzend als Produktzustand der in (1.43) definierten Eigenzustände geschrieben, also z. B. $|+\,-\rangle$ für $|i,m\rangle = |\frac{1}{2},\frac{1}{2}\rangle$ und $|i',m'\rangle = |\frac{1}{2},-\frac{1}{2}\rangle$.

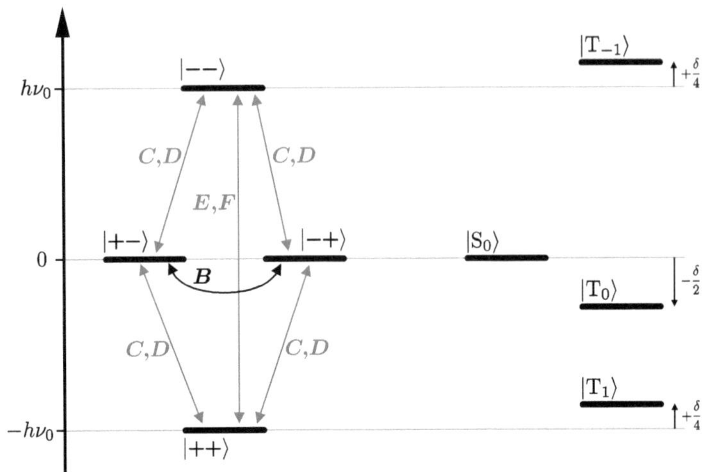

Abb. 1.4 *Dipolare Wechselwirkung gleichartiger Spins (hier Kernspins mit $\gamma > 0$).* **Links:** *Die vier ungestörten Spin-Zustände (nur Zeeman), die zwei Zustände zu $M = 0$ sind entartet. Zusätzlich sind die durch die Terme* ***B*** *bis* ***F*** *des Dipoloperators $\mathcal{H}_D$ hervorgerufenen Kopplungen der Zustände untereinander eingezeichnet. Der Term* ***A*** *wirkt auf jeden Zustand einzeln.* **Rechts:** *Der säkulare Teil $\mathcal{H}'_D$ des Dipoloperators bedingt die Mischung der zwei entarteten Spin-Zustände und die Bildung zweier Spin-Multiplets als Energieeigenzustände von $\mathcal{H}'_D$. Die Triplett-Zustände sind gegenüber den ungestörten Zuständen mit gleichem M (vgl. links) verschoben (Verschiebung für $\theta = 90°$ eingezeichnet, nicht maßstäblich).*

und dem antisymmetrischen Zustand $i - i' = 0$

$$\text{Singulett} \qquad |S_0\rangle = \frac{1}{\sqrt{2}}\Big(|+-\rangle - |-+\rangle\Big) \ . \tag{1.60b}$$

Weil ***B*** mit $\mathcal{H}_Z$ kommutiert, mischen dabei nur Zustände mit dem gleichen $M = \sum m_i$.

Die Terme ***C*** und ***D*** bewirken eine geringfügige Mischung der Zustände mit $\Delta M = \pm 1$. Der Energieeigenzustand des ungestörten Zustandes $|M\rangle$ wird dann $|M\rangle + \alpha|M+1\rangle - \alpha^*|M-1\rangle$. Die Beimischung liegt in der Größenordnung

$$|\alpha| \simeq \frac{\gamma\hbar}{r^3 B_0} \sin\theta\cos\theta \approx 10^{-4} \ .$$

Die verbliebenen Terme ***E*** und ***F*** mischen schließlich auch die um $\Delta M = \pm 2$ entfernten Zustände ($|++\rangle$ und $|--\rangle$) miteinander (siehe Abb. 1.4 links).
Für die spätere Berechnung der Momente des NMR-Signals ist nur der säkulare Anteil der Dipol-Dipol-Wechselwirkung von Nöten, also die Terme, die mit dem Zeeman-Hamiltonoperator vertauschen [Gol 70, ACJ 73]. Dies leisten nur die Terme ***A*** und ***B***; für gleiche Spins lautet also

der säkulare Teil des Dipolar-Hamiltonoperators (auch *truncated Dipolar Hamiltonian* genannt):

$$\mathcal{H}'_{\mathrm{D}} = {}^{II}\mathcal{H}'_{\mathrm{D}} = \gamma^2\hbar^2 \sum_{j<k} \frac{\boldsymbol{A}_{jk} + \boldsymbol{B}_{jk}}{r_{jk}^3} \tag{1.61}$$

$$= \gamma^2\hbar^2 \sum_{j<k} \frac{1 - 3\cos^2\theta}{2\, r_{jk}^3} \left[3\, \boldsymbol{I}_z^j \boldsymbol{I}_z^k - \vec{\boldsymbol{I}}^j \cdot \vec{\boldsymbol{I}}^k\right] \tag{1.62}$$

Für die Energie-Eigenwerte der Triplett-Zustände erhält man damit

$$\langle \mathrm{T}_{\pm 1}|\mathcal{H}_{\mathrm{Z}}+\mathcal{H}'_{\mathrm{D}}|\mathrm{T}_{\pm 1}\rangle = \mp\gamma\hbar B_0 + \frac{\delta}{4}$$

$$\langle \mathrm{T}_0|\mathcal{H}_{\mathrm{Z}}+\mathcal{H}'_{\mathrm{D}}|\mathrm{T}_0\rangle = -\frac{\delta}{2} \ .$$

Der Singulett-Zustand verschiebt sich nicht:

$$\langle \mathrm{S}_0|\mathcal{H}_{\mathrm{Z}}+\mathcal{H}'_{\mathrm{D}}|\mathrm{S}_0\rangle = 0$$

Die Größenordnung der Verschiebung ist

$$\delta = \frac{\gamma^2\hbar^2}{r^3}\left(1 - 3\cos^2\theta\right) \ . \tag{1.63}$$

Diese Niveau-Verschiebung der Dipol-Dipol-Wechselwirkung verursacht maßgeblich die homogenen Verbreiterung der Resonanzlinie im Festkörper (NMR wie ESR).

Verschiedene Spins

Zur dynamischen Kernspin-Polarisation (DNP) werden freie (paramagnetische) Elektronen benötigt. Diese können durch Bestrahlung des Festkörpers mit einem hochenergetischen Elektronenstrahl im Material erzeugt oder, wenn möglich, in Form von chemischen Radikalen in die Probe eingemischt werden (siehe dazu Abschn. 1.6 zur DNP).
Von besonderem Interesse ist im Falle verschiedener Spins die Wirkung dieser paramagnetischer Elektronen auf die Kerne. Für ein System aus einem Elektronenspin und einem Kernspin lautet zunächst der Zeeman-Hamiltonoperator

$$\mathcal{H}_{\mathrm{Z}} = -\hbar B(\gamma_I \boldsymbol{I}_z + \gamma_S \boldsymbol{S}_z) \ . \tag{1.64}$$

Weil $\gamma_S \neq \gamma_I$ gilt, besitzen alle vier Spin-Zustände eine unterschiedliche Energie (siehe Abb. 1.5). Die zwei Zustände $|{+-}\rangle$ und $|{-+}\rangle$, die im Falle gleicher Spins noch entartet waren und maximal gemischt haben, liegen jetzt energetisch sehr weit auseinander, wodurch die Mischung durch den

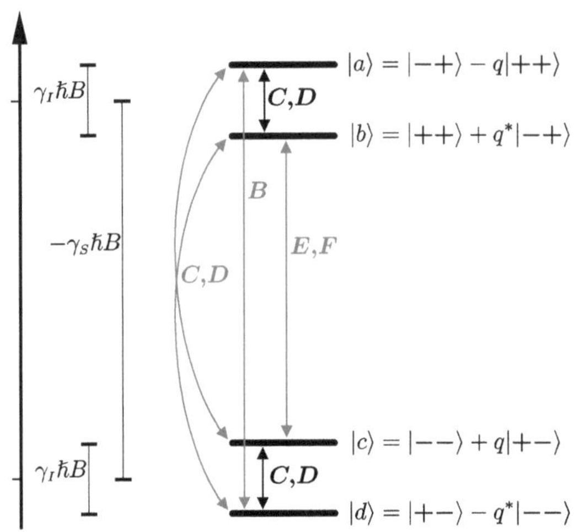

Abb. 1.5 *Dipolare Wechselwirkung zwischen Kern- und Elektronenspin, I und S. Durch die stark unterschiedliche Zeemanaufspaltung bei Elektron und Kern entstehen zwei weit auseinander liegende Dubletts. Durch die Terme **C** und **D** des dipolaren Hamiltonoperators mischen jeweils nur die zwei benachbarten Zustände mit gleichem m_S, die Mischung durch die Terme **B** sowie **E** und **F** ist um drei Größenordnungen geringer und kann vernachlässigt werden (Abstände der Niveaus nicht maßstäblich).*

Term ***B*** mit

$$q_{\boldsymbol{B}} = \frac{1}{4}\frac{\gamma_I\hbar}{r^3\,B_0}\,(1-3\cos^2\theta) \;\approx 10^{-7} \tag{1.65}$$

vernachlässigbar ist. Nennenswert mischen nur die Terme ***C*** und ***D*** zwischen den direkt benachbarten Zuständen gleicher Elektronenspinausrichtung. Der Mischungskoeffizient beträgt

$$q = q_{\boldsymbol{CD}} = \frac{3}{2}\frac{\gamma_S\hbar}{r^3\,B_0}\;\sin\theta\cos\theta\;\mathrm{e}^{-\mathrm{i}\varphi}\,, \qquad |q| \approx 10^{-4} \quad . \tag{1.66}$$

Diese Mischung der Spin-Eigenzustände ist auch dafür verantwortlich, dass im *solid effect* durch Mikrowelleneinstrahlung verbotene Übergänge angeregt werden können, die mit zwei simultanen Spin-Flips verbunden sind. Die Energieverschiebung der gemischten Zustände gegenüber den ungestörten ist aufgrund der geringen Beimischung noch deutlich geringer als im Fall gleicher Spins und kann vernachlässigt werden.

Bezüglich des säkularen Anteils des Dipoloperator muss berücksichtigt werden, dass im Falle gleicher Spins Flip-Flop-Term ***B*** und Zeeman-Hamiltonoperator $\mathcal{H}_\mathrm{Z}$ nicht mehr vertauschen. Das hat zur Folge, dass für verschiedene Spins der säkulare Teil nur aus Term ***A*** besteht:

$$\mathcal{H}'_\mathrm{D} = {}^{IS}\mathcal{H}'_\mathrm{D} = \gamma_I\gamma_S\hbar^2 \sum_{j\,\mu} \frac{\boldsymbol{A}_{j\mu}}{r^3_{j\mu}} \tag{1.67}$$

$$= \gamma_I\gamma_S\hbar^2 \sum_{j\,\mu} \frac{1-3\cos^2\theta}{r^3_{j\mu}}\,\boldsymbol{I}^j_z\boldsymbol{S}^\mu_z \tag{1.68}$$

1.5 Systeme im gemischten Zustand – der Dichteoperator-Formalismus

Bislang wurden mit Hilfe der Quantenmechanik Aussagen über das Verhalten von Zuständen von Einzelsystemen gemacht. Ein Einzelsystem kann dabei ein einzelnes Teilchen, aber auch ein Zweiteilchensystem sein. In beiden Fällen ist die Anzahl der möglichen Zustände noch recht übersichtlich. Hat man es mit einer Vielzahl von identischen Einzelsystemen in einem übergeordneten System zu tun, so spricht man von einem Ensemble. Sind alle Einzelsysteme des Ensembles im gleichen Zustand, so liegt ein *reiner Zustand* vor, treten mindestens zwei Zustände mit nicht-verschwindender Wahrscheinlichkeit auf, liegt ein gemischter Zustand vor.

In Experimenten hat man es in der Regel mit solch einem Ensemble von Einzelsystemen, im einfachsten Fall von einzelnen Teilchen, zu tun. Angenommen es liegt kein reiner Zustand vor, aber man kennt die Zustände $|\psi_n\rangle$ aller Teilchen, so lässt sich der Zustand des Systems bequem als Produktzustand schreiben

$$|\Psi\rangle = \prod_n |\psi_n\rangle \quad ,$$

und man hat so die maximale Information über das System. Im Experiment ist aber der Zustand des Systems nur in den seltensten Fällen vollständig bekannt, noch ist eine vollständige Präparierung möglich. In vielen Fällen ist dies auch nicht erforderlich, da nur makroskopische Größen gemessen werden. Bei der Bestimmung der Kernspin-Polarisation einer Probe[4)] kommt es nicht darauf an, *welche* der Kerne im Spin-up und welche in Spin-down Zustand sind, sondern nur jeweils *wie viele*. Es gibt also eine größere Anzahl möglicher Zustände $|\Psi\rangle$, die zur gleichen Polarisation der Probe führen. Entscheidend ist also die relative Häufigkeit der möglichen Zustände (spin up oder down) des Einzelsystems (Kernspin) im gesamten System (Probe).

In einem gemischten Zustand liegt ein statistisches Gemisch von Zuständen vor. Entsprechend kann der Zustand des Systems (anders als beim Produktzustand) als Summe aller vorkommenden Zustände beschrieben werden, die jeweils mit ihrer relativen Häufigkeit gewichtet sind. Dies geschieht zunächst völlig analog zur klassischen Statistik; weil man es aber mit Quantensystemen zu tun hat, spricht man von der Quantenstatistik.

1.5.1 Der Dichteoperator

Am obigen Beispiel wird klar, dass ein statistischer Ansatz sinnvoll ist. Dabei geht die Quantenstatistik zunächst völlig analog zur klassischen Statistik vor: Ein System befinde sich in einem gemischten Zustand; die Zustände des Einzelsystems $|1\rangle$, $|2\rangle$, ..., $|m\rangle$, ... seien darin mit den Wahrscheinlichkeiten $p_1, p_2, \ldots, p_m, \ldots$ anzutreffen. Dann ist der Erwartungswert eines Operators $\boldsymbol{Q}$ der mit den Wahrscheinlichkeiten gewichtete Mittelwert der Erwartungswerte

[4)]Probe bezeichnet hier eine gewisse Menge des zu untersuchendes Materials. Im einfachsten Fall wäre das z. B. ein Stückchen Einkristall aus LiH, mit der Masse von der Größenordnung eines Gramms

der Einzelsysteme

$$\langle \boldsymbol{Q} \rangle = \sum_m p_m \langle \boldsymbol{Q} \rangle_m = \sum_m p_m \langle m | \boldsymbol{Q} | m \rangle \quad . \tag{1.69}$$

Für die Wahrscheinlichkeiten p_m gilt trivialerweise

$$0 \leq p_m \leq 1 \,, \qquad \sum_m p_m = 1 \quad . \tag{1.70}$$

Bei der Berechnung von Messgrößen für gemischte Zuständen schlägt also die Statistik gleich zweimal zu: Erstens ist der Zustand des Systems nicht vollständig bekannt, sondern nur die Häufigkeit der Einzelzustände. Zweitens kollabiert im Zuge der Messung das Quantensystem in unkontrollierbarer Weise. Für Systeme der Größenordnung von 10^{20} Teilchen sind solche statistischen Effekte natürlich vernachlässigbar.

Mit der Definition des Dichteoperators

$$\boldsymbol{\rho} = \sum_m p_m |m\rangle\langle m| \tag{1.71}$$

lässt sich das in einem gemischten Zustand befindliche physikalische System in geschlossener Form charakterisieren. Der Erwartungswert eines Operators $\boldsymbol{Q}$ berechnet sich jetzt elegant über Spurbildung

$$\langle \boldsymbol{Q} \rangle = \mathrm{Sp}(\boldsymbol{\rho Q}) \quad . \tag{1.72}$$

Alle bisher benutzten Operatoren lieferten bei der Anwendung auf konkrete Zustände Informationen über die Zustände ($\mathcal{H}$, $\boldsymbol{I}_z$) oder veränderten den Zustand gezielt ($\boldsymbol{I}_\pm$). Der Dichteoperator dagegen beinhaltet gewissermaßen selber die Informationen über den Zustand des Systems.

Eine anschauliche Vorstellung vermittelt die Dichtematrix. In der linearen Algebra kann jedem (linearen) Operator bezüglich einer Basis eine Matrix zugeordnet werden. Auf endlichdimensionalen Hilberträumen (was bei Spinsystemen der Fall ist) lauten die Matrixelemente der Dichtematrix dann

$$\rho_{ij} = \langle i | \boldsymbol{\rho} | j \rangle \quad , \tag{1.73}$$

wobei $|i\rangle$ und $|j\rangle$ Vektoren der gewählten Orthonormalbasis sind.

1.5.2 Eigenschaften

Weil jeder hermitesche Operator $\boldsymbol{Q}$ reelle Erwartungswerte $\langle \boldsymbol{Q} \rangle$ hat, muss auch der Dichteoperator hermitesch bzw. die Dichtematrix selbstadjungiert sein:

$$\boldsymbol{\rho} = \boldsymbol{\rho}^\dagger \qquad \rho_{ij} = \rho_{ji}^* \tag{1.74}$$

Aus (1.70) folgt mittelbar, dass der Dichteoperator positiv semidefinit ist und Spur 1 hat:

$$\langle u | \boldsymbol{\rho} | u \rangle = \sum_m p_m |\langle m | u \rangle|^2 \geq 0 \qquad \forall \, |u\rangle \tag{1.75}$$

$$\mathrm{Sp}(\boldsymbol{\rho}) = \mathrm{Sp}(\boldsymbol{\rho}\mathbf{1}) = 1 \tag{1.76}$$

Sei N die Anzahl der orthogonalen Zustände des Einzelsystems (Basisvektoren), über die in (1.69) summiert wird, dann hat die Dichtematrix die Dimension N, und somit N^2 komplexe Einträge. Die Forderung (1.74), dass ρ selbstadjungiert ist, verringert die Anzahl der unabhängigen Parameter von N^2 komplexen Zahlen auf N^2 reelle Parameter; wegen (1.76) verringert sie sich schließlich noch auf $N^2 - 1$. Angenommen die Messungen würden das System nicht stören, dann sind maximal $N^2 - 1$ einzelne Messungen nötig, um den Dichteoperator vollständig zu bestimmen.

Für eine ausführliche Darstellung der Thematik des Dichteoperators sei auf die Lehrbücher [Mes 90, SW 93] sowie das Paper [Fan 57] verwiesen.

1.5.3 Polarisation

Gemäß (1.13) ist die Polarisation eines Spin-$\frac{1}{2}$-Teilchens s in z-Richtung

$$P_z = P = 2\langle \boldsymbol{s}_z \rangle \quad .$$

Erweitert man diese Definition auf alle drei Raumrichtungen, lässt sich der Polarisationsvektor mit Hilfe des Dichteoperators ausdrücken:

$$\vec{P} = 2\langle \vec{\boldsymbol{s}} \rangle = \langle \vec{\boldsymbol{\sigma}} \rangle = \mathrm{Sp}(\boldsymbol{\rho}\vec{\boldsymbol{\sigma}}) \tag{1.77}$$

Zusammen mit der Einheitsmatrix $\mathbb{1} = \sigma_0$ bilden die drei Pauli-Matrizen eine orthogonale Basis des Hilbertraums hermitescher 2×2-Matrizen. Damit und unter Ausnutzung der speziellen Eigenschaften der Dichtematrix sowie der der Pauli-Matrizen lässt sich die Dichtematrix eines Spin-$\frac{1}{2}$-Ensembles allein durch die drei Komponenten des Polarisationsvektors schreiben:

$$\rho = \tfrac{1}{2}(\mathbb{1} + \vec{P} \cdot \vec{\sigma}) = \tfrac{1}{2} \begin{pmatrix} 1 + P_z & P_x - \mathrm{i}\,P_y \\ P_x + \mathrm{i}\,P_y & 1 - P_z \end{pmatrix} \tag{1.78}$$

1.5.4 Zeitentwicklung

Ein ungestörtes physikalisches System entwickelt sich unter dem Einfluss des Hamiltonoperators $\mathcal{H}$ gemäß der Bewegungsgleichung (Schrödinger-Gleichung):

$$\mathrm{i}\hbar \frac{\mathrm{d}}{\mathrm{d}t} |\psi(t)\rangle = \mathcal{H} |\psi(t)\rangle \tag{1.79}$$

Mit dem Lösungsansatz

$$|\psi(t)\rangle = \boldsymbol{U}(t)\, |\psi(0)\rangle \quad , \tag{1.80}$$

in dem der Operator $\boldsymbol{U}$ die Zeitentwicklung beschreibt, findet man unter der Voraussetzung eines konservativen Systems, d. h. dass $\mathcal{H}$ nicht zeitabhängig ist,

$$\boldsymbol{U} = \boldsymbol{U}(t) = \exp\left(-\frac{\mathrm{i}}{\hbar}\mathcal{H}\,t\right) \quad . \tag{1.81}$$

Man nennt diesen unitären Operator $\boldsymbol{U}(t)$ aus ersichtlichen Gründen den Zeitentwicklungsoperator.

In einem gemischten System entwickeln sich die Einzelzustände gemäß (1.80), in dem $\boldsymbol{U}$ den Hamiltonoperator des Einzelsystems enthält. Dann gilt für die Zeitentwicklung des Dichteoperators:

$$\boldsymbol{\rho}(t) = \sum_m p_m\, \boldsymbol{U}(t)|m\rangle\langle m|\boldsymbol{U}^{\dagger}(t) = \boldsymbol{U}(t)\,\boldsymbol{\rho}_0\,\boldsymbol{U}^{\dagger}(t) \tag{1.82}$$

Aus der Bewegungsgleichung für den Zeitentwicklungsoperator $\mathrm{i}\hbar\,\frac{\mathrm{d}}{\mathrm{d}t}\boldsymbol{U}(t) = \mathcal{H}\boldsymbol{U}(t)$ und ihrer Adjungierten ergibt sich damit die von-Neumann'sche Differentialgleichung

$$\mathrm{i}\hbar\frac{\mathrm{d}}{\mathrm{d}t}\boldsymbol{\rho}(t) = [\mathcal{H}, \boldsymbol{\rho}(t)] \quad , \tag{1.83}$$

quasi die Schrödinger-Gleichung für den Dichteoperator. Da Gl. (1.80) explizit die Zeitentwicklung des Zustandes benutzt, befinden wir uns im Schrödinger-Bild. Demnach ist $\boldsymbol{\rho}(t)$ ebenso ein Operator im Schrödinger-Bild, der anders als die anderen Operatoren zeitabhängig ist. Im Heisenberg-Bild bleibt der Dichteoperator konstant, während sich die übrigen Operatoren zeitlich entwickeln.

1.5.5 Larmorpräzession

Die Polarisation einer Probe zeige zum Zeitpunkt $t=0$ in eine beliebige Richtung, nicht notwendigerweise parallel zum Magnetfeld, der Dichteoperator sei gemäß (1.78) durch die Polarisation parametrisiert. Mit dem Hamiltonoperator

$$\mathcal{H} = -\gamma\hbar\,\vec{B}\cdot\boldsymbol{\vec{I}} = -\tfrac{1}{2}\gamma\hbar\,\vec{B}\cdot\boldsymbol{\vec{\sigma}} \tag{1.84}$$

gilt gemäß der von-Neumann-DGL (1.83) für die Zeitentwicklung:

$$\begin{aligned}
\mathrm{i}\hbar\frac{\mathrm{d}}{\mathrm{d}t}\boldsymbol{\rho} = \mathrm{i}\hbar\frac{\mathrm{d}}{\mathrm{d}t}\frac{1}{2}(\mathbf{1}+\vec{P}\cdot\boldsymbol{\vec{\sigma}}) &= -\frac{1}{4}\gamma\hbar\Big[\vec{B}\cdot\boldsymbol{\vec{\sigma}}, (\mathbf{1}+\vec{P}\cdot\boldsymbol{\vec{\sigma}})\Big] \\
\Rightarrow \quad \frac{\mathrm{d}\vec{P}}{\mathrm{d}t}\cdot\boldsymbol{\vec{\sigma}} &= \frac{1}{2}\mathrm{i}\gamma\,\big[\vec{B}\cdot\boldsymbol{\vec{\sigma}}, \vec{P}\cdot\boldsymbol{\vec{\sigma}}\big] \\
&= \frac{1}{2}\mathrm{i}\gamma\sum_{ij} B_i P_j\big[\boldsymbol{\sigma}_i, \boldsymbol{\sigma}_j\big] \\
&= -\gamma\sum_{ijk} B_i P_j\,\varepsilon_{ijk}\,\boldsymbol{\sigma}_k
\end{aligned}$$

Dabei wurde für die Auflösung des Kommutators die Relation (1.47) benutzt. Die Summe in der letzten Zeile identifiziert man als das Spatprodukt der drei Vektoren $\vec{B}, \vec{P}$ und $\vec{\boldsymbol{\sigma}}$. Dies lässt sich kompakter schreiben

$$\frac{\mathrm{d}\vec{P}}{\mathrm{d}t} \cdot \vec{\boldsymbol{\sigma}} = -\gamma \; \vec{B} \times \vec{P} \cdot \vec{\boldsymbol{\sigma}} \quad ,$$

und man erhält schließlich die klassische Bloch-Gleichung für den Polarisationsvektor

$$\frac{\mathrm{d}\vec{P}}{\mathrm{d}t} = \gamma \; \vec{P} \times \vec{B} \quad . \tag{1.85}$$

Weil analog zu (1.22) die Magnetisierung auch vektoriell proportional zur Polarisation ist

$$\vec{M} = n_s \gamma \hbar I \vec{P} \quad , \tag{1.86}$$

folgt aus (1.85) die Bloch-Gleichung in der üblichen Schreibweise mit der Magnetisierung:

$$\frac{\mathrm{d}\vec{M}}{\mathrm{d}t} = \gamma \; \vec{M} \times \vec{B} \tag{1.87}$$

1.5.6 Entropie

In der statistischen Physik ist die Entropie ein Maß für das vom System eingenommene Phasenraumvolumen Ω:

$$S = k \, \ln \Omega \tag{1.88}$$

Das Phasenraumvolumen ist anschaulich die Anzahl der verschiedenen Mikrozustände (genaue Kenntnis aller Einzelsysteme), die zum gleichen Makrozustand gehören. Letzterer ist nur abhängig davon, wie viele Teilchen sich in jeder Phasenraumzelle befinden oder wie groß die relative Besetzungshäufigkeit $p_i = n_i/N$ der Zellen ist. Für ein ideales N-Teilchensystem ist die Anzahl der Realisierungsmöglichkeiten eines bestimmten Makrozustandes

$$\Omega = \frac{N!}{\prod_i n_i!} \quad . \tag{1.89}$$

Für sehr große N darf man die Fakultäten mit Hilfe der Stirling-Formel $N! \simeq (N/\mathrm{e})^N$ abschätzen und findet für die mittlere Entropie pro Einzelsystem schließlich

$$s = \frac{S}{N} \simeq -k \, \frac{1}{N} \ln \left[\prod_i \left(\frac{n_i}{N} \right)^{n_i} \right] = -k \, \sum_i p_i \ln p_i \quad . \tag{1.90}$$

Für die quantenmechanische Beschreibung der Entropie über die Dichtematrix ist die von-Neumann-Entropie eine mögliche Definition:

$$s = \langle -k \, \ln \boldsymbol{\rho} \rangle = -k \, \mathrm{Sp}(\boldsymbol{\rho} \ln \boldsymbol{\rho}) \tag{1.91}$$

Liegt die Dichtematrix in diagonalisierter Form vor, so sieht man sofort, dass (1.91) die Übersetzung der klassischen Darstellung (1.90) ist. Die Spur übernimmt dabei die Funktion der Summe und die Diagonalelemente von $\boldsymbol{\rho}$ sind nach Definition (1.71) genau die relativen Besetzungshäufigkeiten der Einzelsystem-Zustände.

1.5.7 Kanonische Form

Gleichgewichtszustand

Den Dichteoperator des Gleichgewichtszustandes erhält man aus der Forderung maximaler Entropie. Dabei sind neben $\mathrm{Sp}(\boldsymbol{\rho}) = 1$ noch die bekannten Erwartungswerte bestimmter Operatoren als Nebenbedingungen zu berücksichtigen:

$$\mathrm{Sp}(\boldsymbol{\rho}\,\boldsymbol{Q}_1) = \langle Q_1 \rangle \qquad \ldots\ldots \qquad \mathrm{Sp}(\boldsymbol{\rho}\,\boldsymbol{Q}_n) = \langle Q_n \rangle \tag{1.92}$$

Mittels Variationsrechnung findet man

$$\boldsymbol{\rho} = \frac{\mathrm{e}^{-\lambda_1 \boldsymbol{Q}_1 \cdots - \lambda_n \boldsymbol{Q}_n}}{\mathrm{Sp}(\mathrm{e}^{-\lambda_1 \boldsymbol{Q}_1 \cdots - \lambda_n \boldsymbol{Q}_n})} \quad , \tag{1.93}$$

wobei die Lagrange-Multiplikatoren $\lambda_1, \ldots, \lambda_n$ noch aus den Nebenbedingungen (1.92) zu bestimmen sind.
Für den häufigen Fall, dass der Energiemittelwert in Form der Temperatur des Systems bekannt ist, lautet der Dichteoperator

$$\boldsymbol{\rho} = \frac{\mathrm{e}^{-\alpha/\hbar\,\mathcal{H}}}{\mathrm{Sp}(\mathrm{e}^{-\alpha/\hbar\,\mathcal{H}})} \quad , \tag{1.94}$$

wobei α die Besetzungsverteilung der verschiedenen Zustände beschreibt. Im thermischen Gleichgewicht ist diese durch

$$\alpha = \frac{\hbar}{kT} \tag{1.95}$$

über die Gittertemperatur T festgelegt.

Spinsystem außerhalb des TE – Spintemperatur

Wird die Ordnung eines Spin-Systems gestört, wie im Falle der dynamischen Polarisation (siehe nächster Abschnitt), so ist es geboten, die zwei Teile des Hamiltonoperators gesondert zu behandeln und ihnen jeweils einen eigenen Parameter zuzuordnen, den man „inverse Spintemperatur“ nennt. Für das System einer Spin-Spezies ist dann der Dichteoperator

$$\boldsymbol{\rho} = \frac{\mathrm{e}^{-\alpha/\hbar\,\mathcal{H}_\mathrm{Z} - \beta/\hbar\,\mathcal{H}'_\mathrm{D}}}{\mathrm{Sp}(\mathrm{e}^{-\alpha/\hbar\,\mathcal{H}_\mathrm{Z} - \beta/\hbar\,\mathcal{H}'_\mathrm{D}})} \quad . \tag{1.96}$$

Dabei beschreibt die inverse Zeemantemperatur α die Besetzungsverteilung über die einzelnen Zeeman-Niveaus und die inverse Spin-Spin- oder dipolare Temperatur β die Verteilung der Spins in den durch die Dipolwechselwirkung entstehenden Bändern um die Zeeman-Niveaus, die sogenannte dipolare Ordnung. Die Einführung dieser Größen geht auf theoretische Beschreibungen der dynamischen Kernspin-Polarisation zurück, die allgemein unter dem Titel Spintemperatur-Theorie zusammengefasst sind und im nächsten Abschnitt näher erläutert werden sollen.

1.6 Dynamische Kernspinpolarisation

Mit normalleitenden Eisenkern-Magneten lassen sich Feldstärken bis $B = 2.5\,\mathrm{T}$ gut erreichen. Ein ^{4}He-Verdampferkryostat mit mittlerer Pumpleistung erzeugt eine Temperatur von $T = 1\,\mathrm{K}$. Bei diesen vergleichsweise einfach zu realisierenden Temperatur- und Feldbedingungen erreichen Protonen eine TE-Polarisation von 0.26 %, Deuteronen nur 0.05 %. Paramagnetische Elektronen sind aufgrund ihres deutlich höheren magnetischen Moments unter gleichen Bedingungen schon zu 93 % polarisiert. Um höhere Kernspin-Polarisationen zu erzielen muss, entsprechend den Gleichungen (1.16) bzw. (1.19) das Magnetfeld gesteigert und die Temperatur weiter verringert werden. Diese sogenannte *Brute-Force*-Methode führt rein rechnerisch für $T = 10\,\mathrm{mK}$ und $B = 20\,\mathrm{T}$ auf TE-Polarisationen von beachtlichen 96.7 % für Protonen und immerhin 39.3 % für Deuteronen. Der immense Aufwand in Magnet- und Kryotechnik schränkt aber die Verwendung dieser Technik in Streuexperimenten sehr stark ein. Magnete solcher Feldstärken besitzen konstruktionsbedingt nur eine recht dünne und zudem sehr lange Bohrung, die den Raumwinkel erheblich begrenzt. Die bei solch tiefen Temperaturen extrem geringe Kühlleistung der Kryostate beschränkt zudem die zumutbare Strahlintensität. Weiterhin ist bei diesen Temperatur- und Feldbedingungen mit Aufbauzeiten von mehreren Wochen zu rechnen. Ein regelmäßiger Wechsel der Polarisationsrichtung zur Minimierung systematischer Fehler ist somit nicht praktikabel.

Deutlich einfacher lassen sich hohe Kernspinpolarisationen mit Hilfe der dynamischen Kernspin-Polarisation (DNP) erreichen. Dabei überträgt man die schon unter moderaten Feld- und Temperaturbedingungen relativ hohe Polarisation der Elektronenspins (siehe oben) durch Mikrowelleneinstrahlung auf das System der Kernspins. Die dazu benötigten paramagnetischen (ungebundenen) Elektronen müssen zuvor in die zu polarisierende Probe eingebracht werden. Am einfachsten gelingt dies bei Targetmaterialien wie z. B. Butanol oder Propandiol durch Einmischen chemischer Radikale in die Flüssigkeit vor dem Einfrieren. In Materialien die bei Raumtemperatur nicht in flüssiger Form vorliegen, wie Lithiumdeuterid oder Ammoniak, können Radikale durch ionisierende Strahlung erzeugt werden.

Die Physik der dynamischen Kernspin-Polarisation ist durch Abragam und Goldman schon in den 70er Jahren des vergangenen Jahrhunderts ausführlich erforscht und beschrieben worden [AG 78, AG 82]. Grundsätzlich unterscheidet man dabei drei Mechanismen: Der Overhauser-Effekt arbeitet in Metallen und Flüssigkeiten und findet hauptsächlich Anwendung in NMR-

Experimenten zur Strukturaufklärung von Biomolekülen. In Isolatoren sind der *solid effect* und das *thermal mixing* die wichtigsten Polarisationsmechanismen; sie werden im Folgenden eingehender behandelt.

1.6.1 Der *solid effect*

Ist die Konzentration der paramagnetischen Elektronen gering und ihre ESR-Linienbreite deutlich schmaler als die Kern-Larmorfrequenz, so ist die Vorstellung schmaler Energieniveaus, wie in Abb. 1.5 oder Abb. 1.6 dargestellt, gerechtfertigt. Die Dipol-Dipol-Wechselwirkung verursacht eine geringfügige Mischung der benachbarten Spin-Zustände (siehe Abschn. 1.4.2). Infolgedessen ist es möglich, die ehemals verbotenen Übergänge $|a\rangle \rightleftharpoons |d\rangle$ sowie $|b\rangle \rightleftharpoons |c\rangle$ durch Mikrowelleneinstrahlung anzuregen und simultane Zeemanübergänge von Elektronen- und Kernspins zu induzieren. Dabei sind aufgrund der großen Elektronenpolarisation die zwei untersten Niveaus deutlich stärker besetzt als die zwei oberen. Durch sättigendes Einstrahlen von Mikrowellen der Frequenz $\nu_S + \nu_I$ werden viele Elektron-Kernspin-Systeme aus dem Zustand $|d\rangle$ (Kernspin up) nach $|a\rangle$ befördert; durch Relaxation des Elektronenspins gehen diese recht schnell in den Zustand $|c\rangle$ (Kernspin down) über. Es entsteht eine Überbesetzung des Spin-down-Zustandes gegenüber dem Spin-up-Zusand, was eine negative Kernspin-Polarisation bedeutet. Entsprechend erzeugt Einstrahlung von Mikrowellen der Frequenz $\nu_S - \nu_I$ eine positive Polarisation der Kernspins. Dieser Mechanismus wird als *solid effect* bezeichnet und wurde zuerst experimentell von ABRAGAM und PROCTOR in LiF beobachtet [AP 58b]. Der Prozess ist nur möglich weil die Relaxationsrate der Elektronenspins deutlich größer ist als die der Kernspins; bei tiefen Temperaturen und DNP-üblichen Magnetfeldern liegt die Relaxationsrate der Elektronenspins in der Größenordnung $1/T_{1e} \approx 10^3\,\mathrm{s}^{-1}$, während die der Kernspins im Bereich von $1/T_{1n} \approx 10^{-3}\,\mathrm{s}^{-1}$ liegt [AG 78]. Zusätzlich muss berücksichtigt werden, dass ein freies Elektron eine Vielzahl n_I/n_S von Kernen polarisieren muss. Um effektiv zu polarisieren muss also die Bedingung

$$\frac{n_I}{n_S}\frac{T_{1e}}{T_{1n}} \ll 1 \qquad (1.97)$$

erfüllt sein. In [AG 78] wird gezeigt, dass dies immer gewährleistet ist, solange die Relaxation der Kerne ausschließlich durch die paramagnetischen Elektro-

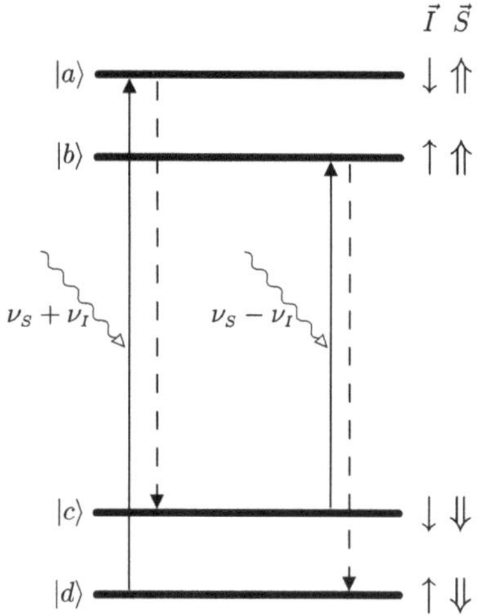

Abb. 1.6 *Zum solid effect. Durch Mikrowelleneinstrahlung werden die verbotenen Übergänge selektiv angeregt. Nach Relaxation des Elektronenspins wird so die Besetzungszahl des Zustandes $|c\rangle$ auf Kosten des Zustands $|d\rangle$ erhöht (links, negative Polarisation), oder umgekehrt (rechts, positive Polarisation).*

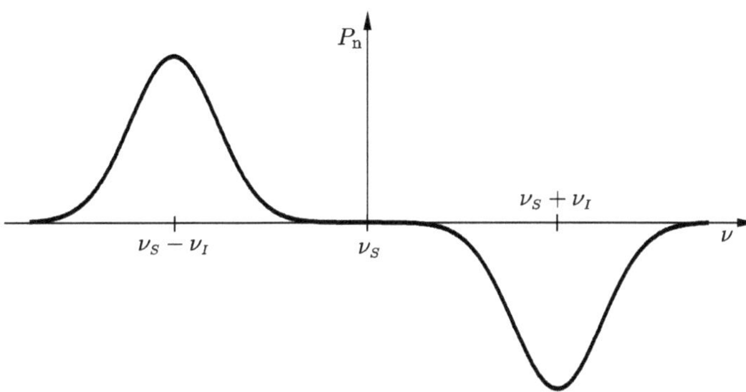

Abb. 1.7 *schematische Frequenzkurve im Falle des well-resolved solid effect. Die Frequenzbereiche zur negativen und positiven Polarisation sind sauber getrennt und liegen um den Betrag der Kern-Larmorfrequenz unter- bzw. oberhalb der Elektronen-Larmorfrequenz.*

nen verursacht wird. In diesem Fall kann gezeigt werden, dass die maximal zu erreichende Kernspin-Polarisation gleich der TE-Polarisation der Elektronen ist. Neben den für den DNP-Prozess eingebrachten paramagnetischen Elektronen können auch andere paramagnetische Verunreinigungen (z. B. molekularer Sauerstoff) zur Kernspin-Relaxation beitragen. Diese sogenannte Leck-Relaxation vermindert die maximal zu erreichende Kernspin-Polarisation auf

$$|P_{\mathrm{n}}|_{\mathrm{max}} = |P_{0\mathrm{e}}| \frac{1}{1+f\alpha} \tag{1.98}$$

mit

$$f\alpha = \frac{n_I}{n_S} \frac{T_{1\mathrm{e}}}{T'_{1\mathrm{n}}} \ .$$

Dabei ist $P_{0\mathrm{e}}$ die Elektronen-TE-Polarisation und $1/T'_{1\mathrm{n}}$die Leck-Relaxationsrate der Kernspins.

In der Praxis limitieren allerdings noch weitere Faktoren die Maximalpolarisation, wie die Effektivität der Spin-Diffusion oder die Breite der ESR-Linie. Ist die ESR-Linie deutlich schmaler als die Kern-Larmorfrequenz, geschieht die Polarisation bei zwei sauber getrennten Frequenzen $\nu_S \mp \nu_I$. Man spricht in diesem Fall vom *well-resolved solid effect*, was im Deutschen mit „gut aufgelöster Solid-Effekt" übersetzt werden kann. In Abb. 1.7 ist eine Frequenzkurve, also ein Plot der Kernspin-Polarisation in Abhängigkeit der Mikrowellenfrequenz, für diesen Fall gezeigt. Ist hingegen die Breite der ESR-Line vergleichbar mit der Kern-Larmorfrequenz oder sogar größer, rücken die beiden Polarisationpeaks so nah zusammen, dass sie sich teilweise überlappen und kompensieren. Die zwei verbotenen Übergänge können nicht mehr sauber getrennt angeregt werden und arbeiten zum Teil konkurrierend, wodurch die zu erreichende Maximalpolarisation weiter sinkt. Dieser sogenannte *differential solid effect* [HH 67] tritt vor allem bei Kernen mit geringerem gyromagnetischen Verhältnis und daher kleinerer NMR-Frequenz auf. Die Form der Frequenzkurve ähnelt zudem der des *thermal mixing*, was die Zuordnung nicht immer ganz eindeutig macht [Wen 08].

1.6.2 Spintemperatur und Polarisation durch *thermal mixing*

Die Theorie des *solid effect* ist in vielen Belangen stark vereinfacht. Sie ist nur bei einem Teil der Materialen gültig und liefert eine rein qualitative Beschreibung des Polarisationsverhaltens. Für den nicht aufgelösten Fall mit ESR-Linien endlicher Breite wird die Beschreibung durch Bilder wie Abb. 1.6 unzureichend.

Historische Entwicklung

In den 1960er und 70er Jahren entwickelten ABRAGAM, GOLDMAN und BORGHINI eine thermodynamische Beschreibung der dynamischen Kernspin-Polarisation auf Grundlage des Spintemperatur-Konzepts [Gol 70].

Als erster erkannte SOLOMON Anfang der 1960er Jahre die Verbindung zwischen DNP und der Existenz einer Spintemperatur im rotierenden Koordinatensystem – ein Konzept, das Mitte der 50er Jahre von REDFIELD zur Beschreibung von sättigenden NMR-Messungen an Festkörpern entwickelt worden war. SOLOMONs thermodynamischer Ansatz beschreibt den *well-resolved solid effect*, indem das Mikrowellenfeld gleich zwei Aufgaben übernimmt: Es kühlt (1.) das elektronische Spin-System im rotierenden Koordinatensystem und sorgt (2.) für den thermischen Kontakt dieses kalten Systems zu den Kernspins. REDFIELDs Spintemperatur-Konzept beschreibt nur den Fall sehr starker (sättigender) HF-Felder. Mit dessen Weiterentwicklung Anfang der 60er Jahre konnte PROVOTOROV den Fall beliebiger HF-Leistung durch zwei Spintemperaturen beschreiben. Ende des gleichen Jahrzehnts benutzte BORGHINI diese Theorie zur Beschreibung der DNP, indem er zusätzlich zu den zwei Spintemperaturen der Elektronen eine dritte für das Kern-Zeemanreservoir einführte und ihre Wechselwirkung durch drei gekoppelte Ratengleichungen beschrieb.

Konzept der Spintemperatur

Die Spintemperaturtheorie beschreibt den DNP-Mechanismus über einen thermodynamischen Ansatz. Dabei wird den Spin-Wechselwirkungen jeweils ein Energiereservoir zugeordnet, dessen Ordnung durch eine Spintemperatur beschrieben wird. Das ist allerdings nur dann sinnvoll möglich, wenn das Spinsystem zwei Bedingungen erfüllt: Zum einen muss die Spin-Gitter-Relaxationszeit T_1 der Spins genügend lang sein, um während der Zeit $\tau \ll T_1$ Messungen an dem System vorzunehmen, bevor dies wieder die Temperatur des Gitters annimmt. Zum anderen soll die Spin-Spin-Relaxationszeit T_2 deutlich kürzer als die Messzeit $\tau \gg T_2$ sein, so dass die Spins rechtzeitig untereinander ins Gleichgewicht kommen. Für Festkörper ist $T_1 \gg T_2$ immer erfüllt [AP 58a].

Das Gleichgewicht, das sich unter den Spins einstellt, ist der Zustand maximaler Entropie (vgl. Abschn. 1.5.7), also eine Boltzmann-Verteilung. Dieser kann über (1.15) schließlich eine Temperatur zugeordnet werden – die Spintemperatur.

Im Fall starker Magnetfelder (das heißt wenn das äußere Magnetfeld deutlich größer ist als die lokalen Felder der Dipol-Wechselwirkung) dauert es extrem lange, bis sich ein (gemeinsames) Gleichgewicht einstellt. Das liegt daran, dass die Zeeman-Energie, die nur in festen Quanten $\hbar\omega_0$ absorbiert oder emittiert werden kann, deutlich größer als das Spektrum der dipolaren Wechselwirkung breit ist. Die beiden Wechselwirkungen sind also entkoppelt, und beiden muss ein eigenes Energiereservoir mit der dazugehörigen Spintemperatur zugewiesen werden (vgl. Gleichung (1.96)). Zur Beschreibung der dynamischen Polarisation sind neben der Temperatur des Kristallgitters T drei Spintemperaturen von Nöten. Die ersten zwei, die Elektron-Zeeman- und Kern-Zeeman-Temperatur (T_{Ze} bzw. T_{ZN}) bestimmen die Besetzung der entsprechenden Zeeman-Niveaus. Analog zur Situation im thermischen Gleichgewicht setzt die Brillouin-Funktion die Spintemperatur in Verbindung zur Polarisation. Neben der Dipol-Dipol-Wechselwirkung der Elektronen untereinander sorgen zusätzlich g-Faktor-Anisotropie[5] und Hyperfeinwechselwirkung für eine Verbreiterung der Elektron-Zeeman-Niveaus. Die Verteilung innerhalb dieser Bänder definiert die Temperatur des elektronischen Spin-Spin- oder non-Zeeman-Reservoirs T_{ss}, die dritte Spintemperatur.

Im thermischen Gleichgewicht sind zunächst alle Temperaturen gleich der Gittertemperatur. Sei δ die Breite des ESR-Signals, dann lassen sich durch Einstrahlung von Mikrowellen, deren Frequenz um δ unter (über) der Elektronen-Larmorfrequenz liegt, Übergänge zwischen den inneren (äußeren) Rändern der beiden Elektron-Zeeman-Bändern induzieren. Der für den Elektron-Zeeman-Übergang fehlende (überschüssige) Energiebetrag $h\delta$ wird dabei dem non-Zeeman-Reservoir entnommen (zugeführt) und entsprechend wird das non-Zeeman-Reservoir gekühlt (geheizt). In Abb. 1.8 ist dargestellt, was dabei passiert: Sättigende Einstrahlung mit $h(\nu_{\text{e}} \mp \delta)$ erzeugt eine Gleichbesetzung der angesprochenen Bereiche, gleichzeitig sorgen Umbesetzungsprozesse innerhalb der beiden Bänder dafür, dass eine exponentielle Verteilungsfunktion erhalten bleibt (maximale Entropie!). Diese Umverteilung innerhalb der Bänder entspricht dem Kühlen (Heizen[6]) des Elektron-non-Zeeman-Reservoirs.

Kernspin-Polarisation durch *thermal mixing*

Die Polarisation der Kerne geschieht jetzt durch Ankopplung des Kern-Zeeman-Reservoirs an das gekühlte (geheizte) non-Zeeman-Reservoir der Elektronen. Dabei gleichen sich die beiden Spin-Temperaturen an, was eine positive (negative) Polarisation der Kernspins zur Folge hat. Dieser Vorgang wird als *thermal mixing* bezeichnet. Die Kopplung geschieht im übrigen ohne Einwirkung des Mikrowellenfeldes und ist auch im *frozen-spin*-Betrieb[7] weiterhin wirk-

[5] Abhängigkeit des Landé-Faktor von der Orientierung der Kristall- oder Molekülachse bezüglich des Magnetfeldes; siehe [Hec 04].

[6] Das Wort *heizen* besagt, dass Energie zugeführt wird. Weil es sich dabei um ein System handelt, dessen Energieniveaus nach oben und unten beschränkt sind (endliche Breite), kommt es zur Besetzungsinversion und damit zu negativen Temperaturen.

[7] *frozen-spin*: Nach Abschalten der Mikrowellen sinkt die Bad-Temperatur des Kryostaten noch etwas ab; die Kerne relaxieren jetzt, aber aufgrund der tiefen Temperatur ist die Relaxationszeit T_1 der Kerne sehr lang. Die Spins sind regelrecht eingefroren.

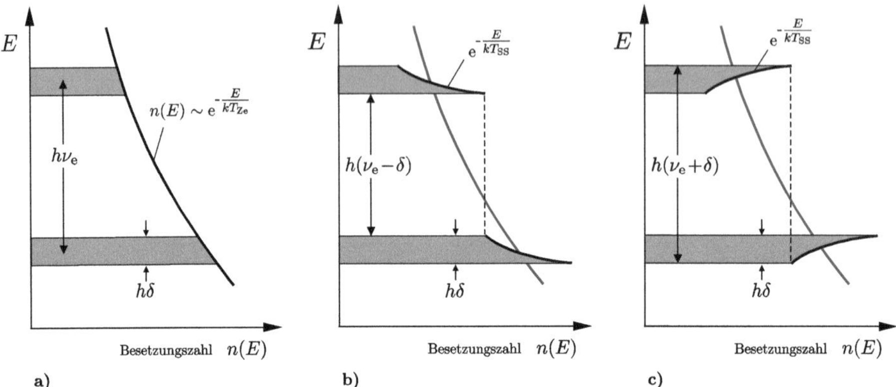

Abb. 1.8 *Spintemperatur und Besetzungszahlverteilung der Elektronen. Die Elektron-Zeeman-Niveaus sind zu kontinuierlichen Bändern verbreitert.* **a)** *Im thermischen Gleichgewicht sind alle Spintemperaturen identisch der Gittertemperatur* ($T_{SS} = T_{Ze} = T_L$). **b)** *Kühlen des non-Zeeman-Reservoirs* ($0 < T_{SS} < T_{Ze}$) *durch Mikrowelleneinstrahlung mit* $\nu = \nu_e - \delta$. **c)** *Heizen*[6] *des non-Zeeman-Reservoirs* ($0 < |T_{SS}| < T_{Ze}$, $T_{SS} < 0$) *durch Mikrowelleneinstrahlung mit* $\nu = \nu_e + \delta$. *Veranschaulichung nach* [deB 75]

sam. Der Kontakt ist dabei optimal, wenn die Kern-Zeeman-Energie $h\nu_I$ in etwa gleich der ESR-Linienbreite $h\delta$ ist. Für eine detaillierte Beschreibung dieses Polarisationsmechanismus' sei – neben der Originalreferenz von Goldman [Gol 70] – insbesondere auf die Habilitationsschrift [Goe 02] verwiesen. Darin findet sich eine ausführliche und vor allem für die Anwendung auf das polarisierte Target zugeschnittene Darstellung der Spintemperaturtheorie sowie des *thermal mixing*, die durch experimentelle Daten gestützt werden.

Es bleibt zu erwähnen, dass auch der zuvor behandelte *resolved solid effect* durch die Spintemperaturtheorie beschrieben werden kann. Dabei erzeugt das Mikrowellenfeld selbst den thermischen Kontakt zwischen dem im rotierenden Koordinatensystem kalten Zeeman-Reservoir der Elektronen mit dem der Kerne, die somit ohne Umweg über das ohnehin kaum ausgeprägte non-Zeeman-Reservoir polarisiert werden [Goe 02].

Kapitel 2

Elektronische Relaxationszeit – ein alternatives Messprinzip

Die Messung elektronischer Relaxationszeiten wird herkömmlicherweise mit einem gepulsten ESR-Spektrometer durchgeführt. Für die Zwecke der Targetmaterialforschung sind diese Messungen unter DNP-Bedingungen (2.5 T und 1 K) durchzuführen, was erheblichen apparativen und finanziellen Aufwand bedeuten würde. Für diese Arbeit wurde stattdessen eine Methode zur indirekten T_{1e}-Bestimmung benutzt, die mit Hilfe eines gepulsten NMR-Systems arbeitet und in den vorhandenen Bochumer Polarisationskryostaten eingesetzt werden kann.

Diese Kapitel behandelt zunächst die theoretischen Aspekte der Methode; das für die Messungen benutzte NMR-System wird im nächsten Kapitel vorgestellt.

2.1 Motivation

Das Bestreben der Targetmaterialforschung ist es, geeignete Substanzen durch Bestrahlung oder Zugabe von chemischen Radikalen so zu präparieren, dass sie den an sie als polarisiertes Target gestellten Anforderungen bestmöglich gerecht werden. Diese Kriterien können je nach Einsatz sehr unterschiedlich sein, so dass Eigenschaften, die für einen Einsatzzweck entscheidend waren, für den nächsten keine Rolle mehr spielen. Da gewisse Anforderungen sich gegenseitig ausschließen, muss für jedes Experiment eine optimale Kombination aus Material und Dotierung gefunden werden, die den Anforderungen am besten entspricht. Das ist auch der Grund, warum es kein Universaltarget gibt.
Die wichtigsten Auswahl-Kriterien eines polarisierten Targets sind seine maximal erreichbare Polarisation, Aufbau- und Relaxationszeit sowie Resistenz gegen Strahlenschäden im Experiment. Alle vier Punkte sind sowohl von Art und Konzentration des eingesetzten Radikals, wie auch vom gewählten Target-Material selbst abhängig.

Bei dem verwendeten Material ist man durch die Forderung einer möglichst hohen Protonen- oder Deuteronendichte (als Neutronentarget) bei gleichzeitig geringem Rest an spinfreien Kernen, auf eine gewisse Auswahl beschränkt. Dabei kann z. B. ein ^{6}Li-Kern in ^{6}LiD als α-Teilchen angesehen werden, an das jeweils ein Proton und Neutron schwach gebunden sind und deren Gesamtspins sich ebenfalls polarisieren lässt. Flüssige Substanzen müssen zudem beim Einfrierprozess glasartig erstarren, da (wie Untersuchungen zeigen) der Kristallisationsprozess die Radikale fast unwirksam macht[1]. Schließt man weiterhin giftige oder schwer handhabbare Verbindungen wie BH_3 aus, bleiben vielleicht ein Dutzend nutzbare Verbindungen übrig. Zu den wichtigsten zählen: Polyethylen $(CH_2)_n$ [vdB 96], oder andere protonenreiche Polymere; Lithiumhydrid LiH, in den verschiedensten Isotopen-Kombinationen [Goe 95]; Ammoniak NH_3 [Mey 83], auch deuteriert sowie Alkohole und Diole (z. B. Butanol oder Propandiol) [MRB 69], ebenfalls deuteriert [BS 71].

Neben der Möglichkeit der Erzeugung von F-Zentren im Kristall durch Bestrahlung mittels hochenergetischer Elektronen stehen seit mehreren Jahrzehnten eine Handvoll chemischer Radikale zur Verfügung. Durch den Einsatz von Trityl-Radikalen Anfang dieses Jahrhunderts konnte die Maximalpolarisation für Deuteronen noch einmal deutlich auf über 80 % bei 2.5 T gesteigert werden [Goe 04b]. War die Targetmaterialforschung anfänglich durch Probieren und Erfahrungswerte geprägt, so konnte auch durch das Aufkommen der passenden Theorien (*solid effect*, Spintemperatur-Konzept) gezielter geforscht werden. So trug vor dem Hintergrund der Theorie des *thermal mixing* die systematische Untersuchung der ESR-Linien der Radikale, insbesondere unter Polarisationsbedingungen, maßgeblich zum Verständnis der Polarisationseigenschaften bei [Goe 04a, Hec 06].

Die Möglichkeit zur systematischen Messung der elektronischen Relaxationszeit ermöglicht auch das Verständnis der verschiedenen Aufbau- und Relaxationsverhalten der einzelnen Targetmaterial-Radikal-Kombinationen.

Kernrelaxation

Der Relaxationsprozess der Kernspins wird maßgeblich über die eingebrachten paramagnetischen Zentren selbst vermittelt; zum Teil findet parallel dazu eine Leck-Relaxation über andere paramagnetische Verunreinigungen (z. B. Sauerstoff) statt. Die Beschreibung des Relaxationsprozesses ist nicht trivial und es existieren mehrere Ansätze, die verschiedenen Umständen Rechnung tragen. Die einfachste Theorie ist der sogenannte *random field approach*: Auch wenn die Elektronenpolarisation ihr thermisches Gleichgewicht erreicht hat, finden weiter Umklapp-Prozesse statt – mit gleicher Rate in beiden Richtungen (vgl. Abschn. 1.2.3). Diese Umklapp-Prozesse der Elektronenspins erzeugen ein zufällig fluktuierendes Magnetfeld, dessen Fourier-Spektrum eine nicht-verschwindende Amplitude bei der Larmor-Frequenz der Kerne enthält. Dieses fluktuierende Feld regt nun Übergänge der Kernspins und damit deren Relaxation an. Die Relaxationsrate der Kernspins ist demnach proportional zur Gesamtübergangsrate der Elektronenspins, für die mit (1.36) schon eine Abhängigkeit von deren Relaxationszeit und Polarisation

[1] Experimente konnten zeigen, dass amorph eingefrorene Proben, die zunächst normal polarisieren, nach kurzzeitiger Erwärmung über den Devitrifikationspunkt (Phasenübergang amorph → kristallin) fast keine Reaktion mehr auf Mikrowelleneinstrahlung zeigen.

gefunden wurde; ist die Elektronenpolarisation im Gleichgewicht, gilt demnach:

$$\frac{1}{T_{1\mathrm{n}}} \sim \frac{1}{T_{1\mathrm{e}}}\left(1 - P_{\mathrm{e0}}^2\right) \tag{2.1}$$

Detailierte Rechnungen nach dem random field approach bestätigen diese Abhängigkeit.

Im Bild der gemischten Zustände (siehe *solid effect*) können vergleichsweise einfache Ratengleichungen für die Besetzungszahlen aufgestellt werden. Für sehr geringe Elektronenkonzentrationen darf die Wechselwirkung der Elektronenspins untereinander vernachlässigt werden und die Kernspin-Relaxationsrate durch isolierte paramagnetische Elektronen lässt sich zu

$$\frac{1}{T_{1\mathrm{n}}} \approx \frac{8\pi}{5}\frac{S(S+1)}{3}\frac{n_S\,\gamma_S}{n_I\,\gamma_I}\left(\frac{\Delta B_\mathrm{n}}{B_0}\right)^2\frac{1}{T_{1\mathrm{e}}}\left(1 - P_{\mathrm{e0}}^2\right) \tag{2.2}$$

abschätzen [AG 82]. Dabei kommt die NMR-Linienbreite ΔB_n über die Definition der Diffusionsgrenze (*diffusion barrier*) b sowie über die Beziehung zur Kernspindichte n_I ins Spiel

$$\Delta B_\mathrm{n} = \gamma_s \hbar S\, b^{-3} \quad \text{(G)} \tag{2.3}$$

$$\Delta B_\mathrm{n} \approx \gamma_I \hbar\, n_I \quad . \quad \text{(G)} \tag{2.4}$$

Kernspins in direkter Nähe ($r < b$) der paramagnetischen Elektronen erfahren durch das Dipolfeld letzterer eine starke Frequenzverschiebung und wechselwirken nicht durch Flip-Flop-Prozesse mit den übrigen Kernspins im Gitter. Darüber hinaus sind sie wegen des Frequenzshifts nicht durch NMR-Messungen erfassbar. Die Abhängigkeit von der Elektron-Polarisation P_{e0} ist in beiden Gleichungen einfach zu verstehen: Je größer die Polarisation, desto mehr Elektronenspins sind im unteren Energieniveau eingefroren und führen keine Übergänge aus.

2.1.1 Die Methode

Die hier benutzte Methode ist dabei nicht neu: Schon in den 50er Jahren ist der Temperatureffekt unterschiedlicher Polarisation auf die Lage und Form von ESR-Linien theoretisch behandelt worden [KU 52]. Abragam et al. geben in [ACJ 73] eine theoretische Berechnung der Momente der NMR-Linie in Abhängigkeit von der Kernspin-Polarisation an. Die von ihnen durchgeführten Messungen des zweiten Moments an sphärischen Proben stehen in guter Übereinstimmung mit der Theorie. Wenige Jahre später veröffentlichen Roinel und Bouffard ihre Messungen zur polarisationsabhängigen Verschiebung der NMR-Linie und schlagen dies als neue Methode der Polarisationsmessung vor [RB 75]. Ein Jahr später zeigen Abragam, Bouffard und Roinel in [ABR 76], dass auch die Polarisation der paramagnetischen Elektronen einen Einfluss auf die Lage der NMR-Linie hat. Damit sind sie in der Lage, die Relaxationszeit der Elektronen sowie deren Konzentration im Kristall zu bestimmen. Diese Methode, die resonante Anregung der Elektronenspins über die NMR-Linie nachzuweisen, taufen sie auf den Namen NEDOR (*Nuclear*

Electron Double Resonance[2)]). Dabei wurde zum Nachweis der Linienverschiebung das continuous wave NMR System so modifiziert, dass es, statt der Frequenz-Sweeps, bei fester Frequenz in schneller Folge einen Punkt auf der Flanke des Absorptionssignals messen konnte. Unter der Annahme, dass sich die Form des Signals nicht ändert, konnte aus den NMR-Messungen und der Flankensteigung des Absorptionssignals dessen Verschiebung berechnet werden.

Im Gegensatz dazu wird in der vorliegenden Arbeit ein gepulstes NMR-System benutzt, so dass neben der Position auch die Form des Signals beobachtet werden kann.

2.1.2 Die Idee

Zum Verständnis der Messmethode sind zwei Punkte von zentraler Bedeutung:

1. Sättigende HF-Einstrahlung mit der Larmorfrequenz zerstört die Spin-Polarisation. Nach Abschalten der HF baut sich die Polarisation mit der für sie charakteristischen Zeit T_1 wieder auf.

2. Form und Lage der Resonanzlinie sind in gewissem Maße abhängig von der Spin-Polarisation. Dabei ist die beobachtete Resonanzlinie sowohl auf die Polarisation des eigenen Spin-Systems als auch auf die der übrigen Spin-Systeme in der Probe sensitiv.

Konkret für unseren Fall bedeutet das: Form und Lage der NMR-Linie (Spins I) können Auskunft liefern über die Polarisation der paramagnetischen Elektronen (Spins S) in der Probe. Die Physik zu Punkt 1. ist in Abschn. 1.2.3 schon beschrieben worden und die dort gewonnenen Gleichungen sind für die späteren Zwecke völlig ausreichend.
Um aber zu verstehen, wie und warum in Punkt 2. Form und Lage einer NMR-Linie von der Elektron-Polarisation abhängen, soll in den folgenden Abschnitten zunächst ein Ausdruck für die Momente des NMR-Absorptionssignals gefunden werden. Im zweiten Schritt kann daraus unter Verwendung des passenden Ausdrucks für die Dipol-Dipol-Wechselwirkung und Berücksichtigung der Probengeometrie eine Gleichung abgeleitet werden, welche die Verschiebung des NMR-Peaks abhängig von der Elektronen-Polarisation beschreibt.

In der Originalarbeit [AG 82], auf welcher die folgende Ableitung basiert, wird die Herleitung des Absorptionssignal etwas unübersichtlich mit Größen wie Excitation $\mathscr{E}(t)$ und Response $\mathscr{R}(t)$ begonnen. Hiesige Rechnung geht den später im gleichen Buch vorgestellten alternativen Weg und nutzt eine Art Störungsrechnung für den Ansatz. Die Überlegungen zum Wechsel ins rotierende Koordinatensystem im ersten Teil sind hauptsächlich von den Ausführungen in [Gol 70] angeregt.

[2)]in Anlehnung an das als ENDOR (*Electron Nuclear Double Resonance*) bekannte umgekehrte Verfahren, in dem das ESR-Signal zur Messung nicht auflösbarer Kern-Resonanzen benutzt wird

2.2 Absorptionssignal

2.2.1 Anregungspuls

Ein Spin-System befinde sich in einem statischen Magnetfeld. Zusätzlich wird senkrecht dazu ein hochfrequentes Wechselfeld

$$B_1(t) = 2B_1 \cos(\omega t) \tag{2.5}$$

der Stärke

$$\omega_1 = -\gamma B_1 \tag{2.6}$$

angelegt, dessen Frequenz ω nahe der Larmorfrequenz ω_0 liegt. Der zugehörige Hamiltonoperator lautet im Laborsystem:

$$\mathcal{H} = \hbar\omega_0 \boldsymbol{I}_z + \mathcal{H}_\mathrm{D} + 2\hbar\omega_1 \boldsymbol{I}_x \cos(\omega t) \tag{2.7}$$

In dieser Darstellung ist der Hamiltonoperator explizit zeitabhängig, was in späteren Rechnungen zu Komplikationen führen würde. Gesucht ist also eine Darstellung, in der die Zeitabhängigkeit verschwindet oder in der das System in guter Näherung durch einen zeitunabhängigen Hamiltonoperator beschrieben werden kann. Abhilfe schafft der Wechsel in das mit ω um die Magnetfeldachse rotierende Bezugssystem, welcher durch die unitäre Transformation

$$\boldsymbol{K} = \boldsymbol{K}(t) = \mathrm{e}^{-\mathrm{i}\omega \boldsymbol{I}_z t} \tag{2.8}$$

vermittelt wird. Die Transformationsvorschrift für den Hamiltonoperator lautet in diesem Fall (siehe B.1):

$$\begin{aligned} \widehat{\mathcal{H}} &= \boldsymbol{K}^\dagger \mathcal{H} \boldsymbol{K} - \hbar\omega \boldsymbol{I}_z \\ &= \boldsymbol{K}^\dagger \hbar\omega_0 \boldsymbol{I}_z \boldsymbol{K} + \boldsymbol{K}^\dagger \mathcal{H}_\mathrm{D} \boldsymbol{K} + \boldsymbol{K}^\dagger 2\hbar\omega_1 \boldsymbol{I}_x \cos(\omega t)\, \boldsymbol{K} - \hbar\omega \boldsymbol{I}_z \end{aligned} \tag{2.9}$$

zur Berechnung der Terme $\boldsymbol{K}^\dagger \boldsymbol{I}_{xyz} \boldsymbol{K}$ siehe Anhang B.2.2

$$\begin{aligned} \widehat{\mathcal{H}} &= \hbar\omega_0 \boldsymbol{I}_z + \mathcal{H}'_\mathrm{D} + \hbar\omega_1 \left(\mathrm{e}^{\mathrm{i}\omega t} + \mathrm{e}^{-\mathrm{i}\omega t}\right) \cdot \left[\cos(\omega t) \boldsymbol{I}_x - \sin(\omega t) \boldsymbol{I}_y\right] - \hbar\omega \boldsymbol{I}_z \\ &= \hbar\Delta \boldsymbol{I}_z + \mathcal{H}'_\mathrm{D} + \hbar\omega_1 \left[\boldsymbol{I}_x + \cos(-2\omega t) \boldsymbol{I}_x + \sin(-2\omega t) \boldsymbol{I}_y\right] \end{aligned} \tag{2.10}$$

mit der Larmorfrequenz im rotierenden System

$$\Delta = \omega_0 - \omega \quad . \tag{2.11}$$

Die mit -2ω oszillierenden Terme rühren von dem linear polarisierten Hochfrequenzfeld, das auch in zwei gegenläufig rotierende Komponenten zerlegt werden kann; eine dieser Komponenten ist im rotierenden System ortsfest, die andere rotiert darin mit der doppelten Frequenz gegenläufig. Letztere liegt weit von der Resonanz entfernt und kann vernachlässigt werden. Der effektive Hamiltonoperator im rotierenden System lautet also

$$\widehat{\mathcal{H}} = \hbar\Delta \boldsymbol{I}_z + \mathcal{H}'_\mathrm{D} + \hbar\omega_1 \boldsymbol{I}_x \tag{2.12}$$

$$= \widehat{\mathcal{H}_0} \qquad\qquad + \hbar\omega_1 \boldsymbol{I}_x \quad . \tag{2.13}$$

Darin ist $\mathcal{H}'_\mathrm{D}$ der säkulare Teil des Dipolar-Hamiltonoperators, der mit $\boldsymbol{I}_z$ vertauscht; $\widehat{\mathcal{H}_0}$ bezeichnet den effektiven Hamiltonoperator ohne das HF-Feld. Die folgenden Rechnungen beziehen sich alle auf das rotierende System, der besseren Übersichtlichkeit halber wird das Dach (Zirkumflex) wieder weggelassen.

2.2.2 Antwort

In einem NMR-Experiment wird direkt nach der Anregung durch den HF-Puls die von der rotierenden Transversal-Magnetisierung in der Spule induzierte Spannung aufgezeichnet; dieses Signal wird *Free Induction Decay*, oder kurz FID genannt. Als quantenmechanische Observable benutzt man üblicherweise die Erwartungswerte der Operatoren $\boldsymbol{I}_x$ bzw. $\boldsymbol{I}_y$. Im Falle der Quadraturdetektion (zwei senkrechte Spulen oder wie im hier benutzten Aufbau eine Spule und Quadratur-Hybridkoppler), also der Messung von Real- und Imaginärteil des FID, ist die Observable entsprechend

$$\langle \boldsymbol{I}_x(t)\rangle + \mathrm{i}\langle \boldsymbol{I}_y(t)\rangle = \langle \boldsymbol{I}_+(t)\rangle \quad . \tag{2.14}$$

2.2.3 Formale Beschreibung der Resonanz-Linie

Zum Zeitpunkt $t=0$ sei der Zustand des Kern-Systems durch den Dichteoperator $\boldsymbol{\rho}_0$ beschrieben. Dieser ist invariant unter Rotation um die Richtung des statischen $\vec{B}$-Feldes, es gilt also $[\boldsymbol{\rho}_0, \boldsymbol{Z}] = 0$. Es wirke keine äußere Störung und das System sei im Gleichgewicht. Für einen beliebigen Operator $\boldsymbol{Q}$ gilt also:

$$\begin{aligned}\langle \boldsymbol{Q}\rangle_0(0) &= \mathrm{Sp}(\boldsymbol{\rho}_0 \boldsymbol{Q}) \\ &= \mathrm{Sp}(\boldsymbol{\rho}(t)\boldsymbol{Q}) = \langle \boldsymbol{Q}\rangle_0(t)\end{aligned} \tag{2.15}$$

Die Null im Index kennzeichnet den Gleichgewichtszustand. Die Dichtematrix lässt sich also in kanonischer Form schreiben:

$$\boldsymbol{\rho}_0 = \frac{\exp(-\alpha/\hbar\,\mathcal{H}_\mathrm{Z} \;-\; \beta/\hbar\,\mathcal{H}_\mathrm{D})}{\mathrm{Sp}(\cdots)} \tag{2.16}$$

Die Wirkung eines kurzen HF-Pulses mit sehr kleinem Kippwinkel kann elegant mit Hilfe der *linear response theory* [Kub 57] beschrieben werden. Dazu wird wie in der Störungsrechnung der effektive Hamiltonoperator in zwei Teile zerlegt

$$\mathcal{H} = \mathcal{H}_0 + \varepsilon \boldsymbol{V} \quad , \tag{2.17}$$

den Hauptteil $\mathcal{H}_0$, unter dessen Einfluss sich das Anfangsgleichgewicht bildet, sowie die Störung $\varepsilon\boldsymbol{V}$, die in diesem Fall das HF-Feld darstellt. Die folgende Rechnung folgt der Ableitung in [AG 82].

Das System unter dem Einfluss des ungestörten Hamiltonoperators $\mathcal{H}_0$ befindet sich im Gleichgewicht, der Dichteoperator hat die Form (2.16). Im ungestörten Zustand gilt für die Observable $\boldsymbol{I}_+$ sowie für die Störung $\varepsilon\boldsymbol{V} = \hbar\omega_1\boldsymbol{I}_x$:

$$\langle \boldsymbol{I}_+ \rangle_0 = 0 \qquad \text{und} \qquad \langle \boldsymbol{I}_x \rangle_0 = 0 \ . \tag{2.18}$$

In der Wechselwirkungsdarstellung, definiert durch die Transformation

$$\overline{\boldsymbol{Q}} = \boldsymbol{U}^\dagger \boldsymbol{Q} \boldsymbol{U} \qquad \text{mit} \quad \boldsymbol{U}(t) = \mathrm{e}^{-\mathrm{i}/\hbar\, \mathcal{H}_0 t} \ , \tag{2.19}$$

lautet die von-Neumann'sche DGL zur Beschreibung der Zeitentwicklung

$$\mathrm{i}\frac{\mathrm{d}\overline{\boldsymbol{\rho}}}{\mathrm{d}t} = \left[\omega_1 \overline{\boldsymbol{I}}_x, \overline{\boldsymbol{\rho}}\right] \ . \tag{2.20}$$

Dann ist die Variation von $\overline{\boldsymbol{\rho}}$ in erster Ordnung

$$\delta\overline{\boldsymbol{\rho}}(t) = \overline{\boldsymbol{\rho}}(t) - \boldsymbol{\rho}(0) \tag{2.21}$$

$$= -\mathrm{i}\omega_1 \int_0^t \left[\overline{\boldsymbol{I}}_x(t')\, ,\, \boldsymbol{\rho}_0\right] \mathrm{d}t' \ , \tag{2.22}$$

beziehungsweise in der ursprünglichen Darstellung

$$\begin{aligned} \delta\boldsymbol{\rho}(t) = \boldsymbol{U}\delta\overline{\boldsymbol{\rho}}(t)\boldsymbol{U}^\dagger &= -\mathrm{i}\omega_1 \int_0^t \left[\boldsymbol{U}(t)\overline{\boldsymbol{I}}_x(t')\boldsymbol{U}^\dagger(t)\, ,\, \boldsymbol{\rho}_0\right] \mathrm{d}t' \\ &= -\mathrm{i}\omega_1 \int_0^t \left[\overline{\boldsymbol{I}}_x(t'\text{-}t)\, ,\, \boldsymbol{\rho}_0\right] \mathrm{d}t' \ . \end{aligned} \tag{2.23}$$

Damit ist der Erwartungswert des Operators $\boldsymbol{I}_+$ unter Berücksichtigung der Störung in erster Ordnung

$$\begin{aligned} \langle \boldsymbol{I}_+ \rangle &= \mathrm{Sp}\Big((\boldsymbol{\rho}_0 + \delta\boldsymbol{\rho})\, \boldsymbol{I}_+\Big) \\ &= \mathrm{Sp}(\boldsymbol{\rho}_0\, \boldsymbol{I}_+) + \mathrm{Sp}(\delta\boldsymbol{\rho}\, \boldsymbol{I}_+) \\ &= \langle \boldsymbol{I}_+ \rangle_0 + \mathrm{Sp}(\delta\boldsymbol{\rho}\, \boldsymbol{I}_+) \ , \end{aligned} \tag{2.24}$$

wobei der erste Summand der rechten Seite nach Voraussetzung (2.18) verschwindet. Mit (2.23) ist dann

$$\langle \boldsymbol{I}_+ \rangle = \mathrm{i}\omega_1 \int_0^t \mathrm{Sp}\Big(\big[\boldsymbol{\rho}_0\,,\, \overline{\boldsymbol{I}}_x(t'\text{-}t)\big]\boldsymbol{I}_+\Big)\,\mathrm{d}t' \tag{2.25}$$

$$= \mathrm{i}\omega_1 \int_0^t \Big\langle \big[\overline{\boldsymbol{I}}_x(t'\text{-}t)\,,\, \boldsymbol{I}_+\big]\Big\rangle_0 \,\mathrm{d}t' \tag{2.26}$$

$$= \mathrm{i}\omega_1 \int_0^t \Big\langle \big[\overline{\boldsymbol{I}}_x(\text{-}\tau)\,,\, \boldsymbol{I}_+\big]\Big\rangle_0 \,\mathrm{d}\tau \quad . \tag{2.27}$$

Dabei wurde von (B.21) Gebrauch gemacht und anschließend die Substitution $\tau = t - t'$ benutzt. Der Integrand kann mit Hilfe von (B.30a) und (B.18) weiter umgeformt werden:

$$\Big\langle \big[\overline{\boldsymbol{I}}_x(\text{-}\tau)\,,\, \boldsymbol{I}_+\big]\Big\rangle_0 = \Big\langle \big[\boldsymbol{I}_x\,,\, \overline{\boldsymbol{I}}_+(\tau)\big]\Big\rangle_0 \tag{2.28}$$

$$= \Big\langle \big[\boldsymbol{I}_x\,,\, \boldsymbol{U}^\dagger(\tau)\boldsymbol{I}_+\boldsymbol{U}(\tau)\big]\Big\rangle_0 \tag{2.29}$$

$$= \Big\langle \Big[\boldsymbol{I}_x\,,\, \mathrm{e}^{\mathrm{i}/\hbar\,\mathcal{H}'_\mathrm{D}\tau}\,\underbrace{\mathrm{e}^{\mathrm{i}\,\Delta \boldsymbol{I}_z\tau}\boldsymbol{I}_+\mathrm{e}^{\text{-}\mathrm{i}\,\Delta \boldsymbol{I}_z\tau}}_{\boldsymbol{I}_+\,\mathrm{e}^{\mathrm{i}\,\Delta\tau}}\,\mathrm{e}^{\text{-}\mathrm{i}/\hbar\,\mathcal{H}'_\mathrm{D}\tau}\Big]\Big\rangle_0 \tag{2.30}$$

$$= \Big\langle \big[\boldsymbol{I}_x\,,\, \widetilde{\boldsymbol{I}}_+(\tau)\big]\Big\rangle_0 \cdot \mathrm{e}^{\mathrm{i}\,\Delta\tau} \tag{2.31}$$

$$= \tfrac{1}{2}\Big\langle \big[\boldsymbol{I}_+\,,\, \widetilde{\boldsymbol{I}}_+(\tau)\big] + \big[\boldsymbol{I}_-\,,\, \widetilde{\boldsymbol{I}}_+(\tau)\big]\Big\rangle_0 \cdot \mathrm{e}^{\mathrm{i}\,\Delta\tau} \quad , \tag{2.32}$$

mit der abkürzenden Schreibweise für einen beliebigen Operator $\boldsymbol{Q}$

$$\widetilde{\boldsymbol{Q}}(t) = \boldsymbol{U}^\dagger(t)\,\boldsymbol{Q}\,\boldsymbol{U}(t) \qquad \text{mit} \quad \boldsymbol{U}(t) = \mathrm{e}^{\text{-}\mathrm{i}/\hbar\,\mathcal{H}'_\mathrm{D}t} \quad . \tag{2.33}$$

Im Anhang B.4 ist gezeigt, dass der erste Summand in (2.32) verschwindet; damit erhält man schließlich mit (2.27)

$$\langle \boldsymbol{I}_+ \rangle(\Delta) = \frac{\mathrm{i}\omega_1}{2} \int_0^t \Big\langle \big[\boldsymbol{I}_-\,,\, \widetilde{\boldsymbol{I}}_+(\tau)\big]\Big\rangle_0 \cdot \mathrm{e}^{\mathrm{i}\,\Delta\tau}\,\mathrm{d}\tau \quad . \tag{2.34}$$

Nach [AG 82] kann die obere Grenze des Integrals auf unendlich erweitert werden, „wenn t deutlich größer als die Korrelationszeit der Spur im Integral ist“.[3)]

$$\langle \boldsymbol{I}_+ \rangle(\Delta) = \frac{\mathrm{i}\omega_1}{2} \int_0^\infty \Big\langle \big[\boldsymbol{I}_-\,,\, \widetilde{\boldsymbol{I}}_+(\tau)\big]\Big\rangle_0 \cdot \mathrm{e}^{\mathrm{i}\,\Delta\tau}\,\mathrm{d}\tau \tag{2.35}$$

3) Es bleibt unklar ob diese Voraussetzung im hier behandelten Experiment überhaupt erfüllt ist, da die Korrelationszeit kaum abgeschätzt werden kann.

Der Imaginärteil ist dann

$$\langle \boldsymbol{I}_y \rangle(\Delta) = \frac{\omega_1}{2} \operatorname{Re}\left\{ \int_0^\infty \left\langle \left[\boldsymbol{I}_- \, , \, \widetilde{\boldsymbol{I}}_+(\tau) \right] \right\rangle_0 \cdot \mathrm{e}^{\mathrm{i}\Delta\tau} \, \mathrm{d}\tau \right\} \tag{2.36}$$

$$= \frac{\omega_1}{4} \int_0^\infty \left\langle \left[\boldsymbol{I}_- \, , \, \widetilde{\boldsymbol{I}}_+(\tau) \right] \right\rangle_0 \cdot \mathrm{e}^{\mathrm{i}\Delta\tau} + \left\langle \left[\boldsymbol{I}_- \, , \, \widetilde{\boldsymbol{I}}_+(\tau) \right] \right\rangle_0^* \cdot \mathrm{e}^{-\mathrm{i}\Delta\tau} \, \mathrm{d}\tau \tag{2.37}$$

und mit Hilfe von (B.30b) erhält man schließlich für das Absorptionssignal

$$\langle \boldsymbol{I}_y \rangle(\Delta) = \frac{\omega_1}{4} \int_{-\infty}^\infty \left\langle \left[\boldsymbol{I}_- \, , \, \widetilde{\boldsymbol{I}}_+(\tau) \right] \right\rangle_0 \cdot \mathrm{e}^{\mathrm{i}\Delta\tau} \, \mathrm{d}\tau \quad . \tag{2.38}$$

2.2.4 Zeeman-Resonanzsignal

Für die folgende Rechnung sei die Dipol-Dipol-Ordnung der Kerne vernachlässigt bzw. die dipolare Spin-Temperatur der Kerne als unendlich angenommen. Für ein System von Kernen I ist der Dichteoperator dann

$$\boldsymbol{\rho}_0 = \frac{\mathrm{e}^{-\alpha\omega_0 \boldsymbol{I}_z}}{\mathrm{Sp}(\cdots)} = \prod_i \boldsymbol{\rho}_{0i} \quad , \tag{2.39}$$

ein Produkt aus individuellen Einzel-Dichteoperatoren

$$\boldsymbol{\rho}_{0i} = \frac{\mathrm{e}^{-\alpha\omega_0 \boldsymbol{I}_z^i}}{\mathrm{Sp}(\cdots)} \qquad \text{mit} \qquad \sum_i \boldsymbol{I}_z^i = \boldsymbol{I}_z \quad . \tag{2.40}$$

Die Rechenregeln für die Operatoren bleiben die gleichen, egal ob man mit dem Operator für das Spin-System $\boldsymbol{I}_z$ oder denen der einzelnen Spins $\boldsymbol{I}_z^i$ rechnet, da letztere untereinander beliebig vertauschen.

Damit lässt sich der Erwartungswert

$$\left\langle \boldsymbol{I}_- \, \widetilde{\boldsymbol{I}}_+ \right\rangle_0 = \mathrm{Sp}\left(\boldsymbol{\rho}_0 \, \boldsymbol{I}_- \, \widetilde{\boldsymbol{I}}_+ \right) \tag{2.41}$$

mit dem Zähler von (2.39) erweitern, so dass durch anschließendes Verschieben des Nenners (Skalar) von $\boldsymbol{\rho}_0$ in der Spur

$$= \mathrm{Sp}\Big(\boldsymbol{\rho}_0 \, \boldsymbol{I}_- \, \overbrace{\mathrm{e}^{\alpha\omega_0 \boldsymbol{I}_z} \, \mathrm{e}^{-\alpha\omega_0 \boldsymbol{I}_z}}^{1} \, \widetilde{\boldsymbol{I}}_+ \Big) \tag{2.42}$$

$$= \mathrm{Sp}\left(\mathrm{e}^{-\alpha\omega_0 \boldsymbol{I}_z} \, \boldsymbol{I}_- \, \mathrm{e}^{\alpha\omega_0 \boldsymbol{I}_z} \, \boldsymbol{\rho}_0 \, \widetilde{\boldsymbol{I}}_+ \right) \tag{2.43}$$

ein Ausdruck entsteht, der mit Hilfe von (B.18) zu

$$\left\langle \boldsymbol{I}_- \, \widetilde{\boldsymbol{I}}_+ \right\rangle_0 = \mathrm{e}^{\alpha\omega_0} \, \mathrm{Sp}\left(\boldsymbol{I}_- \, \boldsymbol{\rho}_0 \, \widetilde{\boldsymbol{I}}_+ \right) \tag{2.44}$$

$$= \mathrm{e}^{\alpha\omega_0} \left\langle \widetilde{\boldsymbol{I}}_+ \, \boldsymbol{I}_- \right\rangle_0 \tag{2.45}$$

umgeformt werden kann. Damit gilt für den Kommutator aus (2.38)

$$\left\langle \left[\boldsymbol{I}_- , \widetilde{\boldsymbol{I}}_+ \right] \right\rangle_0 = \left\langle \boldsymbol{I}_- \widetilde{\boldsymbol{I}}_+ \right\rangle_0 - \left\langle \widetilde{\boldsymbol{I}}_+ \boldsymbol{I}_- \right\rangle_0 \tag{2.46}$$

$$= \left(\mathrm{e}^{\alpha\omega_0} - 1 \right) \left\langle \widetilde{\boldsymbol{I}}_+ \boldsymbol{I}_- \right\rangle_0 \tag{2.47}$$

und das Absorptionssignal (2.38) wird zu

$$\langle \boldsymbol{I}_y \rangle(\varDelta) = \frac{\omega_1}{4} \left(\mathrm{e}^{\alpha\omega_0} - 1 \right) \int\limits_{-\infty}^{\infty} \left\langle \widetilde{\boldsymbol{I}}_+(\tau)\, \boldsymbol{I}_- \right\rangle_0 \cdot \mathrm{e}^{\mathrm{i}\varDelta\tau} \, \mathrm{d}\tau \quad . \tag{2.48}$$

2.2.5 Transversale Suszeptibilität

Analog zur klassischen Definition der Suszeptibilität (1.23) definieren wir die transversale Suszeptibilität

$$\chi_\perp = \frac{M_\perp}{H_\perp} = \frac{n\gamma\hbar\Big(\langle \boldsymbol{I}_x \rangle + \mathrm{i} \langle \boldsymbol{I}_y \rangle \Big)}{-\dfrac{\omega_1}{\mu_0 \gamma}} = -\mu_0 n \gamma^2 \hbar \, \frac{\langle \boldsymbol{I}_+ \rangle}{\omega_1} =: \chi' + \mathrm{i}\chi'' \qquad \text{(SI)} \tag{2.49}$$

für die Ebene senkrecht zum statischen Magnetfeld $\vec{B} = B\vec{e}_z$. In dieser komplexen Definition von $\chi_\perp$ beschreibt der Realteil χ' den Teil der Transversal-Magnetisierung, der in Phase mit dem B_1-Feld ist, und der Imaginärteil χ'' den um $\pi/2$ phasenverschobenen Teil. Die Frequenzabhängigkeit dieser Größen in der Umgebung der Larmorfrequenz bilden die Dispersionskurve $\chi'(\omega)$ bzw. die Absorptionskurve $\chi''(\omega)$.

2.2.6 Momente des Absorptionssignals

Die zentralen Momente des Absorptionssignals sind bezüglich der Larmorfrequenz ω_0 über den Imaginärteil der Suszeptibilität definiert und auf das nullte Moment normiert:

$$\mathcal{M}_n = \int\limits_{-\infty}^{\infty} \Big(\omega - \omega_0 \Big)^n \chi''(\omega) \, \mathrm{d}\omega \Bigg/ \int\limits_{-\infty}^{\infty} \chi''(\omega) \, \mathrm{d}\omega \tag{2.50}$$

In dieser Definition ist das 1. Moment der Mittelwert der Verteilung (bezüglich ω_0), das 2. Moment die Varianz σ^2 und so weiter. Für das Absorptionssignal (2.48) sind die Momente

$$\mathcal{M}_n = \int\limits_{-\infty}^{\infty} (-\varDelta)^n \langle \boldsymbol{I}_y \rangle(\varDelta) \, \mathrm{d}\varDelta \Bigg/ \int\limits_{-\infty}^{\infty} \langle \boldsymbol{I}_y \rangle(\varDelta) \, \mathrm{d}\varDelta \quad . \tag{2.51}$$

Im Anhang B.5 ist gezeigt, dass für die normierte Fourier-Transformierte $G(t)$ von $\langle \boldsymbol{I}_y \rangle(\Delta)$

$$G(t) := \int_{-\infty}^{\infty} \langle \boldsymbol{I}_y \rangle(\Delta)\, \mathrm{e}^{-\mathrm{i}\Delta t}\, \mathrm{d}\Delta \bigg/ \int_{-\infty}^{\infty} \langle \boldsymbol{I}_y \rangle(\Delta)\, \mathrm{d}\Delta \tag{2.52}$$

$$= \frac{\left\langle \widetilde{\boldsymbol{I}}_{+}(t)\, \boldsymbol{I}_{-} \right\rangle_0}{\left\langle \boldsymbol{I}_{+}\, \boldsymbol{I}_{-} \right\rangle_0} \tag{2.53}$$

gilt. Durch Bildung der n-ten Ableitung von (2.52) an der Stelle $t = 0$

$$\frac{\mathrm{d}^n}{\mathrm{d}t^n} G(t)\bigg|_{t=0} = \int_{-\infty}^{\infty} \left[(\text{-}\mathrm{i}\Delta)^n \cdot \langle \boldsymbol{I}_y \rangle(\Delta)\, \mathrm{e}^{-\mathrm{i}\Delta t}\, \mathrm{d}\Delta \right]_{t=0} \bigg/ \int_{-\infty}^{\infty} \langle \boldsymbol{I}_y \rangle(\Delta)\, \mathrm{d}\Delta \tag{2.54}$$

$$= \mathrm{i}^n \cdot \int_{-\infty}^{\infty} (\text{-}\Delta)^n \langle \boldsymbol{I}_y \rangle(\Delta)\, \mathrm{d}\Delta \bigg/ \int_{-\infty}^{\infty} \langle \boldsymbol{I}_y \rangle(\Delta)\, \mathrm{d}\Delta \tag{2.55}$$

$$= \mathrm{i}^n \cdot \mathcal{M}_n \tag{2.56}$$

erhält man eine nützliche Beziehung zum n-ten Moment des Absorptionssignals (2.51). Ebenso berechnet man die Ableitungen von (2.53), zunächst nur die des Zählers:

$$\frac{\mathrm{d}^n}{\mathrm{d}t^n} \left\langle \widetilde{\boldsymbol{I}}_{+}(t)\, \boldsymbol{I}_{-} \right\rangle_0 \bigg|_{t=0} = \frac{\mathrm{d}^n}{\mathrm{d}t^n} \mathrm{Sp}\left\{ \boldsymbol{\rho}_0\, \boldsymbol{U}^{\dagger}(t)\, \boldsymbol{I}_{+}\, \boldsymbol{U}(t)\, \boldsymbol{I}_{-} \right\} \bigg|_{t=0} \tag{2.57}$$

$$= \mathrm{Sp}\left\{ \frac{\mathrm{d}^{n\text{-}1}}{\mathrm{d}t^{n\text{-}1}} \Big[\boldsymbol{\rho}_0 \left(\tfrac{\mathrm{i}}{\hbar}\mathcal{H}'_{\mathrm{D}}\right) \boldsymbol{U}^{\dagger}(t)\, \boldsymbol{I}_{+}\, \boldsymbol{U}(t)\, \boldsymbol{I}_{-} + {} + \boldsymbol{\rho}_0\, \boldsymbol{U}^{\dagger}(t)\, \boldsymbol{I}_{+} \left(\tfrac{\mathrm{i}}{\hbar}\mathcal{H}'_{\mathrm{D}}\right) \boldsymbol{U}(t)\, \boldsymbol{I}_{-} \Big] \bigg|_{t=0} \right\} \tag{2.58}$$

$$= \frac{\mathrm{i}}{\hbar} \cdot \frac{\mathrm{d}^{n\text{-}1}}{\mathrm{d}t^{n\text{-}1}} \left\langle \left[\mathcal{H}'_{\mathrm{D}} \,,\, \boldsymbol{U}^{\dagger}(t)\, \boldsymbol{I}_{+} \right] \boldsymbol{U}(t)\, \boldsymbol{I}_{-} \right\rangle_0 \bigg|_{t=0} \tag{2.59}$$

$$= \left(\frac{\mathrm{i}}{\hbar}\right)^n \left\langle \underbrace{\left[\mathcal{H}'_{\mathrm{D}} \,, \left[\mathcal{H}'_{\mathrm{D}} \,, \left[\cdots \,, \left[\mathcal{H}'_{\mathrm{D}} \right.\right.\right.\right.}_{n \text{ mal}} , \boldsymbol{I}_{+} \left.\left.\left.\left.\right] \cdots \right] \right] \right] \boldsymbol{I}_{-} \right\rangle_0 \tag{2.60}$$

$$= \left(\frac{\mathrm{i}}{\hbar}\right)^n \left\langle \left[\mathcal{H}'^{(n)}_{\mathrm{D}}, \boldsymbol{I}_{+} \right] \boldsymbol{I}_{-} \right\rangle_0 \tag{2.61}$$

Mit den Gleichungen (2.53), (2.56) und (2.61) erhält man schließlich einen brauchbaren Ausdruck für die Momente des Absorptionssignals bezüglich ω_0:

$$\mathcal{M}_n = \frac{\left\langle \left[\mathcal{H}'^{(n)}_{\mathrm{D}}, \boldsymbol{I}_{+} \right] \boldsymbol{I}_{-} \right\rangle_0}{\hbar^n \left\langle \boldsymbol{I}_{+}\, \boldsymbol{I}_{-} \right\rangle_0} \tag{2.62}$$

2.3 Berechnung des ersten Moments (G)

Das erste Moment des Absorptionssignals der Spins I, also die Peakposition relativ zur Larmorfrequenz ω_0, ist nach (2.62)

$$\mathcal{M}_1 = \frac{\left\langle \left[\mathcal{H}'_\mathrm{D}\,,\,\boldsymbol{I}_+\right]\boldsymbol{I}_-\right\rangle_0}{\hbar\left\langle \boldsymbol{I}_+\,\boldsymbol{I}_-\right\rangle_0} \quad . \tag{2.63}$$

2.3.1 Für verschiedene Spins

Für den Fall eines Systems verschiedener Spin-Spezies (konkret: von Kernspins I und Elektronenspins S) betrachten wir den Einfluss der gegenseitigen Wechselwirkung auf die Lage des Resonanzsignals der Spins I (also das NMR-Signal). Der säkulare Teil der Dipol-Wechselwirkung im Fall verschiedener Spins ist durch (1.68) gegeben:

$$^{IS}\mathcal{H}'_\mathrm{D} = \hbar\sum_{j,\mu} B_{j\mu}\,\boldsymbol{I}_z^j\boldsymbol{S}_z^\mu \quad , \tag{2.64}$$

mit dem Vorfaktor

$$B_{j\mu} = \gamma_I\gamma_S\hbar\,\frac{1-3\cos^2\theta}{r_{j\mu}^3} \quad . \tag{2.65}$$

Weil in Analogie zu (2.40) $\boldsymbol{I}_+ = \sum_i \boldsymbol{I}_+^i$ ist und nach (1.49) $[\boldsymbol{I}_z, \boldsymbol{I}_+] = \boldsymbol{I}_+$ gilt, ist der Kommutator im Zähler von (2.63)

$$\left[{}^{IS}\mathcal{H}'_\mathrm{D}\,,\,\boldsymbol{I}_+\right] = \hbar\sum_{j,\mu} B_{j\mu}\,\boldsymbol{I}_+^j\boldsymbol{S}_z^\mu \quad . \tag{2.66}$$

Der Nenner von (2.63) kann wegen (2.39) ebenfalls zerlegt werden:

$$\begin{aligned}\langle \boldsymbol{I}_+\boldsymbol{I}_-\rangle_0 &= \sum_{i,j}\langle \boldsymbol{I}_+^i\rangle_0\,\langle \boldsymbol{I}_-^j\rangle_0 = \sum_i\langle \boldsymbol{I}_+^i\rangle_0\,\langle \boldsymbol{I}_-^i\rangle_0\\ &= N_I\,\langle \boldsymbol{I}_+^i\,\boldsymbol{I}_-^i\rangle_0\end{aligned} \tag{2.67}$$

Mit (2.66) und (2.67) ist das erste Moment dann

$$^{IS}\mathcal{M}_1 = \frac{\sum_{j,\mu,k} B_{j\mu}\left\langle \boldsymbol{I}_+^j\boldsymbol{S}_z^\mu\boldsymbol{I}_-^k\right\rangle_0}{N_I\left\langle \boldsymbol{I}_+^i\,\boldsymbol{I}_-^i\right\rangle_0} \quad . \tag{2.68}$$

In der Summe des Zählers verschwinden alle Terme mit $j \neq k$, die verbliebenen Terme können geeignet zerlegt werden

$$\left\langle \boldsymbol{I}_+^j\boldsymbol{S}_z^\mu\boldsymbol{I}_-^k\right\rangle_0 = \left\langle \boldsymbol{S}_z^\mu\right\rangle_0\left\langle \boldsymbol{I}_+^j\boldsymbol{I}_-^j\right\rangle_0 \tag{2.69}$$

$$= SP_S\cdot\left\langle \boldsymbol{I}_+^j\boldsymbol{I}_-^j\right\rangle_0 \quad , \tag{2.70}$$

so dass sich der Ausdruck für das erste Moment – nach Kürzen – schließlich auf

$$^{IS}\mathcal{M}_1 = \frac{SP_S}{N_I} \sum_{j,\mu} B_{j\mu} \tag{2.71}$$

bzw. für den Elektronenspin $S=1/2$ auf

$$^{IS}\mathcal{M}_1 = \frac{P_e}{2\,N_I} \sum_{j,\mu} B_{j\mu} \tag{2.72}$$

vereinfacht. Darin ist $P_S = \langle \boldsymbol{S}_z^\mu \rangle_0 / S$ die Polarisation der Spins S bzw. P_e die der Elektronen.

2.3.2 Für gleiche Spins

Der Vollständigkeit halber sei hier auch der analoge Effekt unter gleichen Spins erwähnt. Die Rechnung verläuft weitgehend parallel zu der für verschiedene Spins, allerdings mit einem Unterschied: Da der säkulare Teil des Dipolar-Hamiltonoperators für den Fall gleicher Spins zusätzlich den Flip-Flop-Term $\boldsymbol{B}$ enthält, fällt das Ergebnis, mit (2.71) verglichen, um den Faktor $\frac{3}{2}$ größer aus:

$$^{II}\mathcal{M}_1 = \frac{3}{2}\,\frac{IP_I}{N_I} \sum_{j,k} A_{jk} \tag{2.73}$$

mit

$$A_{jk} = \gamma_I^2 \hbar \, \frac{1 - 3\cos^2\theta}{r_{jk}^3} \quad . \tag{2.74}$$

Dieser 3/2-Effekt hat seine Ursache in dem transversalen Austauschfeld der synchron präzedierenden Spins.

Die Tatsache, dass sich abhängig von der Kernspinpolarisation die NMR-Linie verschiebt, kann auch zur Polarisationsbestimmung benutzt werden [Kui 70, RB 75]. Allerdings eignet sich dieses Verfahren nur für monokristalline Block-Proben mit exakt bekannter Ausrichtung und einfacher Geometrie (Zylinder, Quader), was diese Methode für die Verwendung in teilchenphysikalischen Experimenten ungeeignet macht.

2.3.3 Interpretation des Ergebnisses für $\mathcal{M}_1$

Schreibt man den Ausdruck für das erste Moment (2.71) von Frequenz- auf Feldverschiebung gemäß $\mathcal{M}_1 = \Delta\omega = -\gamma_I\,\Delta B_z$ um

$$\Delta B_z = -\frac{1}{\gamma_I}\,\frac{SP_S}{N_I} \sum_{j,\mu} \gamma_I \gamma_S \hbar \, \frac{1 - 3\cos^2\theta}{r_{j\mu}^3} \quad , \tag{2.75}$$

sortiert die rechte Seite ein wenig um und identifiziert darin mit Hilfe von (1.13) das mittlere magnetische Moment des Elektrons

$$\begin{aligned}\Delta B_z &= \frac{1}{N_I}\sum_j S P_S \gamma_S \hbar \sum_\mu \frac{3\cos^2\theta - 1}{r_{j\mu}^3} \\ &= \underbrace{\frac{1}{N_I}\sum_j}_{\text{avr.}} \underbrace{\langle\mu_z\rangle \sum_\mu \frac{3\cos^2\theta - 1}{r_{j\mu}^3}}_{\Delta B_z^j} \quad , \end{aligned} \tag{2.76}$$

kann man das Ergebnis wie folgt deuten:

$\boldsymbol{\Delta B_z^j}$ ist die z-Komponente der dipolaren Summe aller Spins S für den j-ten Kern. Genauer: die Feldverschiebung am Ort des j-ten Kerns, verursacht durch die Dipolfelder der Spins S in der gesamten Probe. Im folgenden Abschnitt wird gezeigt, dass diese Größe entscheidend von der Probengeometrie (der äußeren Form der Probe) abhängt.

avr. bildet den Mittelwert von ΔB_z^j über alle Kerne in der Probe.

Dabei müssen (i.) für ΔB_z^j nur die Felder der z-Komponenten der einzelnen Dipolmomente aufsummiert werden; die transversalen Komponente der Dipole präzedieren im Magnetfeld B_0 und mitteln sich zu Null. Zur Feldverschiebung wiederum trägt (ii.) nur die z-Komponente dieser Summe bei. Das lässt sich mit Hilfe der Gleichung für das Dipolfeld (1.53)

$$\vec{B}(\vec{x}) = \frac{3\,(\vec{\mu}\cdot\vec{x})\,\vec{x}}{r^5} - \frac{\vec{\mu}}{r^3} \tag{2.77}$$

ausrechnen. Wegen (i.) ist $\vec{\mu} = \mu_z \vec{e}_z$ und wegen (ii.) interessiert uns nur die z-Komponente von (2.77), also

$$\begin{aligned} B_z^{\text{Dip}} &= \sum \left[\frac{3\,(\mu_z\,\vec{e}_z\cdot\vec{x})\,\vec{x}}{r^5} - \frac{\mu_z \vec{e}_z}{r^3}\right]\cdot\vec{e}_z \\ &= \sum\left(\frac{3\,\mu_z\,z^2}{r^5} - \frac{\mu_z}{r^3}\right) = \sum\left(\frac{3\,\mu_z\,r^2\cos^2\theta}{r^5} - \frac{\mu_z}{r^3}\right) \\ &= \sum \mu_z\,\frac{3\cos^2\theta - 1}{r^3} \\ &= \langle\mu_z\rangle \sum \frac{3\cos^2\theta - 1}{r^3} \quad . \end{aligned} \tag{2.78}$$

Das Ergebnis stimmt mit dem Term ΔB_z^j in (2.76) überein – die Interpretation ist korrekt.

Im übernächsten Abschnitt wird gezeigt, wie sich das von den Spins S erzeugte Feld beschreiben und schließlich für verschiedene Geometrien berechnen lässt.

2.4 Berechnung des zweiten Moments (G)

Das zweite Moment des Absorptionssignals der Spins I, also die Breite des NMR-Signals, berechnet sich nach (2.62) zu

$$\mathcal{M}_2 = \frac{\left\langle \left[\mathcal{H}'_\mathrm{D}\,,\left[\mathcal{H}'_\mathrm{D}\,,\boldsymbol{I}_+\right]\right]\boldsymbol{I}_-\right\rangle_0}{\hbar^2\left\langle \boldsymbol{I}_+\boldsymbol{I}_-\right\rangle_0} \quad . \tag{2.79}$$

Im Anhang B.6 ist gezeigt, wie sich die Verschachtelung der Kommutatoren im Zähler vereinfachen lässt. Damit erhält man

$$\mathcal{M}_2 = \frac{\left\langle \left[\boldsymbol{I}_-\,,\mathcal{H}'_\mathrm{D}\right]\left[\mathcal{H}'_\mathrm{D}\,,\boldsymbol{I}_+\right]\right\rangle_0}{\hbar^2\left\langle \boldsymbol{I}_+\boldsymbol{I}_-\right\rangle_0} \quad . \tag{2.80}$$

2.4.1 Für verschiedene Spins

Wieder interessiert uns besonders die Wirkung der Elektronenspins auf die Form der NMR-Linie; entsprechend wird für den säkularen Dipolar-Hamiltonoperator wieder (1.68) eingesetzt. Der zweite Kommutator im Zähler von (2.80) ist bereits in Abschn. 2.3.1 berechnet worden, für den ersten erhält man analog zu dieser Rechnung und mit $[\boldsymbol{I}_-,\boldsymbol{I}_z]=\boldsymbol{I}_-$

$$\left[\boldsymbol{I}_-\,,{}^{IS}\mathcal{H}'_\mathrm{D}\right] = \hbar\sum_{j,\mu} B_{j\mu}\,\boldsymbol{I}^j_-\boldsymbol{S}^\mu_z \tag{2.81}$$

$$\left[{}^{IS}\mathcal{H}'_\mathrm{D}\,,\boldsymbol{I}_+\right] = \hbar\sum_{j,\mu} B_{j\mu}\,\boldsymbol{I}^j_+\boldsymbol{S}^\mu_z \quad . \tag{2.82}$$

Beides eingesetzt und den Nenner nach (2.67) zerlegt ergibt:

$${}^{IS}\mathcal{M}_2 = \frac{\sum\limits_{j,\mu,k,\nu} B_{j\mu}\,B_{k\nu}\left\langle \boldsymbol{I}^j_-\boldsymbol{S}^\mu_z\boldsymbol{I}^k_+\boldsymbol{S}^\nu_z\right\rangle_0}{N_I\left\langle \boldsymbol{I}^i_+\,\boldsymbol{I}^i_-\right\rangle_0} \tag{2.83}$$

In der Summe verschwinden wieder alle Terme mit $j\neq k$. Der nach Zerlegung und Kürzen mit dem Nenner verbliebene Ausdruck kann darauf in zwei Anteile zerlegt werden:

$${}^{IS}\mathcal{M}_2 = \frac{1}{N_I}\sum_{j,\mu,\nu} B_{j\mu}\,B_{j\nu}\left\langle \boldsymbol{S}^\mu_z\boldsymbol{S}^\nu_z\right\rangle_0 \tag{2.84}$$

$$= \frac{1}{N_I}\left[\sum_{j,\mu} B^2_{j\mu}\left\langle (\boldsymbol{S}^\mu_z)^2\right\rangle_0 + \sum_{j,\,\mu\neq\nu} B_{j\mu}\,B_{j\nu}\left\langle \boldsymbol{S}^\mu_z\right\rangle_0\left\langle \boldsymbol{S}^\nu_z\right\rangle_0\right] \tag{2.85}$$

An dieser Stelle dürfen die beiden Erwartungswerte der Spins aus der Summe vorgezogen und ausgewertet werden; für den Elektronenspin $S=1/2$ ist

$$\left\langle (\boldsymbol{S}_z^\mu)^2 \right\rangle_0 = S^2 = \frac{1}{4} \qquad \text{sowie} \qquad \left\langle \boldsymbol{S}_z^\mu \right\rangle_0 = SP_S = \frac{P_\mathrm{e}}{2} \ . \tag{2.86}$$

Der Rest der zweiten Summe in (2.85) kann wieder umgeschrieben werden:

$$\sum_{j,\,\mu\neq\nu} B_{j\mu}\, B_{j\nu} = \sum_{j,\mu,\nu} B_{j\mu}\, B_{j\nu} - \sum_{j,\,\mu=\nu} B_{j\mu}\, B_{j\nu} \tag{2.87}$$

$$= \sum_j \Big[\sum_\mu B_{j\mu} \Big]^2 - \sum_{j,\mu} B_{j\mu}^2 \tag{2.88}$$

Zwecks Übersichtlichkeit werden zwei Abkürzungen für häufig auftretende Summen über die $B_{j\mu}$ eingeführt:

$$b_j := \sum_\mu B_{j\mu} \tag{2.89}$$

$$\langle b \rangle := \frac{1}{N_I} \sum_j b_j \tag{2.90}$$

Die anschauliche Bedeutung ist die folgende: $B_{j\mu}$ beschreibt die Wirkung des μ-ten Elektronenspins auf den j-ten Kernspin. Weiter stellt b_j die Gesamtwirkung aller Elektronenspins auf den j-ten Kernspin dar und $\langle b \rangle$ schließlich die Mittelung dieses Wertes über den gesamten Kristall.

Das zweite Moment (2.85) schreibt sich schließlich mit (2.86), (2.88) und (2.89):

$${}^{IS}\mathcal{M}_2 = \frac{S^2}{N_I} \Big[(1 - P_S^2) \sum_{j,\mu} B_{j\mu}^2 + P_S^2 \sum_j b_j^2 \Big] \tag{2.91}$$

Das reduzierte 2. Moment

Das soeben berechnete zweite Moment (2.91) bezieht sich entsprechend der Definition (2.50) auf die Larmorfrequenz ω_0. Der NMR-Peak erfährt aber, wie in letzten Abschnitt berechnet, auch eine Verschiebung so, dass es sinnvoller ist, das zweite Moment bezüglich der neuen Peakposition zu berechnen. Im Anhang B.7 wird gezeigt, dass sich das zweite Moment bezüglich $\omega_0 + M_1$, das sogenannte reduzierte zweite Moment, über

$$m_2 = \mathcal{M}_2 - \mathcal{M}_1^2 \tag{2.92}$$

aus dem klassischen zweiten Moment M_2 und dem ersten Moment M_1 berechnet. Mit dem Ausdruck für das erste Moment (2.71) und den eingeführten Abkürzungen (2.89, 2.90) ist dessen

Quadrat

$$^{IS}\mathcal{M}_1^2 = \frac{S^2 P_S^2}{N_I^2}\left[\sum_{j,\mu} B_{j\mu}\right]^2 = S^2 P_S^2 \, \langle b \rangle^2 \tag{2.93}$$

und damit das reduzierte zweite Moment

$$^{IS}m_2 = \frac{S^2}{N_I}\left[(1-P_S^2)\sum_{j,\mu} B_{j\mu}^2 + P_S^2\left(\sum_j b_j^2 - N_I\langle b\rangle^2\right)\right] \tag{2.94}$$

$$= \frac{S^2}{N_I}\left[(1-P_S^2)\sum_{j,\mu} B_{j\mu}^2 + P_S^2\sum_j\left(b_j - \langle b\rangle\right)^2\right] \ . \tag{2.95}$$

Offensichtlich ist auch die Breite des NMR-Signals von der Polarisation der Elektronen abhängig. Je nach dem, welche der beiden Summen in (2.95) überwiegt, fällt oder steigt die Breite mit zunehmender Elektronen-Polarisation.

2.5 Das lokale Magnetfeld (G)

Das für die NMR wirksame Magnetfeld am Ort des Kerns $\vec{B}_\text{K}$ wird von zahlreichen Faktoren in der Umgebung des Kerns beeinflusst. [ZF 57] gibt eine allgemeine Beschreibung der das $\vec{B}_\text{K}$-Feld beeinflussenden Faktoren, beschäftigt sich aber hauptsächlich mit der Konzentrationsabhängigkeit in Lösungen; in [MRB 79] wird der Einfluss der Probengeometrie auf Form und Lage der Linie untersucht. Eine einfache Einführung wird z. B. auch in [Kit 06] für Dielektrika gegeben, die ohne Probleme auf den magnetischen Fall übersetzt werden kann. Alle benutzen aber den gleichen Ansatz.

Danach zerlegt man das Feld am Kernort $\vec{H}_\text{K} = \vec{B}_\text{K} - 4\pi\vec{M}$ in fünf Anteile

$$\vec{H}_\text{K} = \vec{H}_0 + \vec{h}_1 + \vec{h}_2 + \vec{h}_3 + \vec{h}_4 \ , \tag{2.96}$$

wobei man sich mit steigendem Index dem Kern immer weiter nähert. Das äußere Feld $\vec{H}_0 = \vec{B}_0$ fasst das von allen äußeren Strömen erzeugte Feld zusammen und ist das, was wir z. B. mit einer Hall-Sonde anstelle der Probe messen. Alle folgenden Felder sind um viele Größenordnungen kleiner und stellen Korrekturen dar. Die erste dieser Korrekturen ist das Entmagnetisierungsfeld $\vec{h}_1$, welches durch die Probengeometrie bestimmt wird, $\vec{H}_0+\vec{h}_1$ wird daher auch makroskopisches Feld genannt. Die Grenze zum mikroskopischen Bereich bildet eine gedachte Sphäre um den Kern, die sogenannte Lorentzkugel (vgl. Abb. 2.1), deren inneres Feld $\vec{h}_3$ als echte Dipolsumme unter Berücksichtigung der Kristallsymmetrie berechnet werden kann. Dabei muss analog zu $\vec{h}_1$ das Entmagnetisierungsfeld der herausgelösten Lorentzkugel $\vec{h}_2$ berücksichtigt werden. Der letzte Korrekturterm $\vec{h}_4$ fasst die abschirmende Wirkung der Elektronenhülle zusammen und entspricht der chemischen Verschiebung. In Metallen muss zusätzlich der Einfluss polarisierter Leitungselektronen, der sogenannte Knight-Shift beachtet werden. Da für hiesige Betrachtungen nur Änderungen des lokalen Feldes abhängig von der Spinpolarisation bzw. Magnetisierung ins Gewicht fallen, ist es ausreichend, die ersten drei Korrekturen aus (2.96) zu berücksichtigen; auf

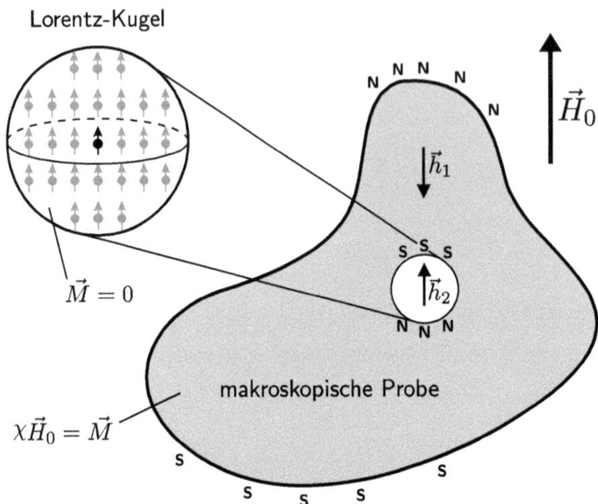

Abb. 2.1 *Zum lokalen Feld. Eine Probe beliebiger Form befindet sich in einem äußeren Magnetfeld $\vec{H}_0$. Ihre Magnetisierung bedingt die Ausbildung von magnetischen Polen an den Rändern (durch* **N** *und* **S** *angedeutet), welche wiederum das (inhomogene) Entmagnetisierungsfeld $\vec{h}_1$ erzeugen. Der Effekt der Kristallstruktur $\vec{h}_3$ wird innerhalb der Lorentzkugel gesondert berechnet. Daher darf der Bereich der ausgeschnittenen Lorentzkugel nicht in den anderen Rechnungen enthalten sein: der Term $\vec{h}_2$ berücksichtigt das durch die am Rande des Hohlraums gebildeten Pole (***N**, **S***) erzeugte Feld – Größe der Lorentzkugel nicht maßstäblich.*

sie wird im Folgenden genauer eingegangen.

2.5.1 Das Entmagnetisierungsfeld

Aufgrund der Suszeptibilität der Probe bildet diese im äußeren Magnetfeld H_0 eine Magnetisierung aus, die über die gesamte Probe homogen ist und parallel[4)] zum äußeren Feld verläuft:

$$\vec{M} = \chi\vec{H}_0 \tag{2.97}$$

Das durch die Magnetisierung verursachte Entmagnetisierungsfeld $\vec{H}_\mathrm{D}$ (*demagnetizing field*) aber hängt entscheidend von der Probengeometrie ab und ist im Allgemeinen ortsabhängig, d. h. nicht homogen über die Probe. Es wird mit Hilfe des Entmagnetisierungstensors $\overleftrightarrow{N}$ aus der Magnetisierung berechnet[5)]:

$$\vec{h}_1(\vec{x}) = \vec{H}_\mathrm{D}(\vec{x}) = -4\pi\overleftrightarrow{N}(\vec{x})\,\vec{M} \tag{2.98}$$

Die Berechnung der Elemente des Entmagnetisierungstensors ist sehr aufwendig und nur für einfache Geometrien wie Ellipsoid, Zylinder oder Quader analytisch möglich (Siehe Abschn. 2.6). Ein wichtiger Spezialfall sind Körper mit Oberflächen zweiter Ordnung, deren Entmagnetisierungsfeld nämlich homogen ist. Der einzige Körper dieser Art mit endlichem Volumen ist das Ellipsoid; hier verschwindet die Ortsabhängigkeit des Entmagnetisierungsfeldes, und im Haupt-

---

[4)] im Allgemeinen ist die Suszeptibilität ein Tensor 2. Stufe, d. h. $\overleftrightarrow{\chi}$ ist richtungsabhängig. In den meisten Fällen aber, z. B. in kubischen Kristallen, ist χ isotrop und kann daher als skalare Größe behandelt werden.

[5)] Der Faktor 4π in (2.98) und (2.99) wird manchmal auch dem $\overleftrightarrow{N}$ zugeschlagen. Die Summenregel (2.100) lautet dann $N_x + N_y + N_z = 4\pi$

achsensystem vereinfacht sich die Tensorgleichung (2.98) zu drei skalaren Gleichungen

$$H_{\mathrm{D}\,i} = -4\pi N_i M_i \ , \quad \text{für} \quad i = x, y, z \ . \tag{2.99}$$

Die Entmagnetisierungsfaktoren N_i genügen dabei der Summenregel

$$N_x + N_y + N_z = 1 \ . \tag{2.100}$$

Aus Symmetriegründen und (2.100) folgt für die Kugel $N = 1/3$, für alle Achsen. In Tabelle 2.1 sind darüber hinaus für weitere Spezialfälle der Geometrie die Entmagnetisierungsfaktoren aufgelistet. Fasst man diese Geometrien als Grenzfälle eines Ellipsoids auf, können die Werte mit den in Abschn. 2.6.1 gegebenen Gleichungen berechnet werden.

Geometrie	**Richtung**	N
Kugel	jede Achse	1/3
dünne Scheibe	in der Ebene	0
	senkrecht zur Ebene	1
langer Zylinder	längs der Achse	0
	quer zur Achse	1/2

Tabelle 2.1 *Entmagnetisierungsfaktoren für Sonderfälle der Geometrie. Die Werte für Scheibe und Zylinder verstehen sich als Grenzwerte und gelten in guter Näherung und nur fernab der Randbereiche.*

Diese Ergebnisse sind auch anschaulich verständlich: Eine flache Scheibe mit axialer Magnetisierung bildet an Ober- und Unterseite zwei weit ausgedehnte magnetische Pole, deren Feld im Inneren maximal und der Magnetisierung entgegen gerichtet ist. Ein langer Stab mit axialer Magnetisierung hingegen bildet nur sehr kleine, punktförmige Pole an den Enden aus, deren Feld sehr schnell abklingt, so dass in der Mitte des Stabes das Entmagnetisierungsfeld verschwindet. Die anderen Richtungen dieser Körper teilen sich den gemäß (2.100) verbliebenen Betrag, wegen der Symmetrie, zu gleichen Teilen.

2.5.2 Vom makroskopischen zum mikroskopischen Feld – die Lorentzkugel

Wie bereits angedeutet, spielt auch die Kristallstruktur des Materials eine entscheidende Rolle für das lokale Feld. Dazu muss von der kontinuierlichen Beschreibung der Felder durch (über ein großes Volumen gemittelte) makroskopische Größen (wie Magnetisierung) auf eine mikroskopische Beschreibung diskreter Punktdipole gewechselt werden. In der unmittelbaren Umgebung des Kerns wird das mikroskopische Feld direkt über die Dipolsumme der umgebenden Atome berechnet. Um den korrekten Anschluss beider Beschreibungen sicher zu stellen, wird als Grenze eine um den Kern gedachte Sphäre eingeführt – die Lorentzkugel, siehe Abb. 2.1. Sie trennt gewissermaßen die makroskopische Beschreibung des äußeren Bereichs von der mikroskopischen im Inneren über die Dipolsumme; insbesondere gilt im Inneren daher $\vec{M} = 0$. Die Größe der Lorentzkugel muss dabei zum einen groß genug gewählt sein, dass die Dipolsumme im Inneren konvergiert, aber klein genug, dass das makroskopische Feld in diesem Bereich als konstant angenommen werden kann.

Da der Feldanteil des Inneren der Lorentzkugel ($\vec{h}_3$) direkt berechnet wird, darf es nicht auch im Entmagnetisierungsfeld $\vec{h}_1$ enthalten sein. Als Korrektur wird dazu die Lorentzkugel quasi aus dem Material ausgeschnitten. Der verbliebene Hohlraum entspricht einer Kugel mit negativer Magnetisierung (siehe Abb. 2.1), dessen Entmagnetisierungsfeld folglich von dem der makroskopischen Probe subtrahiert werden muss, das heißt

$$\vec{h}_2 = \vec{H}_{\text{Lorentz}} = \frac{4\pi}{3}\vec{M} \quad . \tag{2.101}$$

Für eine kugelförmige Probe liefert (2.96) mit den bisherigen Ergebnissen für $\vec{h}_1$ und $\vec{h}_2$ am Kernort das magnetische Feld

$$\vec{H}_{\text{K}} = \vec{H}_0 - \frac{4\pi}{3}\chi\vec{H}_0 + \frac{4\pi}{3}\chi\vec{H}_0 + \vec{h}_3 \tag{2.102}$$

$$= \vec{H}_0 + \vec{h}_3 \quad , \tag{2.103}$$

sowie – wegen $\vec{M} = 0$ in der Lorentzkugel – die Flussdichte

$$\vec{B}_{\text{K}} = \vec{H}_0 + \vec{h}_3 \quad . \tag{2.104}$$

Das lokale Feld in einer Kugelprobe hängt also neben $\vec{H}_0$ nur noch von dem mikroskopischen Feld in der Lorentzkugel ab. Und das ist vernünftig, denn der alternative Weg der Dipolsumme über die gesamte Probe unterscheidet sich nur in der Größe der dazu benutzten Kugel (gesamte Probenkugel statt Lorentzkugel).

2.5.3 Einfluss des Kristallgitters – das mikroskopische Feld

Zu guter Letzt steht noch die Berechnung der Dipolsumme innerhalb der Lorentzkugel aus, auch oft Kristallfeld genannt. Die Berechnung wird durch die Kugelsymmetrie vereinfacht, muss aber in vielen Fällen numerisch erfolgen. In [MRB 79] wird für diesen Betrag der allgemeine Ausdruck

$$\vec{h}_3 = s\vec{M} \tag{2.105}$$

angegeben. Es lässt sich aber leicht zeigen, dass dieser Beitrag für kubische Systeme identisch verschwindet [Kit 06]; für die hier benutzten amorphen Proben ist ebenfalls kein Kristallfeld zu erwarten.

2.5.4 Anwendung auf den Ausdruck des ersten Moments

Der für diese Arbeit entscheidende Teil des lokalen Feldes ist die z-Komponente des durch die magnetischen Dipole in der Probe erzeugten Feldes – die sogenannte Dipolsumme ΔB_z^j, die in (2.76) auftaucht. Die genannte Gleichung muss zuvor allerdings aus der diskreten Form (Summe über alle einzelnen Spins) in eine kontinuierliche Darstellung überführt werden, was wie folgt geschieht:

$$\Delta B_z = \underbrace{\frac{1}{N_I}\sum_j}\ \underbrace{\langle\mu_z\rangle\sum_\mu \frac{3\cos^2\theta - 1}{r_{j\mu}^3}}_{\Delta B_z^j} \tag{2.106a}$$

$$\Delta B_z = \overbrace{\frac{1}{V}\int_V \mathrm{d}^3x}\ \overbrace{\Delta B_z(\vec{x})} \tag{2.106b}$$

Jetzt kann das so definierte $\Delta B_z(\vec{x})$ entsprechend den obigen Ausführungen zur Berechnung des lokalen Feldes mit der Summe aus Entmagnetisierungs-, Lorentz- und Kristallfeld identifiziert werden, genauer deren z-Komponente:

$$\Delta B_z(\vec{x}) = (\vec{H}_\mathrm{D}(\vec{x}) + \vec{H}_\mathrm{Lorentz} + \vec{h}_3)_z$$

Unter Verwendung von (2.99) und (2.101), sowie der Annahme eines verschwindenden Kristallfeldes ($\vec{h}_3 = 0$) ist

$$\begin{aligned}\Delta B_z(\vec{x}) &= -4\pi\, N_{zz}(\vec{x})\, M_z + \tfrac{4\pi}{3} M_z \\ &= -4\pi\Big(N_{zz}(\vec{x}) - \tfrac{1}{3}\Big)\chi H_0 \quad .\end{aligned} \tag{2.107}$$

Darin ist $N_{zz}(\vec{x})$ der zz-Eintrag des Entmagnetisierungstensors $\overleftrightarrow{N}$ für die Stelle $\vec{x}$. Ist das Entmagnetisierungsfeld homogen, kann dieser durch den Entmagnetisierungsfaktor N_z ersetzt werden. Der Term in der Klammer kann durch die neue Variable

$$\xi(\vec{x}) = 3N_{zz}(\vec{x}) - 1 \qquad \text{bzw.} \qquad \langle\xi\rangle = \frac{1}{V}\int_V \mathrm{d}^3x\ \xi(\vec{x}) \tag{2.108}$$

abgekürzt werden, die wir Geometriefaktor nennen. Für homogene Entmagnetisierung gilt obiges analog. Nach Einsetzen von (2.107) in (2.106b) und wieder Umrechnung auf Frequenzverschiebung erhält man mit (1.22) und (2.108):

$$\begin{aligned}\Delta\omega &= -\gamma_I \Delta B_z \\ &= \frac{1}{V}\int_V \mathrm{d}^3x\ \frac{4\pi}{3}\gamma_I M \xi(\vec{x}) \\ &= \frac{4\pi}{3}\,\langle\xi\rangle\ n_S \gamma_I \gamma_S\, \hbar S\, P_S\end{aligned} \tag{2.109}$$

2.6 Berechnung der Entmagnetisierungsfaktoren

Für einfache Geometrien lassen sich Gleichungen zur Berechnung des Entmagnetisierungstensors in geschlossener Form angeben. Die Behandlung von Ellipsoiden ist dabei besonders angenehm, da wie schon erwähnt, das Entmagnetisierungsfeld hier homogen ist. Obschon sich diese Form nicht für die Proben eignet, lässt sich an ihr sehr gut ein Gefühl für die optimale Geometrie bilden. Als zweckmäßigste Form der Probe werden sich zwei Extremformen des Zylinders herausstellen, auch hierfür werden Gleichungen angegeben. Das Entmagnetisierungsfeld des Quaders wird ausführlich in [Kui 70] behandelt.

2.6.1 Ellipsoid

In der Literatur findet man diverse Methoden zur Bestimmung allgemeingültiger Ausdrücke für die Entmagnetisierungsfaktoren eines Ellipsoids, z. B. [LL 63], [Bec 82]. MAXWELL zeigte als erster, wie man mit Hilfe der Methode von POISSON zur Berechnung des magnetischen Potentials eines homogen magnetisierten Körpers die Entmagnetisierungsfaktoren des Ellipsoids bestimmt [Max 04]. Die Gleichungen für das triaxiale Ellipsoid sind allerdings nicht in rechenbarer Form gegeben. Diese Arbeit verwendet stattdessen die von OSBORN in [Osb 45] angegebenen Gleichungen.

Die Oberfläche eines triaxialen Ellipsoids wird in kartesischen Koordinaten (Hauptachsensystem) durch die Gleichung

$$\frac{x^2}{a^2} + \frac{y^2}{b^2} + \frac{z^2}{c^2} = 1 \qquad \text{mit} \qquad a, b, c \in \mathbb{R}^{>0} \tag{2.110}$$

beschrieben. Die Parameter a, b, c sind die Längen der drei Halbachsen in x-, y- und z-Richtung. Ohne Beschränkung der Allgemeinheit[6)] gelte für die Parameter

$$a \geq b \geq c \geq 0 \quad , \tag{2.111}$$

dann berechnen sich die Entmagnetisierungsfaktoren zu

$$N_x = \frac{\cos\psi\ \cos\phi}{\sin^3\phi\ \sin^2\alpha}\Big[F(\phi|\,m) - E(\phi|\,m)\Big] \tag{2.112a}$$

$$N_y = \frac{\cos\psi\ \cos\phi}{\sin^3\phi\ \sin^2\alpha\ \cos^2\alpha}\Big[E(\phi|\,m) - \cos^2\alpha\ F(\phi|\,m)\Big] - \frac{\cot^2\phi}{\cos^2\alpha} \tag{2.112b}$$

$$N_z = \frac{\cos^2\psi}{\sin^2\phi\ \cos^2\alpha} - \frac{\cos\psi\cos\phi}{\sin^3\phi\ \cos^2\alpha}E(\phi|\,m) \tag{2.112c}$$

6) Für die Berechnung müssen die Achsenbezeichnungen u. U. vorübergehend vertauscht werden.

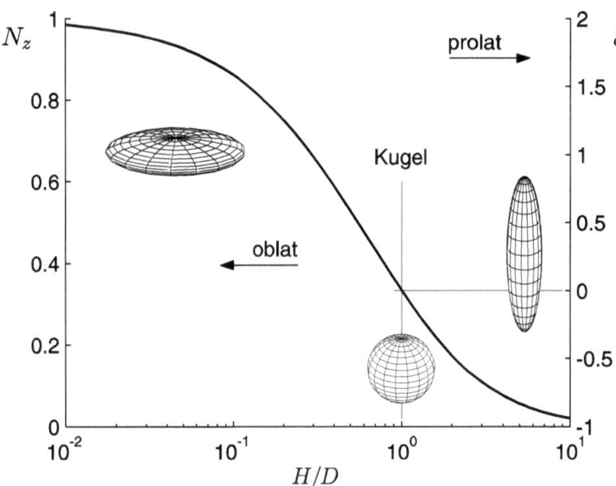

Abb. 2.2 *Entmagnetisierungsfaktor N_z eines Rotationsellipsoids in Richtung der Symmetrieachse als Funktion vom Verhältnis aus Höhe zu Durchmesser. Die rechte Ordinate zeigt den entsprechenden Wert des in (2.108) definierten Geometriefaktors ξ.*

mit

$$\cos\phi = c/a\,, \qquad (0 \le \phi \le \pi/2) \tag{2.113}$$

$$\cos\psi = b/a\,, \qquad (0 \le \psi \le \pi/2) \tag{2.114}$$

und

$$m = \sin^2\alpha = \frac{1-(b/a)^2}{1-(c/a)^2} = \frac{\sin^2\psi}{\sin^2\phi} = k^2 \ . \tag{2.115}$$

Darin sind $F(\phi|\,m)$ und $E(\phi|\,m)$ die elliptischen Integrale erster und zweiter Gattung mit der Amplitude ϕ und dem Parameter m (vgl. Anhang C.1). Man erkennt sofort, dass die Entmagnetisierungsfaktoren nur von den Verhältnissen der Halbachsen zueinander abhängen; die absolute Größe des Körpers spielt keine Rolle.

Zahlenwerte

In Abb. 2.2 ist für ein um die z-Achse rotationssymmetrisches Ellipsoid ($a = b$) der Wert des Entmagnetisierungsfaktors N_z in Richtung der Symmetrieachse gegen das Verhältnis aus Höhe zu Durchmesser (c/a) aufgetragen. Erwartungsgemäß ist der Entmagnetisierungsfaktor eines flachen Ellipsoids ($H/D<1$) größer als der eines länglichen ($H/D>1$); für die Kugel ($H/D=1$) ist $N_z=1/3$. Die Kurve für das triaxiale Ellipsoid weicht für mäßige Transversalexzentrizitäten[7] von der gezeigten nur minimal ab, wenn man zur Berechnung der Abszissenwerte H/D den mittleren Durchmesser über das geometrische Mittel beider Transversal-Achsen[8] definiert.

[7] numerische Exzentrizität der Ellipse in der xy-Ebene. Für den konkreten Fall von N_z ist $\varepsilon = \sqrt{a^2-b^2}/a$ (für $a>b$). Mäßig heißt $\varepsilon<0.9$

[8] also $D = 2\sqrt{ab}$

Erste Konsequenzen für eine optimale Probengeometrie

Die übliche Methode der Probenherstellung, das Eintropfen der Radikal-Lösung in flüssigen Stickstoff, ist offenbar für die hier beabsichtigte T_{1e}-Messung völlig ungeeignet. Die entstehenden gefrorenen Tropfen haben in guter Näherung eine Kugelform, für die $N_z = 1/3$ bzw. $\xi = 0$ gilt. Weil nach (2.109) die Frequenzverschiebung $\Delta\omega$ des NMR-Peaks proportional zum Geometriefaktor ξ ist, verschwindet für kugelförmige Proben die Verschiebung.

Die am Beispiel des Ellipsoids gewonnenen Erkenntnisse über die Abhängigkeit des Geometriefaktors von der Form lassen sich – zumindest tendenziell – auf andere Körper übertragen. So lässt sich ein betragsmäßig möglichst großes ξ entweder durch eine schmale und lange oder eine breite und flache Form erreichen. Letztere verspricht bei einem Blick auf Abb. 2.2 ein größeres Potential, da für oblate Ellipsoide der Geometriefaktor ξ Zahlenwerte bis 2 annehmen kann, für prolate dagegen nur bis -1.

Der dem Ellipsoid am nächsten verwandte Körper, der sich außerdem als Probenform eignet, ist der Zylinder. Dabei wollen wir uns auf gerade und solche mit kreisförmiger Grundfläche beschränken. Solche Zylinder sollen im nächsten Abschnitt eingehender untersucht werden, wobei schon jetzt klar ist, dass nur dünne Stäbe oder flache Scheiben in Betracht kommen können.

2.6.2 Zylinder

Das homogene Entmagnetisierungsfeld des Ellipsoids war ein angenehmer Spezialfall, bei allen anderen Körper sind die Werte des Entmagantisierungstensors $\overleftrightarrow{N}(\vec{x})$ vom Ort im Körper abhängig – so auch beim Zylinder. KRAUS gibt in [Kra 73] Gleichungen für die einzelnen Tensorelemente in Zylinderkoordinaten an. Für einen homogen magnetisierten Zylinder mit Radius R und Höhe H, dessen Grundfläche in der xy- bzw. $r\varphi$-Ebene liegt und dessen Körper in positiver z-Richtung aufragt, berechnet sich der zz-Eintrag[9)] des Tensors für das Innere des Zylinders[10)] zu

$$N := N_{zz}(r,z) = 1 - A(r,z) - A(r,H-z) \tag{2.116}$$

mit

$$A(r,w) = \frac{w}{2\pi\sqrt{(R+r)^2+w^2}} \cdot K(m) + \frac{1}{4}\Lambda_0(\beta|\,m) \tag{2.117}$$

und

$$m = \frac{4Rr}{(R+r)^2+w^2} \tag{2.118}$$

$$\sin^2\beta = \frac{w^2}{(R-r)^2+w^2} \quad . \tag{2.119}$$

9) Dieser wird im folgenden abkürzend mit N statt korrekterweise N_{zz} bezeichnet.

10) Mit wenigen Modifikationen an den Gleichungen lassen sich auch Werte außerhalb des Zylinders berechnen, die das Streufeld repräsentieren.

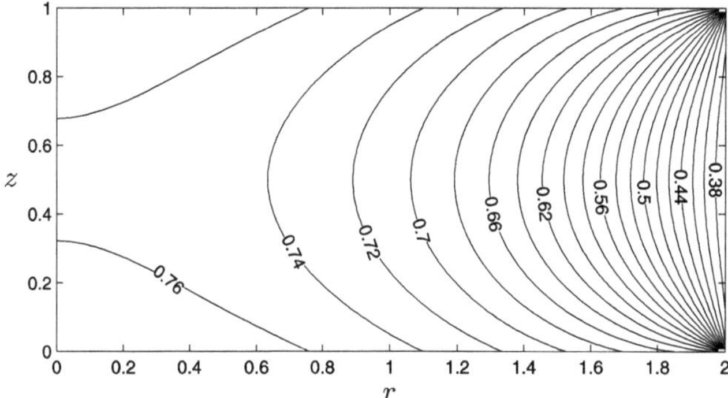

Abb. 2.3 *Niveaulinien des Entmagnetisierungsfaktors N in der rz-Halbebene eines Zylinders mit dem Seitenverhältnis $H/D = 1/4$. Der Abstand zweier benachbarter Niveaulinien ist immer $\Delta N = 0.02$.*

Darin ist $K(m)$ das vollständige elliptische Integral erster Gattung und $\Lambda_0(\beta|m)$ die Heuman'sche Lambda-Funktion[11)] (zur Definition siehe Abschn. C.2); $r = \sqrt{x^2 + y^2}$ ist der Abstand von der z-Achse.

An den Gleichungen für N erkennt man einige wichtige Eigenschaften. Das Entmagnetisierungsfeld ist rotationssymmetrisch um die z-Achse, was nicht verwundert, da das auch die Symmetrieachse des Körpers ist. Ferner ist das Feld spiegelsymmetrisch zur Mittelebene bei $z = H/2$; auch diese Ebene ist ja eine Symmetrieebene des Körpers. Wie beim Ellipsoid ist das Verhältnis aus Höhe zu Durchmesser für den Verlauf des Feldes entscheidend, nicht ihre absoluten Größen. An den Stellen $(r, z) = (R, 0)$ und (R, H) tritt an mehreren Stellen der Rechnung Division durch Null auf, ferner divergiert $K(m)$, weil hier $m = 0$ ist; an diesen Stellen ist N_{zz} also nicht definiert. Das ist auch keineswegs verwunderlich, da die genannten Stellen den zwei Kantenlinien an Deckel- und Bodenfläche entsprechen. Hier steht die Annahme einer homogenen Magnetisierung in z-Richtung im Widerspruch zu den allgemeinen Randbedingungen für die magnetischen Felder an den Grenzflächen zweier Medien.

Die Lösung kann trotzdem als physikalisch sinnvoll angesehen werden: Erstens ist die Annahme, dass sich der Übergang der homogenen Magnetisierung des Zylinders zu $M = 0$ an den Kanten innerhalb einer beliebig kleinen Umgebung um die Kanten erfolgt, mit den Randbedingungen vereinbar und physikalisch vernünftig. Zweitens sind unendlich scharfe Kanten in der Praxis ohnehin nicht realisierbar [Kui 70].

In den Abbildungen 2.3 und 2.4 ist zur Veranschaulichung der Verlauf des Entmagnetisierungsfaktors N innerhalb des Zylinders für zwei verschiedene Seitenverhältnisse H/D durch Niveaulinien $N = \text{const.}$ dargestellt. Dabei ist aus Platzgründen jeweils nur die rechte Hälfte der rz-Schnittebene dargestellt, die linke schließt sich spiegelbildlich bei $r = 0$ an. Man erkennt die angesprochene Symmetrie zur Mittelebene sowie die Singularitäten der Funktion in den Randpunkten, in denen eine Vielzahl von Niveaulinien zusammenlaufen. Der direkte Vergleich der beiden Verteilungen zeigt einen wichtigen Unterschied: Im Fall der flachen Scheibe (Abb. 2.3) ist das Entmagnetisierungsfeld im Kernbereich ($r/R < 0.4$) vom Boden bis zum Deckel relativ

[11)] In der Originalreferenz wird Λ_0 unkorrekter Weise als elliptisches Integral dritter Gattung bezeichnet.

homogen, während es nahe der Mantelfläche stark abfällt – die Niveaulinien liegen hier sehr dicht beieinander. Anders beim stabförmigen Körper (Abb. 2.4), bei dem die inhomogenen Bereiche an den beiden Boden und Deckelflächen zu finden sind, während um die gesamte Mittelebene bei $z = H/2$ das Entmagnetisierungsfeld nahezu konstant ist. Dabei fällt das Seitenverhältnis des gezeigten Stabes mit $H/D = 2$ moderater aus als das der Scheibe mit 1/4.

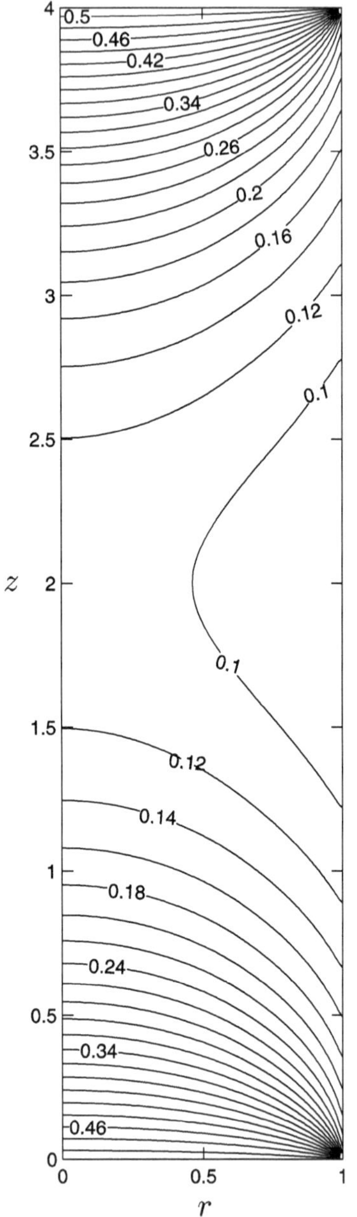

Abb. 2.4 *Niveaulinien des Entmagnetisierungsfaktors N in einem Zylinder mit dem Seitenverhältnis $H/D = 2$.*

Verteilungsfunktion

Um die Homogenität des Entmagnetisierungsfeldes im Zylinder zu beurteilen sowie seinen Mittelwert berechnen zu können, ist die Verteilungsfunktion des Entmagnetisierungsfaktors eine hilfreiche Größe. Sie gibt die relative Häufigkeit an, mit der die einzelnen Werte von N im Volumen des Zylinders angetroffen werden. Mathematisch läßt sich das so ausdrücken:

$$G(N) = \frac{1}{V_0} \frac{\mathrm{d}V(N)}{\mathrm{d}N} \tag{2.120}$$

Dabei ist V_0 das Zylindervolumen und $\mathrm{d}V(N)$ das Teilvolumen, in dem der Entmagnetisierungsfaktor den Wert $N + \mathrm{d}N$ annimmt. Die Angabe eines konkreten Ausdrucks für $G(N)$ ist allerdings nicht möglich, da die Niveauflächen nicht in analytischer Form darstellbar sind. Die Berechnung der Verteilungsfunktionen erfolgte daher für mehrere Höhe/Durchmesser-Verhältnisse numerisch. Dazu wurde jeweils an 10^8 zufällig generierten Punkten im Zylinder der Entmagnetisierungsfaktor berechnet und die Werte für 500 feste Bins im Intervall $N \in [0, 1]$ histogrammiert. Abb. 2.5 zeigt die so erstellten und auf $\int G(N)\,\mathrm{d}N = 1$ normierten Verteilungsfunktionen.

Erwartungsgemäß wandert das Maximum der Verteilung mit steigendem Höhe/Durchmesser-Verhältnis zu kleineren Werten des Entmagnetisierungsfaktors. Dabei weisen die Verteilungen der Stäbe ($H/D > 1$) einen stärker ausgeprägten Peak auf als die der Scheiben ($H/D < 1$), bei denen die abfallende Flanke relativ

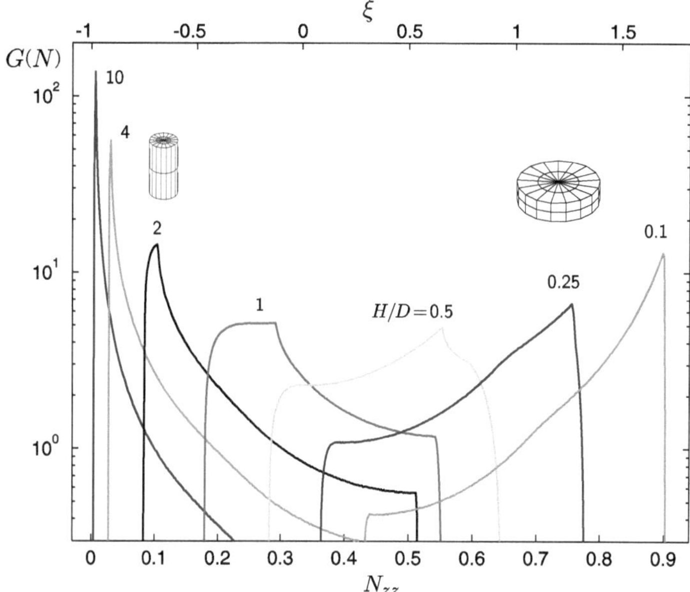

Abb. 2.5 *Normierte Verteilungsfunktionen des Entmagnetisierungsfaktors für Zylinder mit verschiedenen Seitenverhältnissen.*

flach bleibt. Die Ursache ist die an den zwei Kontur-Plots (Abb. 2.3 und 2.4) erläuterte unterschiedliche Lage des homogenen Bereichs. Da das Volumenelement in Zylinderkoordinaten linear vom Radius abhängt, ist der volumenmäßige Anteil des Kerns bei der flachen Scheibe relativ gering. Die äußeren, an der Mantelfläche liegenden Bereiche repräsentieren einen deutlich größeren Volumenanteil. Weil bei der Scheibe gerade hier der inhomogene Bereich liegt, fällt die Flanke der Verteilungsfunktion zu kleineren N-Werten vergleichsweise flach ab. Beim langen Stab verursacht der homogene Mittelteil einen deutlich größeren Peak; da hier die inhomogenen Teile in axialer Richtung folgen, kommt der oben genannte Effekt der unterschiedlichen Wichtung in diesem Fall nicht zum Tragen.

Mittelwerte

Für das mittlere Entmagnetisierungsfeld eines Zylinders in axialer Richtung gibt CRABTREE in [Cra 77] folgenden Ausdruck an:

$$\langle N \rangle = \left[\frac{4}{3\pi} - \int_0^\infty \frac{J_1^2(x)\,\mathrm{e}^{-(H/R)x}}{x^2}\,\mathrm{d}x \right] \frac{2R}{H} \tag{2.121}$$

Das Integral mit der Besselfunktion kann nur numerisch berechnet werden. Als Funktion von $H/2R$ ähnelt $\langle N \rangle$ stark der Kurve von N_z des Rotationsellipsoids in Abb. 2.2. Der Verlauf ist allerdings etwas flacher, d. h. für $H/D < 1$ liegt die Kurve unterhalb, für $H/D > 1$ oberhalb der des Ellipsoids. Den Wert $\langle N \rangle = \frac{1}{3}$ besitzt ein Zylinder mit dem Seitenverhältnis $H/2R \simeq 0.907$.

Aus den numerisch bestimmten Verteilungsfunktionen lassen sich ebenfalls die Mittelwerte berechnen. Für die sieben im Plot gezeigten Werte von H/D stimmen die Mittelwerte mit den über (2.121) direkt berechneten Zahlenwerten bis auf einen relativen Fehler von 10^{-4} überein. Da in beiden Wegen numerische Verfahren zum Einsatz kommen, kann die Quelle der Ungenauigkeit nicht ausgemacht werden. Für hiesige Belange reicht die erzielte Genauigkeit aber allemal aus.

Kapitel 3

Das gepulste NMR-System

Das für die Messungen benutzte NMR-System basiert auf einem ursprünglich zum Zweck der Polarisationsmessung gebauten, gepulsten NMR-Spektrometer. Aufbau und Funktionsweise sowie Messergebnisse dieser ersten Version sind in [Hes 05] ausführlich beschrieben. Seitdem konnte durch zahlreiche Modifikationen sowie den Tausch einiger Komponenten die Sensitivität des Systems deutlich gesteigert und damit die Einsatzmöglichkeiten weiter ausgedehnt werden. Im Folgenden wird zunächst kurz die prinzipielle Funktionsweise der gepulsten NMR beschrieben, bevor deren Umsetzung anhand des benutzten Aufbaus erläutert wird. Zur T_{1e}-Messung werden viele Einzelmessungen in schneller Folge durchgeführt, zusätzlich muss die Steuerung der Mikrowellen mit der Messung synchronisiert werden – Details dazu werden gegen Ende des Kapitels behandelt.

3.1 Funktionsprinzip

Im Rahmen der theoretischen Berechnung des Absorptionssignals in Abschn. 2.2 ist das Messprinzip der gepulsten NMR schon angesprochen und benutzt worden. Hier soll die Idee noch einmal in vereinfachter Form dargestellt werden:

Die zu untersuchende Probe befindet sich in einem starken, zeitlich konstanten Magnetfeld $\vec{B}_0$. So entsteht gemäß (1.18) eine natürliche Polarisation der Kernspins und dadurch bedingt eine geringe Magnetisierung der Probe, die ebenfalls in Magnetfeldrichtung zeigt. Im Falle dynamischer Polarisation ist die Magnetisierung entsprechend stärker und zeigt ggf. entgegen der Magnetfeldrichtung. Um die Probe herum befindet sich eine kleine Spule mit nur wenigen Windungen, deren Achse senkrecht zur $\vec{B}_0$-Richtung liegt, wie in Abb. 3.1 dargestellt ist. Über diese NMR-Spule wird zu Beginn der

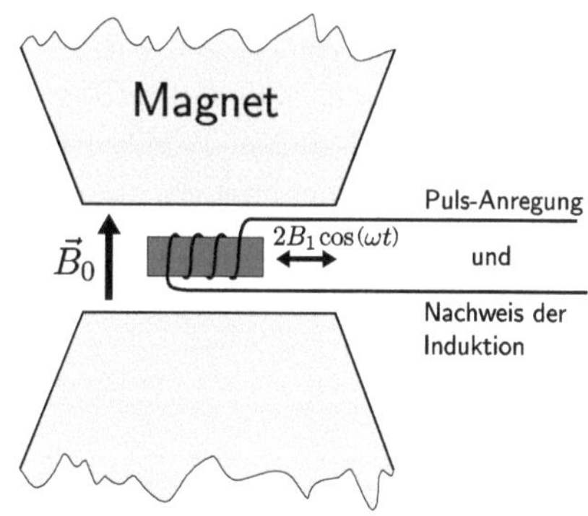

Abb. 3.1 *Schematische Darstellung des NMR-Aufbaus.*

Messung ein kurzer Hochfrequenzpuls nahe der Kern-Larmorfrequenz eingestrahlt. Dieser erzeugt ein oszillierendes Magnetfeld $2B_1 \cos \omega t$ in der Richtung der Spulenachse (senkrecht zu $\vec{B}_0$). Dieses oszillierende Feld kann in zwei gegenläufig rotierende Felder mit jeweils halber Amplitude zerlegt werden; eines davon rotiert im gleichen Drehsinn, wie die Kernspins der Probe um B_0 präzedieren. Stimmt die Frequenz der Anregung ω mit der Kernlarmorfrequenz überein, dann *sehen* die Kernspins in ihrem mitrotierenden Koordinatensystem die rotierende Feldkomponente als ein in Amplitude und Richtung konstantes[1)] Magnetfeld B_1 senkrecht zu ihrer Präzessionsachse um B_0.[2)] Um dieses B_1-Feld führen die Kernspins jetzt ebenfalls eine Präzessionsbewegung aus, das heißt sie schwenken für die Dauer des HF-Pulses um die x-Achse des mitrotierenden Koordinatensystems in Richtung der Transversalebene. Die so entstandene Transversalmagnetisierung präzediert im Laborsystem nach Ende des HF-Pulses weiter um die B_0-Richtung und induziert jetzt in der NMR-Spule eine entsprechende Wechselspannung. Auf Grund von Magnetfeldinhomogenitäten im Material ist die Larmorfrequenz aller Kernspins nicht exakt identisch, und so geraten die Einzel-Präzessionsbewegungen nach und nach außer Phase, die Amplitude der induzierten Wechselspannung fällt. Dieses von der NMR-Spule detektierte Signal heißt *Free Induction Decay* (FID). Das FID-Signal wird mit einem Computer aufgezeichnet – nach seiner Fourier-Transformation erhält man schließlich das NMR-Spektrum.

Das FID-Signal ist dabei umso stärker, je größer die Transversalmagnetisierung nach dem Puls ist, also je größer die Magnetisierung oder Polarisation der Probe vor dem Puls war und je größer der Kippwinkel des Pulses ist. Dieser lässt sich über die Dauer des Pulses sowie die Stärke des B_1-Feldes steuern. In professionellen NMR-Spektrometern lassen sich so spezielle Pulssequenzen mit 90°- und 180°-Pulsen erzeugen, die die Spins immer hin- und herkippen. Mit dem hier benutzten NMR-System sind nur kleine Kippwinkel (bis wenige Grad) sinnvoll möglich, was zwei Gründe hat: Die NMR-Spulen sind von Hand um den Probencontainer gewickelt, teilweise auch als Sattelspule durch die Löcher des Probencontainers geflochten. Das Feld dieser Spulen ist daher im Bereich der Probe alles andere als homogen, so dass sich kein einheitlicher Kippwinkel realisieren lässt. Große Kippwinkel sind aber auch nicht nötig – bei einem 90°-Puls werden die Spins komplett in die Transversalebene gekippt, die Polarisation also zerstört. Für Flüssigkeiten bei Raumtemperatur dauert es einige 100 ms, bis sich die TE-Polarisation wieder eingestellt hat und die Messung fortgesetzt werden kann. Für Experimente am PT wären Messungen, bei denen jedes Mal die Polarisation komplett zerstört wird, nicht sehr sinnvoll. Hier ist es eher nötig, den Kippwinkel sehr klein und damit die Polarisations-Zerstörung vernachlässigbar zu halten.

[1)]Die hier mit 2ω rotierende, gegenläufige Feldkomponente kann ignoriert werden, siehe auch Abschn. 2.2.1.
[2)]Im mitrotierenden Koordinatensystem verschwindet die Präzessionsbewegung um B_0.

3.2 Polarisationsmessung über die NMR-Linie

In Abschnitt 2.2.3 wurde die allgemeine Form der Resonanzlinie abgeleitet. Das Absorptionssignal lautete:

$$\langle \boldsymbol{I}_y \rangle(\Delta) = \frac{\omega_1}{4} \int\limits_{-\infty}^{\infty} \Big\langle \big[\boldsymbol{I}_- \, , \, \widetilde{\boldsymbol{I}}_+(\tau) \big] \Big\rangle_0 \cdot \mathrm{e}^{\mathrm{i}\Delta\tau} \, \mathrm{d}\tau \qquad [2.38]$$

Nach Integration des Signals entlang der Frequenz

$$\int\limits_{-\infty}^{\infty} \langle \boldsymbol{I}_y \rangle(\Delta) \, \mathrm{d}\Delta = \frac{\omega_1}{4} \int\limits_{-\infty}^{\infty} \int\limits_{-\infty}^{\infty} \Big\langle \big[\boldsymbol{I}_- \, , \, \widetilde{\boldsymbol{I}}_+(\tau) \big] \Big\rangle_0 \cdot \mathrm{e}^{\mathrm{i}\Delta\tau} \, \mathrm{d}\tau \, \mathrm{d}\Delta \quad , \qquad (3.1)$$

erhält man analog zum Vorgehen in B.5

$$\int\limits_{-\infty}^{\infty} \langle \boldsymbol{I}_y \rangle(\Delta) \, \mathrm{d}\Delta = \omega_1 \int\limits_{-\infty}^{\infty} \Big\langle \big[\boldsymbol{I}_- \, , \, \widetilde{\boldsymbol{I}}_+(\tau) \big] \Big\rangle_0 \cdot \frac{\pi}{2} \delta(\tau) \, \mathrm{d}\tau \qquad (3.2)$$

$$= \frac{\pi}{2} \omega_1 \Big\langle \big[\boldsymbol{I}_- \, , \, \widetilde{\boldsymbol{I}}_+(\tau) \big] \Big\rangle_0 \qquad (3.3)$$

$$= -\pi \omega_1 \langle \boldsymbol{I}_z \rangle_0 = -\pi \omega_1 N_I I \cdot P_I \quad . \qquad (3.4)$$

Die Fläche unter dem Absorptionssignal ist also proportional zur Polarisation der Spins I. Dieser Zusammenhang ist die Grundlage für die Polarisationsbestimmung über das NMR-Signal. Das TE-Signal, dessen Polarisation bei Kenntnis von Temperatur und Feld berechnet werden kann, dient dabei zur Kalibrierung der Polarisationsmessung (sogenannte „TE-Eichung").

3.2.1 Amplituden- und Powerspektrum

Ist die Phasenlage des NMR-Signals nicht konstant, ergeben sich für Real- und Imaginärteil der komplexen Fourier-Transformierten des FID-Signals immer andere Mischungen aus Absorptions- und Dispersionssignal. Diese Problematik kann durch Bildung des Amplitudensignals umgangen werden. Sind $a(\omega)$ und $d(\omega)$ Absorptions- und Dispersionssignal oder zwei beliebige orthogonale Komponenten des komplexen Spektrums, dann ist das Amplituden- und Powerspektrum[3)] durch

$$r(\omega) := \sqrt{a^2(\omega) + d^2(\omega)} \qquad \text{bzw.} \qquad w(\omega) := a^2(\omega) + d^2(\omega) \qquad (3.5)$$

gegeben. Die Invarianz gegenüber der exakten Phase erkennt man in der Definition, in Analogie zur komplexen Rechnung. Im Folgenden sollen wichtige Eigenschaften dieser Signale am Beispiel der natürlichen Linienform untersucht werden.

[3)] Um Verwechslungen mit der Polarisation auszuschließen, wird für das Powerspektrum und sein Integral nicht, wie naheliegend, der Buchstabe P verwendet.

3.2.2 Natürliche Linienform

Das FID-Signal einer unverbreiterten NMR-Linie zeigt eine exponentiell abklingende Amplitude, deren Zeitkonstante die transversale Relaxationszeit der Kernspins T_2 ist:

$$U(t) = U_0\, \mathrm{e}^{(\mathrm{i}\omega_0 - \gamma)t} \qquad \text{mit} \quad \gamma = \frac{1}{T_2} \tag{3.6}$$

Durch Fourier-Transformation des Bereichs $t \geq 0$ erhält man das komplexwertige Spektrum

$$c(\omega) = \int_0^\infty U(t) \cdot \mathrm{e}^{-\mathrm{i}\omega t}\, \mathrm{d}t = -U_0 \left. \frac{\exp\left[-(\mathrm{i}(\omega - \omega_0) + \gamma)t\right]}{\mathrm{i}(\omega - \omega_0) + \gamma} \right|_0^\infty \tag{3.7}$$

$$= \frac{U_0}{\mathrm{i}(\omega - \omega_0) + \gamma} \quad . \tag{3.8}$$

Real- und Imaginärteil lassen sich leicht als Absorptions- und Dispersionssignal identifizieren (vgl. dazu Anhang C.3):

$$a(\omega) = \mathrm{Re}\{c(\omega)\} = U_0 \frac{\gamma}{(\omega - \omega_0)^2 + \gamma^2} = \pi U_0 \cdot \mathcal{L}(\omega - \omega_0) \tag{3.9}$$

$$d(\omega) = \mathrm{Im}\{c(\omega)\} = U_0 \frac{-(\omega - \omega_0)}{(\omega - \omega_0)^2 + \gamma^2} \tag{3.10}$$

Das Absorptionssignal hat dabei die Form einer Lorentzkurve $\mathcal{L}$. Das Integral darüber ist

$$A = \int a(\omega)\, \mathrm{d}\omega = \pi U_0 \sim P \tag{3.11}$$

proportional zur Anfangsamplitude des FID-Signals, aber unabhängig von T_2 bzw. der Linienbreite 2γ. Wie am Anfang dieses Abschnitts gezeigt wurde, ist es proportional zur Kernspinpolarisation. Das Dispersionssignal ist punktsymmetrisch zu ω_0, das Integral über seinen Betrag divergiert weil, seine Flanken nur mit $1/\omega$ abfallen. Das Amplitudenspektrum ist zwar achsensymmetrisch zu $\omega = \omega_0$, aber es erbt die weit auslaufenden Flanken vom Dispersionssignal, weshalb auch sein Integral divergiert.

Anders beim Powerspektrum, berechnet man dieses

$$w(\omega) = U_0^2 \cdot \frac{1}{(\omega - \omega_0)^2 + \gamma^2} = \frac{\pi U_0^2}{\gamma} \cdot \mathcal{L}(\omega - \omega_0) \quad , \tag{3.12}$$

so fällt zunächst auf, dass es ebenfalls die Form eines Lorentz-Profils hat, darüberhinaus mit der gleichen Breite wie das Absorptionssignal. Für die Fläche unter dem Powerspektrum gilt entsprechend

$$W = \int_{-\infty}^{\infty} w(\omega)\, \mathrm{d}\omega = \frac{\pi U_0^2}{\gamma} \sim \frac{P^2}{\gamma} \quad . \tag{3.13}$$

Bei konstanter Breite des Signals ist ihr Wert proportional zum Quadrat des Absorptionssignals und damit proportional zum Quadrat der Polarisation. Also kann auch das Powerspektrum zur Bestimmung der Polarisation herangezogen werden, allerdings nur unter der Bedingung, dass die Breite des Signals konstant ist. Das Amplitudensignal ist aus oben genannten Gründen zur Polarisationsbestimmung gänzlich ungeeignet.

3.2.3 Polarisationsmessung bei unvollständigem FID

Bei der gepulsten NMR beginnt die Aufnahme des FID-Signals nicht unmittelbar nach Ende des HF-Pulses, sondern um eine gewisse Zeit t_w verzögert. Das hat zum einen technische Gründe, wie später erläutert wird, kann aber auch gewollt sein, um gezielt die Form des Spektrums zu manipulieren (wie z. B. für die $T_{1\mathrm{e}}$-Messung an quadrupolverbreiterten Deuteronensignalen, siehe Abschn. 5.3.2). Die Frage ist, welchen Einfluss das Fehlen des Beginns des FID auf die Verwendbarkeit der einzelnen Arten von Spektren auf die Polarisationsbestimmung hat. Analog zu (3.7) berechnet sich das komplexe Spektrum des jetzt unvollständigen FID zu

$$c'(\omega) = \int_{\varepsilon T_2}^{\infty} U(t) \cdot \mathrm{e}^{-\mathrm{i}\omega t}\,\mathrm{d}t \qquad \text{mit} \quad \varepsilon = \frac{t_\mathrm{w}}{T_2} = \gamma t_\mathrm{w} \tag{3.14}$$

$$= \exp\left[-(\mathrm{i}(\omega-\omega_0)T_2 + 1)\varepsilon\right] \cdot \frac{U_0}{\mathrm{i}(\omega-\omega_0)+\gamma} \quad . \tag{3.15}$$

Um bei der Berechnung des Absorptionssignals wieder ein reines Lorentz-Profil zu erhalten, muss durch einen zusätzlichen Term die durch das Fehlen des Anfangs verursachte frequenzabhängige Phasenrotation kompensiert werden:

$$a'(\omega) = \mathrm{Re}\Big\{c'(\omega) \cdot \overbrace{\exp\left(\mathrm{i}(\omega-\omega_0)t_\mathrm{w}\right)}^{\text{Phasenkorrektur}}\Big\} \tag{3.16}$$

$$= \mathrm{Re}\Big\{\mathrm{e}^{-\varepsilon} \cdot c(\omega)\Big\} = \mathrm{e}^{-\varepsilon} \cdot a(\omega) \tag{3.17}$$

Dieser Vorgang heißt „Phasenkorrektur erster Ordnung“ und wird auch bei der Berechnung der Spektren im Computer durchgeführt. Wie man sieht, beeinflusst die Unvollständigkeit des FID dann lediglich die Amplitude des Absorptionssignals. Für das Powerspektrum erhält man in diesem Fall

$$w'(\omega) = c'(\omega) \cdot c'^{*}(\omega) = \mathrm{e}^{-2\varepsilon} \cdot \frac{U_0^2}{(\omega-\omega_0)^2+\gamma^2} \tag{3.18}$$

$$= \mathrm{e}^{-2\varepsilon} \cdot w(\omega) \quad . \tag{3.19}$$

Die Fläche unter diesen Spektren ist dann

$$A' = \mathrm{e}^{-\gamma t_\mathrm{w}} \cdot \pi U_0 \qquad \sim \mathrm{e}^{-\gamma t_\mathrm{w}} \cdot P \tag{3.20}$$

$$W' = \mathrm{e}^{-2\gamma t_\mathrm{w}} \cdot \frac{\pi U_0^2}{\gamma} \qquad \sim \frac{\mathrm{e}^{-2\gamma t_\mathrm{w}}}{\gamma} \cdot P^2 \quad . \tag{3.21}$$

Eine Änderung der Linienbreite während des Polarisationsprozesses verfälscht also, insbesondere bei Verwendung des Powerspektrums, die aus der Signalfläche gewonnenen Polarisationswerte. Die hier am Beispiel eines lorentzförmigen Absorptionssignals gewonnenen Gleichungen sollen nur zur qualitativen Verdeutlichung der zu erwartenden Effekte dienen. Inwieweit sie quantitativ anwendbar sind, konnte im Rahmen dieser Arbeit nur ansatzweise untersucht werden (siehe Abschn. 5.4.1). Es bleibt aber festzuhalten, dass bei Fehlen des FID-Anfangsabschnitts – auch bei Verwendung des Absorptionssignals – die Änderung der Linienbreite den gemessenen Polarisationswert systematisch verfälscht. Wie groß dieser Fehler ist, kann im Einzelfall mit Hilfe der gemachten Überlegungen abgeschätzt werden.

3.3 Aufbau und Funktionsweise des NMR-Systems

Die Umsetzung des oben beschriebenen Verfahrens ist nicht ganz trivial, so dass für die Hardware einige zusätzliche Komponenten erforderlich sind. In Abb. 3.2 ist der Aufbau des gebauten NMR-Systems schematisch dargestellt. Die einzelnen Komponenten sind dabei über Koaxialkabel miteinander verbunden, deren Innenleiter in der Abbildung als Verbindungslinien dargestellt sind.

3.3.1 Anregung

Der **Frequenzgenerator**, ein PTS 500, ist zunächst auf die Frequenz eingestellt, mit der die Anregung erfolgen soll, in der Regel auf die Kern-Larmorfrequenz der zu untersuchenden Kerne. Das Signal wird direkt danach mit einem **Leistungsteiler** in zwei Stränge aufgeteilt. Im Gegensatz zu einem gewöhnlichen T-Stück vermeidet man mit einem echten Leistungsteiler (Splitter) eine Fehlanpassung des Frequenzgenerators und gewährleistet eine gleichmäßige Signalverteilung auf beide Arme. Der hier verwendete Ringkern-Splitter sorgt zusätzlich für eine gute Isolierung (< -25 dB) der beiden abgehenden Tore gegeneinander. Ein Signal wird später für die Quadraturdetektion benötigt, aus dem zweiten entsteht der Puls. Dazu läuft das Signal zu einem **HF-Schalter**, der für die gewünschte Pulslänge schließt und so den eigentlichen Puls erzeugt. Um eine bessere Isolation zu erhalten, sind im Aufbau zwei HF-Schalter in Reihe ge-

Abb. 3.2 ***(auf der nächsten Seite)*** *Blockschaltbild des gepulsten NMR-Systems. Die Anregungsfrequenz läuft ausgehend vom Hochfrequenzgenarator* RF *über den Leistungsteiler* Sp1 *zu einem HF-Schalter* Sw*, der den Puls formt. Dieser läuft weiter über den Leistungs-Verstärker* P-Amp *mit variablem Abschwächer* Attn *zur Spule mit der Probe* P*. Die zwei Kondensatoren der* MTB *sorgen für die richtige Anpassung und Abstimmung des Schwingkreises. Das von der Spule empfangene FID-Signal passiert zunächst den Vorverstärker* LN-Amp*, danach einen zweiten Verstärker* Amp *und wird im Leistungsteiler* Sp2 *aufgeteilt. Die Frequenz des Generators ist inzwischen um den Betrag der Zwischenfrequenz umgeschaltet worden, dieses Signal wird im Hybrid-Koppler* QH *in zwei um 90° phasenverschobene Anteile aufgeteilt und in den Mischern* Mix *mit den zwei phasengleichen FID-Signalen gemischt. Die Bandpassfilter* BPF *entfernen die Anteile außerhalb der Zwischenfrequenz, bevor ein schneller 2-Kanal-*ADC *das Signal aufzeichnet. Ausführliche Beschreibung im Text.*

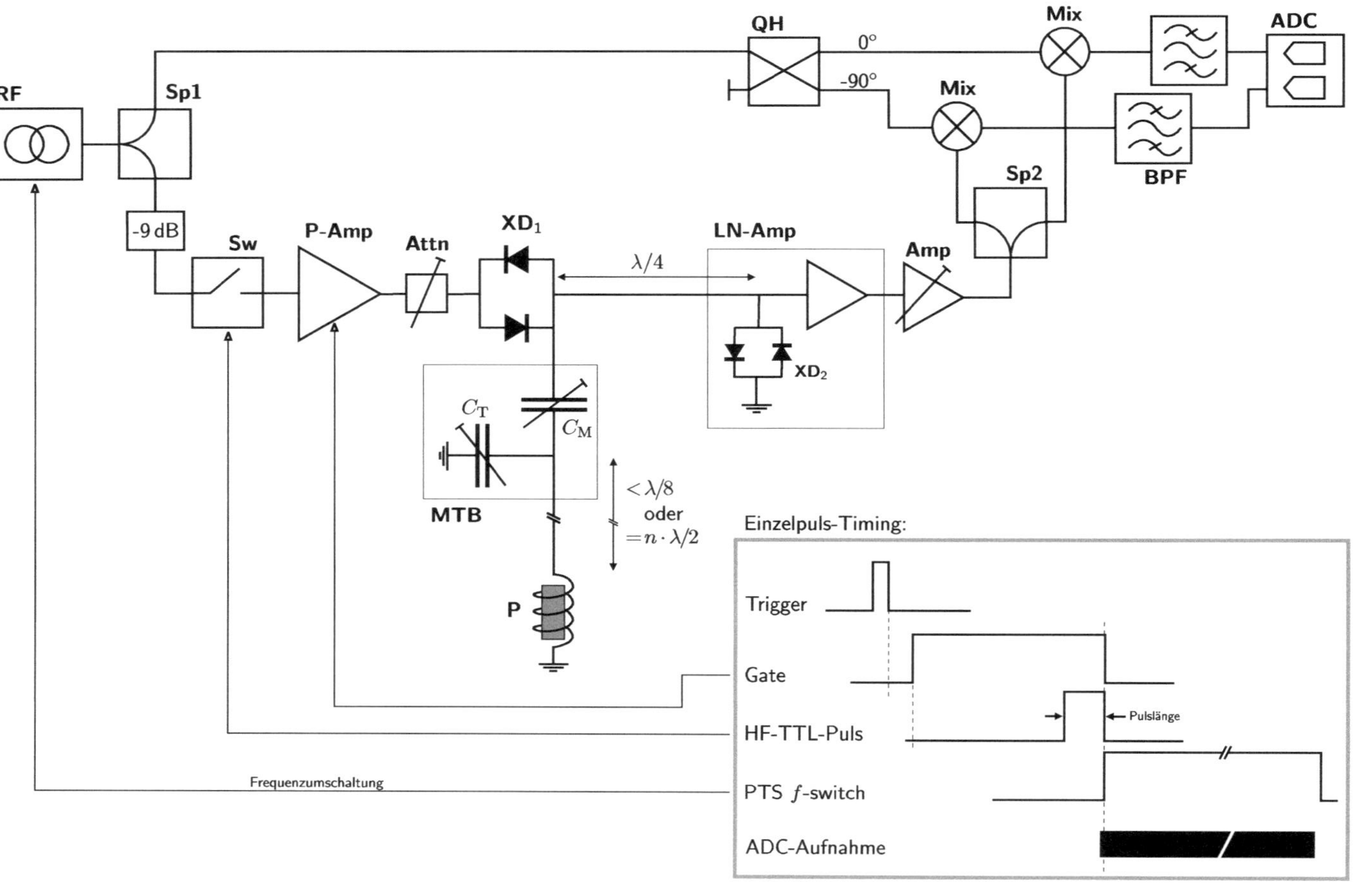
RF
Sp1
-9 dB
Sw
P-Amp
Attn
XD$_1$
$\lambda/4$
LN-Amp
XD$_2$
Amp
QH
0°
-90°
Mix
Mix
Sp2
BPF
ADC
C_T
C_M
MTB
P
$< \lambda/8$
oder
$= n \cdot \lambda/2$
Einzelpuls-Timing:
Trigger
Gate
HF-TTL-Puls
Pulslänge
PTS f-switch
ADC-Aufnahme
Frequenzumschaltung

schaltet. Das Signal läuft zu einem speziellen **Puls-Verstärker** (200 W Peak-Leistung), der bei einem Eingangspegel von −3 dBm betrieben wird und so eine HF-Leistung von 100 W (50 dBm) erzeugt. Der Verstärker verfügt als Besonderheit über ein *zero blanking*, das bedeutet, dass die Endstufe über ein logisches Signal sehr schnell abgeschaltet werden kann. Dem Verstärker folgt ein **Abschwächer**, der im Bereich von −31 bis 0 dB in 1 dB-Schritten ferngesteuert einstellbar ist. Damit lässt sich die Pulsleistung über einen großen Dynamikbereich anpassen.

3.3.2 Gekreuzte Dioden als aktiver Schalter

Der Pegel des FID-Signals liegt in der Gegend von −85 dBm. Um derart schwache Signale sauber nachweisen zu können, müssen hochempfindliche und besonders rauscharme Verstärker eingesetzt werden. Da das FID-Signal mit der gleichen Spule detektiert wird, über die noch zuvor der Anregungspuls gesendet wurde, müssen diese Verstärker während des Pulses geschützt sein und unmittelbar danach normal zu arbeiten beginnen. Weiterhin sollte während der FID-Messung der Leistungs-Verstärker abgetrennt sein, damit sein Rauschen die Messung nicht stört. Um den Schwingkreis mit der NMR-Spule zwischen dem Anregungs- und Nachweisstrang hin und her zu schalten, kann ein HF-Schalter, ähnlich wie der zur Pulserzeugung, verwendet werden. Wegen der hohen zu übertragenden Puls-Leistung kommt an dieser Stelle nur ein pin-Dioden-Schalter in Frage. In der Entwicklungsphase wurde auch damit experimentiert, allerdings stellte sich das Schaltverhalten als sehr unbefriedigend heraus (scharfe Spikes beim Schalten und niederfrequente Nachschwingungen). Gleichwohl zeigten die Versuche, dass der zu dem Zeitpunkt benutzte Dauerstrich-Leistungsverstärker (ohne Zero-Blanking) die mit Abstand stärkste Rauschquelle war. Als optimale Lösung ergab sich daher die Kombination aus blank-fähigem Puls-Verstärker und gekreuzten Dioden als Schalter, wie sie schon im ersten Aufbau [Hes 05] benutzt wurden.

Der Ausdruck **Gekreuzte Dioden** bezeichnet die parallele Verschaltung zweier Dioden in entgegengesetzter Richtung, wie im Blockschaltbild (Abb. 3.2) bei XD_1 und XD_2 dargestellt ist. Diese Anordnung wirkt wie ein amplitudenabhängiger Schalter. Für Spannungen unterhalb der Vorwärtsspannung ($\simeq$ 0.6 V) sind die Dioden gesperrt, steigt die Spannung über die Sperrspannung werden die Dioden leitend; um beide Halbwellen der Wechselspannung zu übertragen, werden zwei Dioden *gekreuzt* verschaltet. Während des Pulses schalten die Dioden also auf Grund der hohen Amplitude durch, der Puls kann die ersten Dioden XD_1 passieren und gelangt zu der Verzweigung dahinter. Die zweite Gruppe XD_2 ist gegen Masse geschaltet und erzeugt während des Pulses einen Kurzschluss, an dem das Signal reflektiert wird. Diese Kurzschlussdioden sind mit der Verzweigung über ein Koaxialkabel der Länge $\lambda/4$ verbunden – durch den Phasensprung am festen Ende (Kurzschluss) und zweimal die $\lambda/4$-Leitung hat das reflektierte Signal einen Gangunterschied von genau λ, so dass es an der Verzweigung konstruktiv interferiert. Damit ist zum einen der Verstärker vor Überspannung geschützt, und zum anderen läuft die volle HF-Leistung zur NMR-Spule.

3.3.3 Der NMR-Schwingkreis

Die NMR-**Spule** wird am Ende eines Koaxialleiters angelötet, der entlang des Probenhalters aus der Cavity bis zu einer Durchführung im Deckelflansch führt. Allerdings kann dieser Anschluss nicht sofort mit der Verzweigung verbunden werden. Die Impedanz der Spule liegt weit vom Wellenwiderstand des Koaxialkabels von 50 Ω entfernt, so dass der überwiegende Teil der HF-Leistung reflektiert würde. Stattdessen wird mit einem parallel geschalteten Kondensator C_T ein Schwingkreis gebildet, der über einen weiteren Kondensator in Serie an die 50 Ω des Kabels angepasst ist. Beide Kondensatoren sind als Trimmer, d. h. verstellbare Kapazitäten ausgeführt und in einer Metallbox, der *Match- and Tune-Box* (**MTB**, siehe Abb. 3.3) untergebracht. Dank des weiten Einstellbereichs der verwendeten Trimmer von 1.5–55 pF und der Möglichkeit, jederzeit weitere Kondensatoren parallel hinzu- oder abzulöten, ist die MTB für verschiedene Frequenzen einsetzbar. In der Prototyp-Version war der Abstimmkondensator noch im Probenhalter, nur 30 cm oberhalb der Cavity untergebracht. Die Verstellung war über einen flexiblen Trieb mit einem Drehknopf am Deckelflansch gewährleistet. Die Idee war, den Einfluss der Koaxialleitung im Schwingkreis möglichst gering zu halten und unnötige Verluste zu vermeiden. Allerdings traten damit im Betrieb wiederholt Schwierigkeiten auf (Festfrieren des Trimmers, hakeliger Gang des Triebs) so dass der externen Platzierung schließlich der Vorzug gegeben wurde. Die Abstimmung und Anpassung erfolgt nach wie vor über Messung der reflektierten Leistung mit Hilfe eines Spektrumanalysers und einer SWR-Messbrücke.

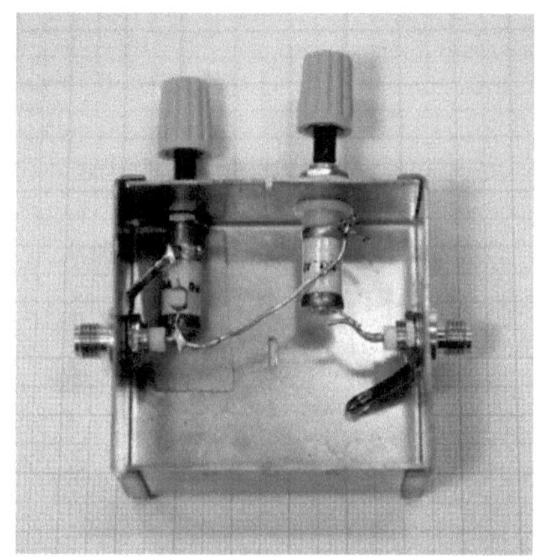

Abb.3.3 *Die geöffnete Match- and Tune-Box. Links die Abstimmkapazität aus Trimmer und Keramikkondensator, rechts der Trimmer zur Anpassung.*

Details zu dieser Schaltung, der Einfluss der einzelnen Komponenten, das Problem der Koaxleitung im Probenhalter sowie die Prozedur der Abstimmung und Anpassung werden in Abschnitt 3.4 behandelt.

3.3.4 Nachweis des FID – Quadraturdetektion

Nachdem der Anregungspuls abgeklungen ist (in der Regel 2–5 μs nach Pulsende), beginnt der Vorverstärker das FID-Signal zu verarbeiten. Dazu wird ein spezieller rauscharmer NMR-Vorverstärker (LN-Amp) mit eingebauten Kurzschlussdioden und kurzer Totzeit benutzt (+31 dB). Es folgt ein zweiter Verstärker (Amp) der Firma FEMTO, der im Bereich von +10 dB bis +60 dB in Zehnerstufen verstellt werden kann. Im Betrieb werden allerdings nur die ersten fünf Stufen verwendet, da bei der höchste Verstärkung das Rauschen überproportional stark ansteigt.

Das verstärkte FID-Signal könnte an dieser Stelle schon aufgenommen werden. Um aber zusätzlich eine Phaseninformation zu erhalten, also Absorptions- und Dispersionssignal trennen zu können, wird mit Quadraturdetektion gearbeitet. Dazu wird das vom Frequenzgenerator anfangs im ersten Leistungsteiler abgetrennte Signal mit einem **Quadratur-Hybrid** in zwei um 90° phasenverschobene Referenz-Signale aufgeteilt. Diese Phasenverschiebung könnte alternativ auch mit einem gewöhnlichen Leistungsteiler und einem $\lambda/4$-Kabel erzeugt werden, allerdings müsste dann für jede Frequenz ein weiteres Kabel hergestellt werden. Die Phasendifferenz des verwendeten Quadratur-Hybrids weicht im Frequenzintervall von 14–240 MHz um maximal 2.5° von den 90° ab. Das FID-Signal wird mit einem Leistungsteiler in zwei phasengleiche Stränge aufgeteilt, von denen jeder mit einem der beiden Referenzsignalen einem **Mischer** zugeführt wird. Die Referenzsignale haben dazu einen konstanten Level von +7 dBm und werden am LO-Eingang[4)] angeschlossen. Die Mischer erzeugen das Produkt der beiden anliegenden Signale; oder im Frequenzraum: eine Komponente bei der Summe beider Frequenzen, eine zweite bei der Differenz. Das Differenz-Signal ist auf Grund seiner geringeren Frequenz einfacher zu *samplen* und wird deshalb zur Messung des FID genutzt. Da es durch Mischen mit dem Anregungs-Signal entstand, ist seine Phase bei jeder Messung die gleiche. Weiter ist die Phasendifferenz der beiden Signale der zwei Mischer genau 90°, so dass die Signale als Real- und Imaginärteil einer Schwingung aufgefasst werden können, was für die spätere Verarbeitung von Vorteil ist.

Ohne weitere Maßnahmen läge das Differenzsignal bei der Differenz aus Anregungs- und tatsächlicher Larmorfrequenz also sehr nahe Null. Um allerdings dem störenden Einfluss eines nie zu vermeidenden DC-Anteils sowie des $1/f$-Rauschens weitestmöglich zu entgehen, ist es wünschenswert, dass dieses Differenz-Signal im oberen kHz- bis mittleren MHz-Bereich liegt. Die Anregungsfrequenz so weit von der Larmorfrequenz zu verschieben, ist keine Lösung, weil dann praktisch keine Anregung mehr möglich ist. Statt dessen wird das FID-Signal auf eine sogenannte Zwischenfrequenz gemischt, wozu direkt nach dem HF-Puls die Frequenz des Generators um den Betrag der gewünschten Zwischenfrequenz umgeschaltet wird, so dass als Referenzsignal eine andere Frequenz zur Verfügung steht. Dabei muss natürlich die Phase erhalten bleiben um weiterhin Absorptions- und Dispersionssignal zuverlässig trennen zu können.

Den Mischern sind unmittelbar zwei **Bandpassfilter** nachgeschaltet, um neben dem hochfrequenten Summensignal der Mischer auch das niederfrequente Rauschen herauszufiltern. So ist nicht nur das FID-Signal durch seine exponentielle Einhüllende leichter im aufgezeichneten Signal zu erkennen, auch kann der Messbereich optimal ausgenutzt werden, da kein stärkeres Störsignal mit aufgezeichnet werden muss. Die Mittenfrequenz der Bandpassfilter ist identisch mit der gewählten Zwischenfrequenz.

Schließlich wird das auf die Zwischenfrequenz gemischte Signal von einem 2-Kanal-**ADC** aufgezeichnet. Dazu kommt eine Scope-Karte von National Instruments mit einer maximalen Abtastrate von 200 $\frac{\text{MS}}{\text{s}}$ und zwei simultan messenden Kanälen mit 12 bit-Auflösung zum Einsatz.

[4)] *Local Oszillator*, der Eingang des Mischers, der die Phasenumschaltung des Signals steuert.

3.3.5 Synchronisation und Steuerung

Einzelne Prozesse einer oben beschriebenen NMR-Messung müssen zeitlich sehr genau aufeinander abgestimmt werden. Dazu wird eine Timer-Karte mit 4 Kanälen (8 Zähler) verwendet. Diese ist neben der Scope-Karte und einer Digital-I/O-Karte in einem externen PXI-Chassis untergebracht, das über eine Glasfaser-Verbindung mit dem Computer kommuniziert; diese Architektur ermöglicht das Triggern der Scope-Karte über eine interne Verbindung, ohne dafür einen Kanal der Timer-Karte verbrauchen zu müssen. Zur Steuerung, Aufzeichnung und ersten Vorauswertung der Messung dient ein selbstgeschriebenes LabVIEW-Programm.

Der grau umrahmte Kasten mit der Überschrift „Einzelpuls-Timing“ in Abb. 3.2 illustriert die zeitliche Ansteuerung der einzelnen Komponenten: Nach Auslösen einer Messung über den Computer erzeugt die Timer-Karte einen kurzen Puls auf dem ersten Kanal; auf diesen Kanal triggern jetzt alle drei weiteren Kanäle mit gewisser Verzögerung. Als erstes wechselt das Gate-Signal für den Leistungs-Verstärker auf `High`-Level und schaltet die Endstufe gewissermaßen scharf. Nach wenigen Mikrosekunden hat der Verstärker seinen stationären Zustand erreicht und der HF-Puls kann beginnen. Dazu erzeugt die Karte einen TTL-Puls der eingestellten HF-Pulslänge, der die HF-Schalter steuert; dieser HF-TTL-Puls wird später auch zum Triggern der Mikrowellenfrequenz-Umschaltelektronik
indexFrequenzumschaltung>der Mikrowellen der T_{1e}-Messung genutzt. Mit Ende des HF-TTL-Pulses[5] wechselt das Gate-Signal auf `Low`, womit das *zero blanking* aktiviert ist und das Rauschen des Verstärkers nicht die FID-Aufnahme stört. Gleichzeitig[5] schaltet ein Puls über einen weiteren Kanal die Frequenz des Generators um den Betrag der Zwischenfrequenz um (Details dazu siehe unten). Die Aufzeichnung des FID-Signals mit dem ADC triggert auf die fallende Flanke des HF-TTL-Pulses, startet aber 1% der Aufnahmezeit früher (Pre-Trigger). Der Trigger-Kanal läuft mit einer Zeitbasis von 50 ns, das entspricht einer Frequenz von 20 MHz. Wählt man dies als Zwischenfrequenz, so sind die einzelnen Messungen immer phasengleich[6]. Die Zeitbasis der drei anderen Kanäle ist 12.5 ns, so dass sich hier die Zeiten feiner einstellen lassen.

Slow Control der Komponenten

Die Steuerung weiterer Komponenten wird mit Hilfe einer 96-Kanal-Digital-I/O-Karte realisiert, 40 Kanäle werden allein zur Steuerung des Frequenzgenerators benötigt. Davon steuern 8 bit über einen DAC-Chip den HF-Level des PTS über dessen Analog-Eingang. Weiter sind auch der FEMTO-Verstärker (Verstärkung, Bandbreite und Kopplung) sowie der variable Abschwächer fernsteuerbar.

[5] Gate-Signal und PTS-switch schalten schon ca. 100 ns bevor der HF-TTL-Puls beendet ist, um so Verzögerungseffekte der Elektronik auszugleichen. Diese Zeiten sind einmalig ermittelt worden und bleiben so eingestellt, auch wenn Puls-Länge oder andere Zeiten geändert werden.

[6] Dazu ist der Frequenzgenerator über eine 10 MHz-Phase-Locked-Loop mit dem internen Clock des PXI-Chassis verbunden, auf den auch die Timing-Karte zurückgreift.

Frequenzumschaltung am PTS 500

Um eine schnelle Umschaltung der Frequenz zu gewährleisten, darf die Steuerung weder über eine Bus-Verbindung erfolgen noch serieller Natur sein, da die Übertragung zu lange dauert und der Umschalt-Zeitpunkt ungewiss ist; IEEE-488 oder RS-232 kommen daher zur Steuerung nicht in Frage. Dazu kann die Frequenz des verwendeten PTS 500 über ein BCD-codierten[7)] Parallel-Port gesteuert werden. Zur schnellen Frequenzumschaltung um ±20 MHz laufen die drei höchstwertigen Bits der insgesamt vier Bit, die die 10 MHz-Stelle der Frequenz kodieren, über ein EPROM, das so programmiert ist, dass sich über ein viertes Eingangsbit (von der Timer-Karte) die damit BCD-codierte Frequenz um 20 MHz umschalten lässt. Das niedrigstwertige Bit der 10 MHz-Stelle bleibt unverändert.

3.3.6 Nachbearbeitung und Aufbereitung der Messung

Nachdem die Scope-Karte die Aufzeichnung beendet hat, beginnt die Übertragung der Daten zum Computer. Hier wird das FID-Signal dargestellt, um kontrollieren zu können, dass der Messbereich der Scope-Karte nicht überschritten wurde. Über zwei verschiebbare Marker lässt sich im FID-Plot der Bereich auswählen, der für die Fourier-Transformation benutzt wird. Daneben kann Zero Filling und die Apodisationsfunktion gewählt und konfiguriert werden. Nach Berechnung der komplexen Fourier-Transformation (mittels FFT) wird daraus automatisch der Bereich um die Zwischenfrequenz ausgeschnitten und die Kurve gegen die Original-Frequenz dargestellt; das heißt das Deuteronen-Signal erscheint im Spektrum bei 16.3 MHz, obwohl es nach heraufmischen bei 20 MHz und seitenverkehrt gemessen wurde. Das NMR-Signal liegt zunächst noch beliebig in der komplexen Ebene, nach einmaliger Korrektur der Phasenlage (Phasenkorrektur nullter Ordnung) wird jedes weitere gemessene Spektrum auf gleiche Weise gedreht, dass Absorptions- und Dispersionssignal separat dargestellt werden können. Weiterhin bedingt das Fehlen des Anfangsbereichs des FID in der Fourietransformation eine Art Verwindung des Spektrums in der komplexen Ebene entlang der Frequenz. Dies wird durch einen Frequenzabhängigen Term, der Phasenkorrektur erster Ordnung entfernt (siehe Gl. (3.16)).

Im Power- und Absorptionsspektrum werden über jeweils vier Marker zwei Bereiche rechts und links des Signals für den Grundlinien-Fit definiert, weitere zwei Marker grenzen den Bereich des Signals zur Berechnung dessen Fläche nach Grundlinienabzug ein. Für die Grundlinie wird eine Polynom wählbarer Ordnung benutzt, in der Regel ist eine Gerade (Polynom 1. Ordnung) ausreichend. Die berechneten Signalflächen werden mit der aktuellen Verstärkung und Abschwächung verrechnet und gegen die Messzeit in ein weiteres Diagramm eingetragen. Da das Amplituden-Signal immer positiv ist, wird im Plot das gleiche Vorzeichen wie das der Fläche des Absorptionssignals verwendet. In diesem Diagramm lässt sich der zeitliche Verlauf der gemessenen Signalflächen (proportional der Polarisation) verfolgen. Zusätzlich zu den NMR-Größen lassen sich zwei weitere auf anderen Rechnern gemessene Größen wie z. B. Cavity-Temperatur

[7)]BCD, von *binary coded decimal* 'binär kodierte Dezimalziffer'. Dabei ist jede Stelle einer Dezimalzahl über einen Block aus 4 bit (Tetrade) binär kodiert.

oder Mikrowellenfrequenz parallel dazu darstellen.[8)] Nach Bedarf können FID-Signale und Spektren abgespeichert werden, ebenso der Verlauf der Polarisation inklusive zwei weiterer Messkanäle. Diese Zusatzinformation erleichtern die spätere Auswertung und können oft ein aufwendiges Nachforschen in den log-Dateien des DAQ-Rechners vermeiden.

3.3.7 Mehrere Pulse

Zur Verbesserung des Signal-zu-Rausch-Verhältnisses ist es günstiger, mehrere Einzelmessungen (Puls-Anregung und FID-Aufzeichnung) zu akkumulieren, als den Kippwinkel durch höhere Puls-Leistung oder Puls-Dauer zu vergrößern. Denn je kleiner der Kippwinkel der Messung, desto günstiger ist das Verhältnis aus Signalstärke zu Polarisationsverlust. Anstatt jedes einzelne Signal separat mittels Fourier-Transformation in ein Spektrum umzurechnen und diese aufzuaddieren, können direkt die FID-Signale aufsummiert werden, da sie ja phasengleich sind.

Zur Messung der elektronischen Relaxationszeit, kann der „individual FFT“-Modus aktiviert werden. Hierbei wird jedes einzelne FID-Signal einzeln fourier-transformiert und so eine ganze Schar von Kurven angezeigt. Beim Abspeichern werden neben den Spektren der Einzelmessung (samt Frequenzfeld) auch die genauen Zeiten der Einzelmessungen mit in die `.ift`-Datei geschrieben.

3.4 Theoretische Beschreibung der Abstimmung und Anpassung

Um die Wirkung der zwei Kondensatoren der MTB im Zusammenspiel mit der Leitungslänge zur Spule zu verstehen, müssen die beteiligten Impedanzen genauer untersucht werden.

3.4.1 Die wichtigsten Größen

Die an Bauteilen wie Spule und Kondensator bei Wechselspannung auftretende Phasenverschiebung zwischen Strom und Spannung wird durch die Verwendung komplexer Größen besonders elegant beschrieben. Die Impedanz Z ist dabei die komplexe Erweiterung des Ohmschen Widerstandes R, mit dem Blindwiderstand X als Imaginärteil:

$$Z = R + \mathrm{i}X \tag{3.22}$$

Andere Bezeichnungen sind Resistanz für R und Reaktanz für X. Der Kehrwert dazu ist der komplexe Leitwert $Y = 1/Z$, auch Admittanz genannt:

$$Y = G + \mathrm{i}B \tag{3.23}$$

[8)] Die vom DAQ-Rechner überwachten Werte (Temperaturen, Drücke, Mikrowellenfrequenz usw.) werden über ein spezielles LabView-Programm auch auf den anderen Rechnern im Labor zugänglich gemacht.

Ihr Realteil G heißt Konduktanz, der Imaginärteil wird als Suszeptanz B bezeichnet. Die Rechenregeln für die Verschaltung von komplexen Widerständen bleiben dabei die gleichen wie bei rein ohmschen Netzwerken, mit dem Unterschied, dass komplex gerechent werden muss: In Reihenschaltungen addieren sich die Impedanzen, in Parallelschaltungen die Admittanzen.
Die Blindwiderstände von Spule und Kondensator sind dabei frequenzabhängig:

$$\text{Spule} \qquad X_L = \omega L \tag{3.24}$$

$$\text{Kondensator} \qquad X_C = -\frac{1}{\omega C} \tag{3.25}$$

Für die Impedanz kommt bei der Spule der Ohmsche Widerstand des Drahtes hinzu, die Kapazität kann als reiner Blindwiderstand behandelt werden.

3.4.2 Das Smith-Diagramm

Deutlich anschaulicher als die Gesamt-Impedanz einer Schaltung nach den oben genannten Regeln auszurechnen ist es, den Sachverhalt in geeigneter Weise graphisch darzustellen, um insbesondere die Wirkung der einzelnen Komponenten zu verstehen. Dazu hat sich in der Hochfrequenztechnik das sogenannte Smith-Diagramm bewährt. Es stellt das Innere des Einheitskreises der komplexen Reflexionsebene dar. Zur Orientierung sind die transformierten Koordinatenlinien aus der Impedanz- bzw. Admittanzebene eingezeichnet. Am Rand sowie unterhalb des Einheitskreises befinden sich weitere Skalen, wie z. B. für die normierte Leitungslänge oder zur Bestimmung des Stehwellenverhältnisses SWR (*standing wave ratio*). Der komplexe Reflexionsfaktor berechnet sich aus der normierten Impedanz $z := Z/Z_0$ gemäß der Beziehung

$$r(z) = \frac{z-1}{z+1} \ , \tag{3.26}$$

wobei für die Bezugsimpedanz in der Regel der Leitungs-Wellenwiderstand, hier also $Z_0 = 50\,\Omega$ eingesetzt wird. Da die Transformation für normierte Admittanzen $y = Y/Y_0$

$$r(y) = r(1/z) = -\frac{z-1}{z+1} = -r(z) \ , \tag{3.27}$$

bis auf das Vorzeichen mit der für Impedanzen (3.26) identisch ist, kann für die Darstellung beider Größen dasselbe Koordinatensystem verwendet werden. Gleichung (3.27) gibt auch an, dass zum Wechsel zwischen beiden Größen am Ursprung ($r = 0$) gespiegelt werden muss. Dieser Punkt liegt genau in der Mitte des Plots und ist meist mit $\odot$ gekennzeichnet. Abbildung 3.4 zeigt Aufbau und Funktionsweise eines Smith-Plots. Dabei ist beispielhaft in der obere Hälfte eine Impedanz und in der unteren ihre entsprechende Admittanz dargestellt.[9] Große Pfeile

[9] Natürlich kann das ganze Smith-Diagramm zur z- oder y-Darstellung benutzt werden, auch gleichzeitig – allerdings sind die Punkte entsprechend zu kennzeichnen. In hiesigen Plots werden Rechtecke für Impedanzen und Rauten für Admittanzen verwendet. Die Trennung dient in diesem Beispiel nur zu Zwecken der eindeutigen Beschriftung.

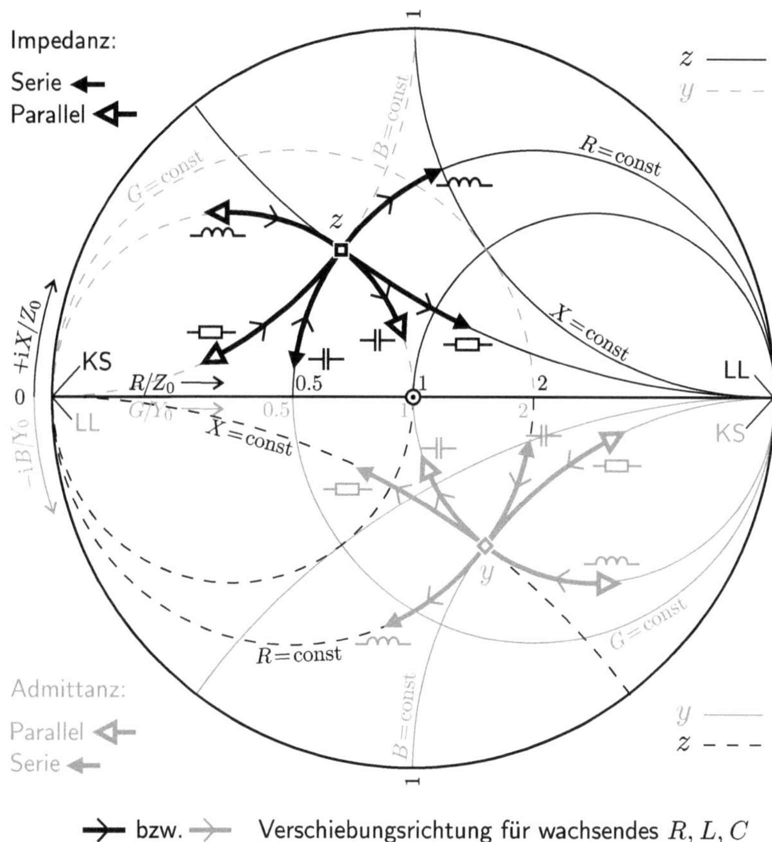

Abb.3.4 *Zum Gebrauch des Smith-Plots. Die obere Hälfte zeigt beispielhaft die Impedanz-Darstellung, die untere die der entsprechenden Admittanz. Die durchgezogenen Linien sind die jeweiligen Koordinatenlinien der Darstellung, die gestrichelten Linien zeigen die inversen Koordinaten, also in der Impedanz-Darstellung die Admittanz-Koordinaten und umgekehrt. An den Enden der reellen Mittellinie sind jeweils die Positionen von Kurzschluss (KS) und Leerlauf (LL) eingezeichnet.*
Für eine normierte Impedanz z ist dargestellt, wie sich die Position im Plot durch Serien- oder Parallelschaltung von Widerstand, Induktivität und Kapazität jeweils verschiebt (ausgefüllte oder umrahmte Pfeilspitze); kleinere Pfeilspitzen auf halber Länge des Schaftes (>) geben zusätzlich an, in welche Richtung sich der Punkt bei wachsendem R, L, C verschiebt. Das gleiche ist für die zugehörige Admittanz y in der unteren Hälfte dargestellt.

zeigen, wie sich eine Impedanz oder Admittanz durch serielle oder parallele Zuschaltung von Widerstand, Induktivität oder Kapazität in der r-Ebene verschiebt. Serienschaltung verschiebt die Impedanz immer entlang einer ihrer Koordinatenlinien, Parallelschaltung entlang der gestrichelt eingezeichneten Admittanz-Koordinatenlinien. Der Punkt der Admittanz verhält sich erwartungsgemäß punktsymmetrisch dazu. Weitere Details zum Smith-Diagramm sind z. B. in [Sia 09] übersichtlich zusammengefasst.

3.4.3 Einfluss einer Koaxialleitung

Die Impedanz einer Last Z_L transformiert sich über eine verlustfreie Leitung mit Wellenwiderstand Z_0 und der Länge l gemäß [MG 68] zu

$$Z_1 = \frac{Z_\mathrm{L} + \mathrm{i}\, Z_0 \tan\left(2\pi \frac{l}{\lambda}\right)}{1 + \mathrm{i}\frac{Z_\mathrm{L}}{Z_0} \tan\left(2\pi \frac{l}{\lambda}\right)} \quad . \tag{3.28}$$

Die Wellenlänge im Kabel λ ist wegen der im Dielektrikum reduzierten Lichtgeschwindigkeit etwas länger als die der EM-Welle im Vakuum:

$$\lambda = \frac{c}{\sqrt{\varepsilon_\mathrm{r}}\, f} \tag{3.29}$$

Für die verwendeten Koaxialkabel mit Voll-Dielektrikum aus Teflon ist $\varepsilon_\mathrm{r} = 2.03$. Rechnet man (3.28) für den Reflexionsfaktor um, erhält man mit Hilfe der Doppelwinkelfunktionen

$$r_1 = r_\mathrm{L} \cdot \exp\left(-2\pi\mathrm{i}\, \frac{2l}{\lambda}\right) \quad . \tag{3.30}$$

Die Koaxialleitung ändert also nur die Phase des Reflexionsfaktors, nicht seinen Betrag. Im Smith-Diagramm bedeutet das für eine normierte Impedanz eine Rotation um den Mittelpunkt ($r = 0$, $z = 1$), und zwar in mathematisch negativer Richtung, also im Uhrzeigersinn. Dabei hat man nach $l = \lambda/2$ eine volle Umdrehung absolviert und landet am Ausgangspunkt. Gleiches gilt wegen der Punktsymmetrie für y-Werte.

Damit lässt sich auch die Wirkung einer $\lambda/4$-Leitung zwischen Verzweigung und den Kurzschlussdioden am Verstärker (Abb. 3.2) noch einfacher erklären: Eine Koaxialleitung der Länge $\lambda/4$ transformiert den Kurzschluss bei den Dioden in einen Leerlauf an der Verzweigung (siehe auch Abb. 3.4) – als wäre gar keine Leitung angeschlossen.

3.4.4 Abstimmung und Anpassung des NMR-Schwingkreises

Nun kann der in Abschn. 3.3.3 schon angesprochene Probenschwingkreis genauer analysiert werden. Das soll zunächst ausführlich am Beispiel einer Deuteronen-Messung bei 2.5 T geschehen, danach werden einige Besonderheiten für andere Messungen angesprochen.

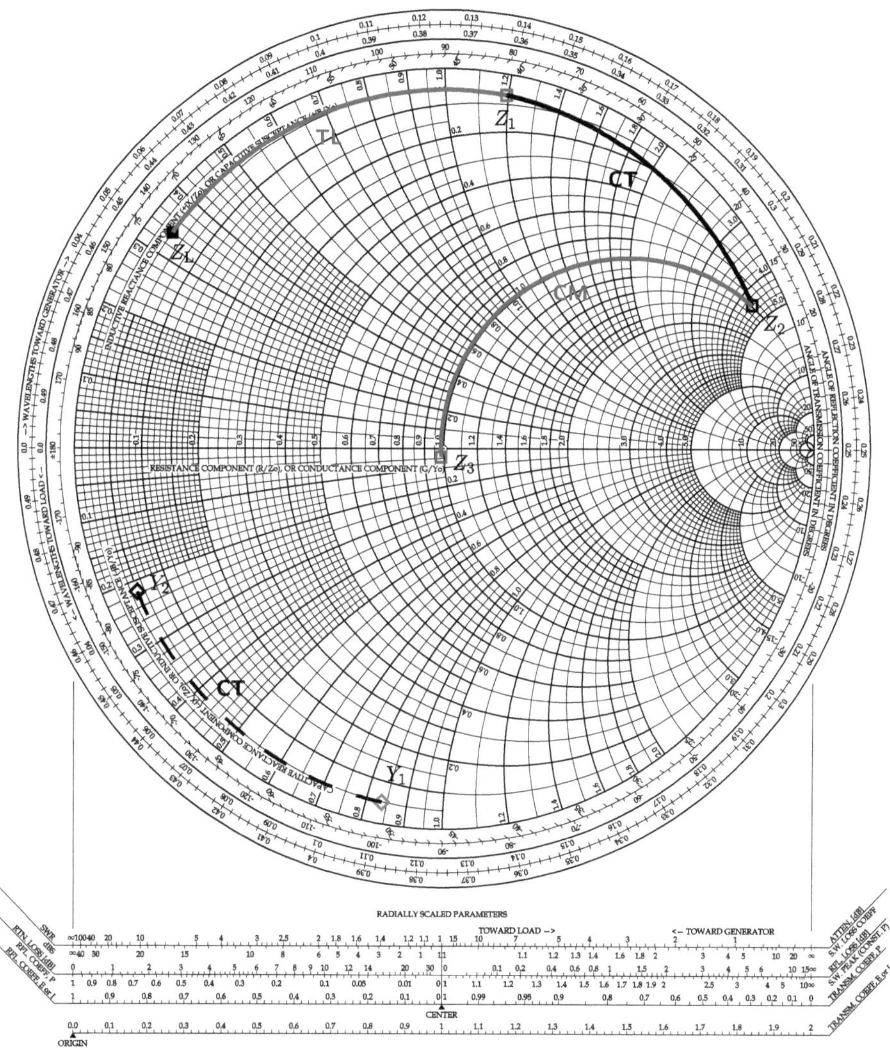

Abb. 3.5 *Smith-Diagramm zur Anpassung des NMR-Schwingkreises. Ausgehend von der NMR-Spule als Last Z_L sind nacheinander die einzelnen Bauelemente mit ihrer Wirkung auf die Impedanz eingetragen: Koaxial-Leitung TL, Abstimm-Kondensator CT und der Koppel-Kondensator CM. Der komplette Weg der Impedanz ist mit waagerechten Quadraten und durchgezogenen Linien dazwischen eingetragen. Die Parallelschaltung von C_T ist zusätzlich in der Admittanz-Darstellung eingezeichnet (Rauten und gestrichelte Linie). Das Beispiel ist für $f = 16.3\,\text{MHz}$, $Z_L = (2+17\text{i})\,\Omega$, $l/\lambda = 0.09$, $C_T = 121\,\text{pF}$ und $C_M = 44\,\text{pF}$ gerechnet – die Gesamtimpedanz Z_3 kommt schließlich in guter Nähe der charakteristischen Impedanz von $Z_0 = 50\,\Omega$ (Mittelpunkt) zu liegen.*

Für das genannte Beispiel hat sich bei Messungen im Standard-Kryostaten[10)] eine Zylinderspule mit 5 Windungen bewährt. Je nach verwendeter Gleichung berechnet man für diese Geometrie eine Induktivität von 142–171 nH, in diesem Beispiel soll mit dem höheren Wert gerechnet werden. Bei der Kern-Larmorfrequenz von 16.3 MHz hat die Spule also einen Blindwiderstand von $X = 17\,\Omega$. Der Ohmsche Widerstand der Spule liegt in der Gegend von $0.5\,\Omega$, weil aber die Verluste des Koaxialkabels in der Rechnung nicht berücksichtigt sind, wird für die Spule ein höherer Wert von $R = 2\,\Omega$ eingesetzt. Die auf $Z_0 = 50\,\Omega$ normierte Impedanz der Spule ist im Smith-Plot (Abb. 3.5) als Startpunkt Z_L eingetragen und mit ■ gekennzeichnet. Die Koaxialleitung im Probenhalter hat eine Länge von $l = 1.2$ m, was etwa 9% der Kabelwellenlänge entspricht. Im Smith-Plot bedeutet das eine Rotation von 64° um den Mittelpunkt, wozu man die Phasen- oder Wellenlängen-Skala am Rand des Diagramms nutzt. In Abb. 3.5 ist dieser Kreisbogen mit TL sowie die Lage der neuen Impedanz mit Z_1 gekennzeichnet. Für die Parallelschaltung des Abstimmkondensators wechselt man in die Admittanz-Darstellung (Y_1) durch Spiegelung am Mittelpunkt. Wie in Abb. 3.4 zu sehen ist, verschiebt sich die Admittanz für eine parallel geschaltete Kapazität entlang der Suszeptanz-Koordinatenlinie (in positiver B-Richtung) um $b = \omega C_\mathrm{T} Z_0 = 0.62$, was man an der Skala direkt ablesen kann. Der so erreichte Punkt (Y_2) wird für die Serienschaltung des Koppel-Kondensators wieder in die Impedanzdarstellung zurückgespiegelt (Z_2). Hier läuft die Impedanz um $x = -(\omega C_\mathrm{M} Z_0)^{-1} = -4.4$ auf der Reaktanz-Koordinatenlinie und kommt in der Nähe des Mittelpunkts zu liegen (Z_3). Die Kapazitäten der beiden Kondensatoren sind in diesem Beispiel natürlich so gewählt, dass man bei Z_0 landet. In der Praxis sind die genauen Kapazitätswerte aber gar nicht von Belang, die Rechnung gibt nur die Größenordnung vor, so dass man entscheiden kann ob, der Hub der Trimmer ausreicht oder ob eine Fest-Kapazität parallel gelötet werden muss. Die Abstimmung und Anpassung geschieht dann direkt vor der Messung per Spektrumanalyzer (siehe unten).

An diesem Beispiel lässt sich sehr gut der Einfluss der Koaxialleitung demonstrieren. Diese wirkt als kurzes Stück ähnlich wie eine parallele Kapazität, im Smith-Plot geht die Kurve der Leitung (TL) ohne sichtbaren Knick in die des Abstimmkondensators (CT) über. Funktioniert die Abstimmung in dieser Konstellation für $f = 16.3$ MHz (Deuteronen bei 2.5 T) noch ohne Probleme, macht die Länge der fest eingebauten Koaxialleitung bei doppelter Frequenz (für 5 T) schon Probleme. Will man die gleiche Spule verwenden, so rutscht Z_L etwas weiter herauf, der Wert von l/λ verdoppelt sich ebenfalls und der Punkt von Z_1 kommt schließlich weit an der rechten Seite des Smith-Plots zu liegen. Um von dort wieder in Richtung Z_2 zu gelangen, bräuchte man rein rechnerisch eine negative Kapazität oder an Stelle des parallel geschalteten Trimmers eine verstellbare Induktivität. Einfacher ist es, das Koaxialkabel auf eine Gesamtlänge von etwa $\lambda/2$ zu verlängern und wie gewohnt mit einem Trimmer parallel abzustimmen. Für Protonen ergibt sich schon bei 2.5 T ($f = 106.3$ MHz) das gleiche Problem. Trotz kleinerer Spule ist die Koaxialleitung mit $l/\lambda = 0.61$ zu lang, so dass nicht mehr vernünftig abgestimmt werden kann. Hier muss die Leitungslänge mit einem Kabel auf $l = \lambda$ verlängert werden. Wegen der relativ kurzen Wellenlänge machen sich hier schon wenige Zentimeter mehr oder weniger

[10)] Sophie: Vertikaler ^{4}He-Verdampferkryostat mit normalleitenden C-Magneten bis 2.5 T, horizontales Feld

deutlich bemerkbar, die dann vom Abstimmkondensator ausgeglichen werden können. Reicht der Bereich des Trimmers nicht aus, kann umgekehrt durch ein geringfügig längeres oder kürzeres Kabel Abhilfe geschaffen werden.

3.4.5 Praktische Durchführung der Abstimmung und Anpassung

Nachdem mit Hilfe der gezeigten Rechnung eine zufriedenstellende Kombination von Spule, Leitungslänge und den zwei Kapazitäten für die gewünschte Frequenz ermittelt wurde, kann der Schwingkreis mit den entsprechenden Werten aufgebaut werden; der Probenhalter soll dazu zunächst auf dem Tisch liegen. Zur Anpassungsmessung wird die Match- und Tune-Box über eine SWR-Messbrücke an einen Spektrumanalyzer angeschlossen. Dabei wird die Amplitude der vom Schwingkreis reflektierten Hochfrequenz in Abhängigkeit der Frequenz gemessen. Im Bereich um die gewünschte Frequenz sind in der Regel mehrere Dips zu sehen, durch Variation der beiden Kapazitäten wird versucht, einen davon auf die gewünschte Frequenz zu schieben (Abstimm-Kondensator) und dort möglichst schmal und tief zu stellen (Koppel-Kondensator). Um sich zu vergewissern, eine „echte“ Resonanz[11)] gefunden zu haben, kann man die NMR-Spule durch vorsichtiges Berühren geringfügig verformen – durch die Änderung der Induktivität sollte der Dip geringfügig, aber simultan zur Verformung der Spule, hin- und herwandern. Ist das der Fall und liegen die eingestellten Kapazitäten in der Nähe der zuvor berechneten, hat man mit hoher Wahrscheinlichkeit die richtige Resonanz gefunden. Dabei sollte darauf geachtet werden bei beiden Trimmern noch mindestens eine Umdrehung von den Anschlägen entfernt zu sein, um ggf. nachstimmen zu können, denn mit Probe und eingesetztem Einsatz verschiebt sich die Resonanz in der Regel noch ein wenig.

Die letzte Abstimmung am eingesetzten Probenhalter sollte auch bei angeschaltetem Magnetfeld durchgeführt werden. Dazu wird wie schon beschrieben der Dip auf die gewünschte Frequenz geschoben und die Anpassung über den Koppel-Kondensator so justiert, dass die Tiefe der Resonanz 40–50 dB nicht überschreitet. Je tiefer nämlich der Dip, desto empfindlicher ist seine Form auf geringfügige Änderungen wie Knicken eines Kabels oder ähnliches. Um auszuschließen, dass sich dadurch die Sensitivität des NMR-Systems während der Messung ändert, ist ein etwas flacherer Dip zu bevorzugen. Um beim Umschrauben der Kabel nicht versehentlich die Abstimmung zu verstellen, hat es sich als zweckmäßig erwiesen, die MTB mit einer kleinen Schraubzwinge zu befestigen; zur Vermeidung von Erdschleifen oder anderen Störeinflüssen sollte dies elektrisch isoliert geschehen.

3.5 T_{1e}-Messung

Zur Messung der elektronischen Relaxationszeit nach der in Abschn. 2.1.1 beschriebenen Idee muss die NMR-Linie während des Abschaltens der sättigenden Mikrowelleneinstrahlung beob-

[11)] manche der Dips entsprechen keinen Resonanzen, die über die Spule schwingen, und sind entsprechend nicht zu gebrauchen.

achtet werden, um ihre zeitliche Verschiebung zu messen. Statt die Mikrowellen abzuschalten, reicht es auch, ihre Frequenz umzuschalten – aus der Resonanz, zu einer Frequenz weit außerhalb davon. Dies ist mit dem bestehenden 70 GHz-Mikrowellenaufbau nach wenigen Modifikationen zu bewerkstelligen. Die für die 2.5 T-Messungen benutzte IMPATT-Diode[12)] hat einen Frequenzbereich von 69.680 bis 70.320 GHz und eine Leistung von ca. 320 mW [13)]. Die Frequenz kann über eine Gleichspannung von 0–10 V am Steuergerät verstellt werden, im Polarisationsbetrieb misst ein LabVIEW-Programm über den Frequenzzähler fortlaufend die aktuelle Frequenz und regelt diese über die Spannung eines DAC automatisch auf den vorgegebenen Wert.

Für die T_{1e}-Messung werden in der Praxis drei Mikrowellenfrequenzen benötigt: Die Larmorfrequenz der freien Elektronen ν_e (*on-resonance*), eine *off-resonance*-Frequenz in großem Abstand zu ν_e sowie eine Polarisationsfrequenz, um ggf. die Probe zwischen den Messungen nachzupolarisieren. Weil zwischen diesen Frequenzen schnell und treffsicher umgeschaltet werden muss, scheidet die Benutzung der Regelung dafür aus. Stattdessen werden für die benötigten Frequenzen an Labor-Netzgeräten die entsprechenden Steuer-Spannungen eingestellt und bei Bedarf auf das Steuergerät geschaltet. Liegt die untere Intervall-Frequenz weit genug von der Resonanz entfernt, lässt sich diese als *off-resonance*-Frequenz einfach über ein Kurzschließen der Steuerleitung (0 V) realisieren, so dass nur zwei Frequenzen über Gleichspannungsquellen eingestellt werden brauchen. Während des Nachpolarisierens ist über den eingebauten Abschwächer die Mikrowellenleistung zu reduzieren, für die T_{1e} wird die volle Leistung benötigt.

3.5.1 Synchronisation der Frequenz-Umschaltung mit der NMR-Messung

Das Umschalten zwischen *on-* und *off-resonance*-Frequenz muss reproduzierbar mit der Folge der Einzel-NMR-Messungen synchronisiert werden. Dazu sind auf einer Platine provisorisch zwei Schaltkreise gelötet worden, die sich bei den Messungen als uneingeschränkt geeignet erwiesen haben, so dass sie für alle Messungen genutzt wurde. Beide Schaltungen triggern auf den ersten HF-TTL-Puls der Timer-Karte zu Beginn der Puls-Folge.

Mit der ersten Schaltungsvariante wird zweimal die Frequenz umgeschaltet: Nach der ersten NMR-Messung bleibt die Mikrowellenfrequenz zunächst für eine einstellbare Vorlaufzeit t_d (delay) *off-resonance*, bevor die Frequenz auf die Resonanz umschaltet. Nach Ablauf einer zweiten einstellbaren Zeit t_r (Resonanzzeit) wird wieder auf *off-resonance* zurückgeschaltet. Auf diese Weise kann mit einer Messung sowohl die Zerstörung der Elektronenpolarisation als auch ihr Relaxationsprozess beobachtet werden. Die Schaltung ist schematisch in Abb. 3.6 gezeigt. Um nur auf den ersten TTL-Puls der Messfolge zu triggern, wird zunächst ein retriggerbares Monoflop aktiviert, welches für die Dauer der Messfolge in seinem Arbeitszustand bleibt. Dazu ist dessen Haltezeit über einen großen Elektrolytkondensator (220 µF) und einen 50 kΩ-Widerstand

---

[12)] *Impact Ionization Avalanche Transit Time Diode*, im Deutschen manchmal „Lawinen-Laufzeit-Diode“ genannt.

[13)] Leistung nach Zirkulator und kurzem Wellenleiter gemessen, wieviel davon die Cavity erreicht, ist unbekannt.

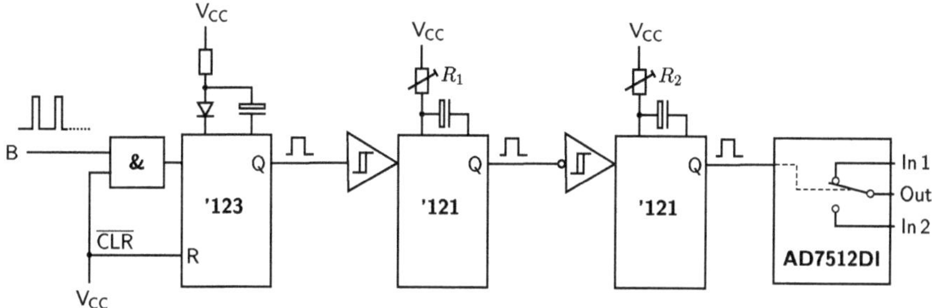

Abb. 3.6 *Erste Schaltungsvariante zur synchronisierten Mikrowellenfrequenz-Umschaltung: Der retriggerbare Monoflop (Typ 74123) triggert nur auf den ersten HF-TTL-Puls der Messfolge an B, nach der über R_1 einstellbaren Zeit fällt der zweite Monoflop (Typ 74121) wieder in seinen Ruhezustand und triggert seinerseits über den invertierten Eingang das letzte Monoflop, dessen Puls den Analogschalter (Typ AD7512DI) umschaltet und nach der über R_2 eingestellten Zeit mit Ende des Pulses wieder zurückschaltet.*

mit ca. 3.1 s so groß eingestellt, dass sie in jedem Fall größer ist als der Abstand zweier Messpulse. Auf die steigende Flanke dieses ersten Monoflops triggert ein zweites (nicht retriggerbar). Seine Haltezeit entspricht der Vorlauf- oder Delay-Zeit und kann über ein Wendelpotentiometer (Helipot) in Verbindung mit einem Tantal-Elektrolytkondensator in einem Bereich von 76 ms – 2 s variiert werden. Der dritte und letzte Monoflop triggert auf die fallende Flanke und damit erst nach verstrichener Vorlaufzeit. Seine Haltezeit definiert die Dauer der resonanten Einstrahlung und ist wie beim vorherigen Monoflop über ein Wendelpotentiometer in einem ähnlichen Bereich verstellbar. Der fertige Puls schaltet über einen Analogschalter zwischen zwei verschiedenen Eingängen auf einen Ausgang um, an denen die zwei Spannungen und das Steuergerät angeschlossen sind.

Die zweite Schaltung ist in Abb. 3.7 dargestellt. Mittels Taster wird vor dem Start der NMR-Messungen die Frequenz auf *on-resonance* umgeschaltet, dazu schaltet ein Flipflop (hier JK-

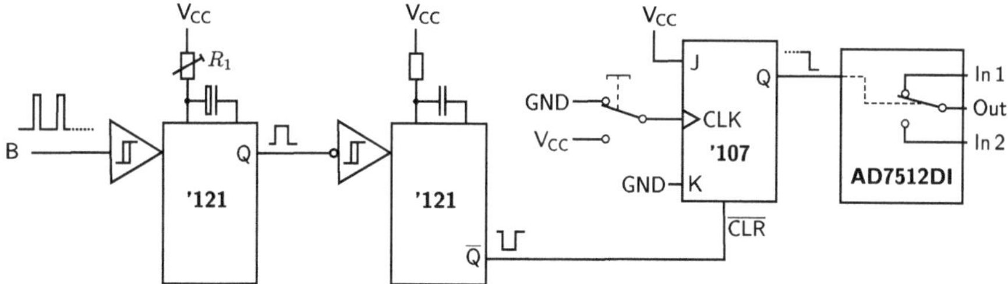

Abb. 3.7 *Zweite Variante zur Mikrowellenfrequenz-Umschaltung: Die Betätigung des Tasters schaltet das JK-Flipflop (Typ 74107) auf* `High` *und dessen Ausgang den Analogschalter auf die on-resonance-Frequenz. Der erste TTL-Puls der Messfolge an B triggert das Monoflop, dessen Haltezeit über R_1 definiert ist. Nach Ablauf dieser Zeit triggert die fallende Flanke eins zweites Monoflop, dessen invertierter Ausgang das JK-Flipflop über $\overline{CLR}$ zurücksetzt und damit die Frequenz wieder zurückschaltet.*

Flipflop mit Clear) bei Betätigen des Tasters am Clock-Eingang in den Zustand `High` am Ausgang Q, der analog zur ersten Schaltung einen Analogschalter ansteuert. Der erste TTL-Puls der Messreihe löst einen Monoflop aus, dessen Haltezeit wieder über ein Wendelpotentiometer eingestellt werden kann. Auf die fallende Flanke dieses Pulse triggert ein zweiter Monoflop mit kurzer, fest eingestellter Haltezeit. Der invertierte Puls dieses Flipflops löscht über den invertierten Clear-Eingang des Flipflops dessen Zustand und der Analogschalter schaltet wieder auf die *off-resonance*-Frequenz um. Nur dieser Schaltvorgang findet während der NMR-Messfolge statt, so dass mit der zweiten Schaltung allein der Relaxationsprozess beobachtet werden kann. Ein retriggerbarer Monoflop ist hier nicht notwendig da ein wiederholtes Triggern der Monoflops keinen Effekt am bereits zurückgesetzten Flipflop hat.

Bestimmung der Umschalt-Zeitpunkte

Für die Auswertung der NMR-Messungen ist es wichtig, die genauen Zeitpunkte der Frequenzumschaltung zu kennen. Die Haltezeiten der Monoflops können nicht direkt – z. B. mit Hilfe einer Skala – eingestellt werden, sondern müssen unter ständigem Messen auf den gewünschten Wert geregelt werden. Dazu wird sowohl das HF-TTL-Signal, das die Schaltung triggert, als auch die mit ihr erzeugte Steuerspannung auf einem Oszilloskop beobachtet; siehe Abb. 3.8. Zur Messung der Vorlauf- und Resonanzzeit erweist sich die automatische Messfunktion des Digital-Oszilloskops als sehr hilfreich; im Screenshot sind dazu vier Zeit-Messungen definiert: Die ersten zwei zeigen t_d und t_r im Fall, dass für die *off-resonance*-Frequenz die untere Grenzfrequenz der Diode gewählt wurde (positiver Puls der Steuerspannung), dritte und vierte Messung für den umgekehrten Fall (negativer Puls). Die erreichte Genauigkeit von ungefähr 0.1 ms ist für diese Zwecke absolut ausreichend.

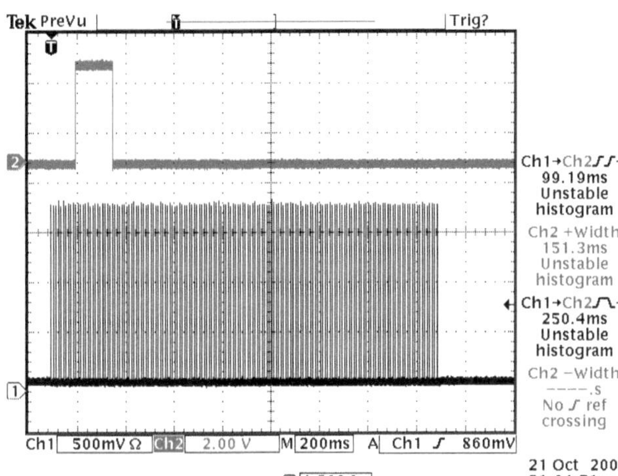

Abb. 3.8 *Oszilloskop-Screenshot zur Messung von t_d und t_r. Kanal 1 (unten) zeigt das HF-TTL-Signal der Timer-Karte, deutlich sind die einzelnen TTL-Pulse einer 160-Puls-Messung zu erkennen. Kanal 2 ist das von der Schaltung erzeugte Steuerspannungs-Signal zur Mikrowellenfrequenz-Umschaltung. Die ersten zwei der vier aktivierten Messungen neben dem Plot zeigen die Werte für Vorlauf- und Resonanzzeit. Zu Anschauungszwecken ist hier die Zeitbasis so gewählt, dass alle NMR-Pulse dargestellt werden, zur präziseren Messung der zwei Zeiten wird eine kleinere Zeitbasis von* 50 ms *benutzt.*

Kapitel 4

Zur Theorie der paramagnetischen Relaxation

Gegenstand der Überlegungen ist ein ursprünglich diamagnetischer Festkörper, der in geringer Konzentration mit paramagnetischen Zentren dotiert ist. Die besondere Charakteristik dieses Materials ist ein von den ungebundenen Elektronenspins im Festkörper gebildetes Spinsystem, welches in gewisser Weise ein isoliertes Subsystem darstellt und durch Mikrowelleneinstrahlung selektiv angesprochen werden kann. Wie in Abschn. 1.2.3 gesehen, sind dabei die vom resonanten Mikrowellenfeld erzeugten Übergänge für beide Richtungen gleich wahrscheinlich. Man beobachtet z. B. in der ESR eine Resonanzabsorption, weil die Besetzung der Niveaus nicht gleich ist. In der Boltzmann-Verteilung ist das untere (energieärmere) Niveau stärker besetzt, und weil die Anzahl der Übergänge pro Zeiteinheit gleich dem Produkt aus Besetzungszahl und Übergangswahrscheinlichkeit ist, gibt es eine Netto-Absorption von Energie aus dem Strahlungsfeld durch die Mehrzahl der angeregten Aufwärtsübergänge. Durch diesen Prozess allein wären die Niveaus allerdings sehr schnell gleich besetzt; damit das Spinsystem wieder ins thermische Gleichgewicht zurückkehrt, muss ein weiterer, ausgleichender Prozess stattfinden – die Relaxation.

4.1 Natur der Spin-Gitter-Relaxation

Der direkte und wichtigste Wechselwirkungsprozess des Spinsystems wird durch elektromagnetische Strahlung vermittelt. Für die Relaxation käme dafür allerdings nur das thermische Strahlungsfeld in Frage. Seine Photonendichte für das Frequenzintervall dν

$$n_\gamma(\mathrm{d}\nu) := \frac{\mathrm{d}N_\gamma}{V} = \frac{8\pi\nu^2}{c^3}\frac{\mathrm{d}\nu}{\exp\left(\frac{h\nu}{kT}\right) - 1} \tag{4.1}$$

ist aber viel zu gering, um Relaxationprozesse der beobachteten Rate zu bewirken.

Ein weiteres wichtiges Subsystem des Festkörpers ist das seiner Gitterschwingungen, der Phononen. Berücksichtigt man, dass für sie zusätzlich zu den zwei transversal polarisierten eine longitudinal polarisierte Wellenart existiert, dann kann ihre Dichte analog zu der der Photonen durch

$$n_{\mathrm{p}}(\mathrm{d}\nu) := \frac{\mathrm{d}N_{\mathrm{p}}}{V} = 4\pi\nu^2\left(\frac{2}{v_{\mathrm{t}}^3} + \frac{1}{v_{\mathrm{l}}^3}\right)\frac{\mathrm{d}\nu}{\exp\left(\frac{h\nu}{kT}\right) - 1} \tag{4.2}$$

beschrieben werden. Für die folgenden Überschlagsrechnungen kann der Unterschied der zwei Schallgeschwindigkeiten aber außer acht gelassen werden: Ihr Wert liegt für Festkörper in der Gegend von $3 \times 10^3 \, \frac{\mathrm{m}}{\mathrm{s}}$ und damit 5 Größenordnungen unter dem der Lichtgeschwindigkeit. So ist die Energiedichte des Phononenfeldes nach dieser Abschätzung grob um den Faktor $(\frac{c}{v})^3 \simeq 10^{15}$ größer als die der thermischen Photonen. Die Wechselwirkung der Spins mit Phononen ist zwar deutlich schwächer als die mit Photonen, die drastisch höhere Dichte an Phononen im Festkörper gleicht diesen Nachteil aber mehr als aus, so dass diverse Spin-Phononen-Wechselwirkungen für die paramagnetische Relaxation verantwortlich sind. Deren Natur wird im folgenden vorgestellt.

4.2 Spin-Phonon-Wechselwirkung

Die Kopplung zwischen Spinsystem und Phonon entsteht durch eine Modulation des Kristallfeldes, hervorgerufen durch die Gitterschwingungen der Phononen. Dieses erzeugt primär ein fluktuierendes elektrisches Feld, das seinerseits die Bahnbewegung der Elektronen moduliert. Über Spin-Bahn-Kopplung wird schließlich die Verbindung zum Elektronspin hergestellt. Dieser Effekt wird auch als magnetische Ionen-Gitter-Wechselwirkung bezeichnet [AB 70]. Die detaillierten Überlegungen zur Theorie kommen nicht ohne langwierige Rechnungen aus, die hier nicht wiedergegeben werden sollen. Stattdessen werden nur die drei wichtigsten Relaxationsprozesse vorgestellt, die aus dieser Wechselwirkung erwachsen. Sie gelten strenggenommen für ionische Kristalle mit sogenannten Kramers-Zentren.

> „There are essentially two types of paramagnetic centres, those with an odd number of unpaired electrons outside closed shells, called Kramers centres and those with an even number of such electrons, called non-Kramers. A theorem due to Kramers states that all the electronic states of the Kramers centres are at least twofold degenerate in the absence of magnetic fields. Their Larmor frequencies are little affected by any irregularities caused by imperfections in the electric crystal field and as a consequence they exhibit relatively narrow resonance lines.
> They are the ones which are introduced purposely into sample in controlled concentrations as agents of DNP. The non-Kramers centres are often present in small uncontrolled amounts. They are difficult to detect by electron paramagnetic resonance (EPR) and their presence is often felt indirectly through the leakage relaxation of the nuclear spins.“ [AG 82, S. 341–2]

Inwieweit die getroffenen Aussagen auch für amorph gefrorene organische Lösungsmittel mit chemischen Radikalen gültig sind oder welche Unterschiede sich ergeben, ist nicht genau bekannt. Daher können die folgende Aussagen nur als Orientierung dienen.

4.2.1 Direkter Prozess

Im einfachsten Fall entsteht simultan zum Spinflip des freien Elektrons ein Phonon gleicher Energie und Frequenz des Elektronenüberganges $h\nu_0$ (siehe Abb. 4.1 links). Damit ist am direkten Prozess nur ein vergleichsweise schmales Band im unteren, dünn besetzten Frequenzbereich des Gitterfrequenzspektrums beteiligt. Dieser Prozess ist im Temperaturbereich von flüssigem Helium der dominante und spielt so für Relaxationsprozesse im Rahmen der DNP die entscheidende Rolle [AG 82]. Für Kramers-Ionen in Kristallen findet man folgende theoretische Vorhersage für die Relaxationsrate des direkten Prozesses [AB 70]:

$$\frac{1}{T_1(\mathrm{d})} = \frac{24\pi^3 h}{\varrho \Delta_\mathrm{c}^2} \frac{\nu_0^5}{v^5} \left| V^{(1)} \right|^2 \coth\left(\frac{h\nu_0}{2kT}\right) \tag{4.3}$$

Darin ist ϱ die Dichte des Kristalls, Δ_c die Kristallfeldaufspaltung, v die Schallgeschwindigkeit und $V^{(1)}$ der lineare Koeffizient der Entwicklung des elektrischen Potentials V nach Potenzen der mechanischen Deformation ϵ:

$$V = V^{(0)} + \epsilon V^{(1)} + \epsilon^2 V^{(2)} + \ldots$$

Neben der ν_0^5-Abhängigkeit (!) verdient die Temperaturabhängigkeit einer besonderen Erwähnung, so können zwei Grenzfälle unterschieden werden:

(i) $(h\nu_0/kT) \ll 1$, wofür $\frac{1}{2}\coth(h\nu_0/2kT) \to (kT/h\nu_0)$, was der mittleren Anzahl an Quanten pro Phonon-Mode in der klassischen Hochtemperaturnäherung entspricht.

(ii) $(h\nu_0/kT) \gg 1$, wo $\coth(h\nu_0/2kT) \to 1$, was eine in diesem Bereich temperaturunabhängige Relaxationszeit erzeugt. Sie ist bedingt durch die spontane Emission von Photonen der Energie $h\nu_0$, wenn diese im thermischen Spektrum nicht mehr angeregt sind.

Für die in dieser Arbeit durchgeführten Messungen mit $\nu_0 = 70\,\mathrm{GHz}$ bei $T = 1\,\mathrm{K}$ ist $(h\nu_0/2kT) = 1.68$. Das liegt noch eindeutig im Übergangsbereich, so dass keine der Näherungen Anwendung findet.

4.2.2 Raman-Prozess

Hierbei wechselwirkt der Elektronenspin gleichzeitig mit zwei Gittermoden, die sich um den Betrag der Elektronen-Larmorfrequenz ν_0 unterscheiden. Ein Phonon wird dabei absorbiert, ein zweites höherenergetisches emittiert. Die Energiedifferenz $h\nu_0$ wird dem Spinsystem entzogen, entsprechend einem Abwärtsübergang. Zwar ist dieser Vorgang ein Prozess zweiter Ordnung und hat gegenüber dem direkten Prozess eine geringere Wahrscheinlichkeit, aber im Gegensatz dazu stehen diesem Vorgang fast alle Phononen des Gitterfrequenzspektrums zur Verfügung. So steigt die Rate der Raman-Prozesse sehr stark mit der Temperatur an ($\sim T^7$ oder $\sim T^9$). Die Relaxationsrate setzt sich dabei aus zwei Anteilen zusammen, von denen hier nur die wichtigsten

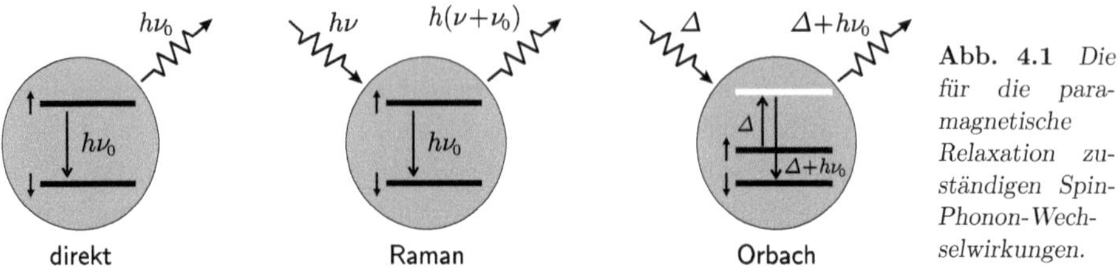

Abb. 4.1 *Die für die paramagnetische Relaxation zuständigen Spin-Phonon-Wechselwirkungen.*

Abhängigkeiten angegeben werden:

$$\frac{1}{T_1(\mathrm{R})} = R\,\nu_0^2 T^7 + R'\,T^9 \tag{4.4}$$

Bis zu Temperaturen von ca. 5–10 K dominiert in der Regel noch der direkte Prozess.

4.2.3 Orbach-Prozess

In einer Variation des Raman-Prozesses werden die Spins durch Absorption eines hochenergetischen Phonons in einen angeregten Zustand gehoben, bevor sie durch Emission eines zweiten Phonons in den tiefsten Grundzustand relaxieren. Dieser resonante 2-Phononen-Prozess ist nur möglich, falls im Termschema des Elektrons ein angeregter Zustand bei der Energie $\varDelta$ noch innerhalb des Phononen-Spektrums liegt, also die zur Anregung nötige Frequenz unterhalb der Debye'schen Abschneidefrequenz ω_D liegt:

$$\varDelta < k\varTheta \qquad \text{bzw.} \qquad \varDelta/\hbar < \omega_\mathrm{D}\ ,$$

mit der Debye-Temperatur $\varTheta$. Die Unterschiede zum Raman-Prozess sind dabei, dass dieser ein virtuelles Niveau benutzt, im Orbach-Prozess ein reales. Allerdings funktioniert im Raman-Prozess jedes beliebige virtuelle Niveau, so dass entsprechend viele Phononen am Prozess teilnehmen können. Das reale Niveau hingegen ist energetisch vergleichsweise scharf und so stehen im Orbach-Prozess weniger Phononen zur Verfügung. Die Relaxationsrate ist hierfür

$$\frac{1}{T_1(\mathrm{O})} = \frac{3}{2\pi\,\hbar^4 \varrho\, v^5}\left|V^{(1)}\right|^2 \varDelta^3 \,\frac{1}{\exp(\varDelta/kT)-1}\ . \tag{4.5}$$

Bemerkung

Die genannten Spin-Phonon-Wechselwirkungen sorgen generell für einen thermischen Kontakt zwischen Spin-System und Gitter. Sie funktionieren selbstverständlich auch in der umgekehrten Richtung und sorgen so beispielsweise bei Erwärmung des Gitters für einen Energietransport ins Spin-System und dessen Erwärmung.

4.3 Energieaustausch mit dem Gitter

Das Gitter nimmt durch die beschriebenen Spin-Phonon-Wechselwirkungen die Energie des Spinsystems auf. Vergleicht man die spezifischen Wärmekapazitäten[1)] beider Systeme, so sind diese für die Temperatur- und Feldbedingungen der durchgeführten Messungen weitgehend identisch. Die Dichte (4.2) der mit den Spins resonanten Phononen ist allerdings mit $10^{14}\,\text{cm}^{-3}$ um fünf Größenordungen geringer als die der Spins, deren Zahl pro cm^3 im Bereich von 10^{19} liegt (zum Vergleich: die Zahl der resonanten Photonen im gleichen Volumen beträgt weniger als 0.1).[2)] Die Wärmekapazität des Spinsystems ist also deutlich größer als die der mit ihnen in Wechselwirkung stehenden Phononen. Es ist daher wichtig, dass die im direkten Prozess von den Spins ans Gitter übergebene Energie schnell genug weitergeleitet wird.

Der Energieaustausch der Phononen untereinander geschieht über Streuprozesse und verläuft verhältnismäßig langsam. Durch Streuung der Phononen an den Außenflächen des Kristalls wird die Energie des Gitters aber in der Regel sehr effektiv an das Bad abgegeben und die Phononen bleiben im thermischen Gleichgewicht der Badtemperatur.

4.3.1 Eingeschränkter Wärmefluss – der *phonon bottleneck*

Der oben beschriebene gute thermische Kontakt des Gitters zum Bad ist aber nicht immer gewährleistet. Insbesondere bei Temperaturen des flüssigen Heliums und darunter kommt es neben einer stark eingeschränkten Wärmeleitung im Festkörper selbst zu einer akustischen Fehlanpassung zwischen paramagnetischem Kristall und dem Heliumbad (auch als Kapitza-Widerstand bezeichnet), wodurch der Wärmetransport über die Kristall-Helium-Grenzfläche stark eingeschränkt sein kann. Der Effekt wird von einem ungünstigen Volumen-zu-Oberfläche-Verhältnis der Probe zusätzlich begünstigt. Für den direkten Prozess steigt in diesem Fall aufgrund ihrer geringen Wärmekapazität die Zahl und damit die Temperatur der resonanten Phononen stark an (die Temperatur des Gitters bleibt unberührt), was die Relaxationsrate der Spins verringert, da sie zunächst mit einem vermeintlich wärmeren Phononensystem in Kontakt stehen. Zum besseren Verständnis betrachtet man den gesamten Vorgang der Relaxation als zweistufigen Prozess (vgl. Abb. 4.2): Zunächst der Energietransfer vom Spinsytem zum Gitter durch die beschriebenen Spin-Phonon-Wechselwirkungen, als zweites der Wärmefluss vom Gitter zum Bad. Ist der zweite Teilprozess langsamer als der erste, dann kann aufgrund der geringen Wärmekapazität der resonanten Phononen das Gitter nicht als Energiepuffer fungieren. Seine Temperatur steigt, gleicht sich der des Spinsystems an und verlangsamt so dessen Relaxation. Der zweite (langsamere) der beiden Teilprozesse limitiert also die Geschwindigkeit des Gesamtprozesses, die Phononenabkühlung ist quasi der Flaschenhals des Relaxationsprozesses – aus diesem Grund wird der beschriebene Effekt auch als *phonon bottleneck* oder im deutschen manchmal als „Phononen-Engpass“ bezeichnet.

[1)]also die Wärmekapazität pro Spin bzw. pro Schwingungs-Mode

[2)]Zahlenwerte für $T = 1\,\text{K}$, $\nu = 70\,\text{GHz}$ und $\text{d}\nu = 420\,\text{MHz}$, entsprechend einer ESR-Linienbreite von $15\,\text{mT}$

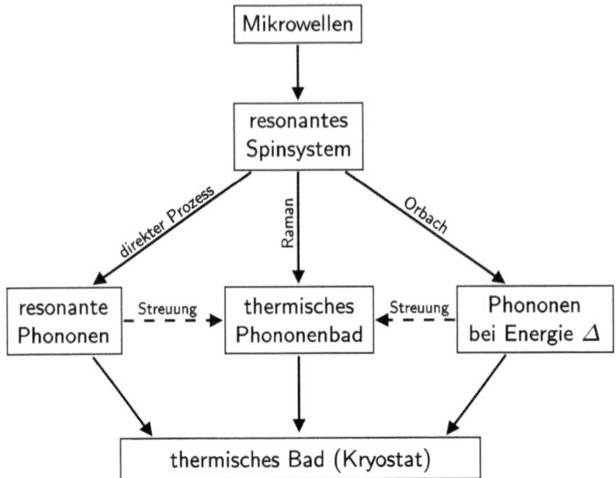

Abb. 4.2 *Schema zur paramagnetischen Relaxation. Die Pfeile kennzeichnen den Wärmefluss.*

4.3.2 Konsequenzen des *phonon bottleneck*

Man misst schließlich eine effektive Relaxationszeit T_{1e}^*, die größer ist als die der eigentlichen Spin-Relaxation. Zur Quantifizierung dieses Effekts benutzt man den *phonon bottleneck coefficient* σ. Dieser ist definiert als das Verhältnis der Wärmeflüsse der beteiligten Teilprozesse: Dem Wärmefluss vom Spinsystem zu den resonanten Phononen des Gitters E_{S}^0/T_{1e} einerseits und dem Wärmefluss der resonanten Phononen zum Bad $E_{\mathrm{p}}^0/\tau_{\mathrm{p}}$ andererseits (jeweils einzeln betrachtet) [AG 82]:

$$\sigma := \frac{E_{\mathrm{S}}^0/T_{1e}}{E_{\mathrm{p}}^0/\tau_{\mathrm{p}}} = \frac{1}{9}\frac{n_S}{n_I}\left(\frac{\omega_{\mathrm{D}}}{\omega_0}\right)^3 \frac{\omega_0}{\Delta\omega}\frac{\tau_{\mathrm{p}}}{T_{1e}} P_0^2 \tag{4.6}$$

Darin sind n_I und n_S die Kern- bzw. Spindichten der Probe, τ_{p} die mittlere Phonon-Lebensdauer und P_0 die Gleichgewichtspolarisation der Elektronen. Der beobachtete Relaxationsprozess der Elektronenpolarisation P ist dann, wie sorgfältige Rechnungen [FS 61] zeigen, nicht mehr exponentiell

$$\frac{\mathrm{d}P}{\mathrm{d}t} = -\frac{1}{T_{1e}}\frac{P - P_0}{1+\sigma\frac{P}{P_0}} \quad , \tag{4.7}$$

sondern lässt sich höchstens durch eine Summe mehrerer Exponentialfunktionen approximieren. Nahe dem Gleichgewicht ist die gemessene Zeitkonstante des gesamten Relaxationsprozesses in guter Näherung

$$T_{1e}^* \simeq (1+\sigma)\,T_{1e} \qquad \text{bzw. für } \sigma \gg 1 \qquad T_{1e}^* \simeq \sigma T_{1e} \tag{4.8}$$

um den Faktor σ größer als ohne den Flaschenhals-Effekt.

Die Relaxationszeit im direkten Prozess ist (wie bei beiden anderen auch) nicht von der Konzentration der paramagnetischen Zentren abhängig, vgl. (4.3). Im Falle des *phonon bottleneck* steigt aber die gemessene Relaxationszeit T_{1e}^* linear mit der Spindichte n_S, was ein sicheres Zeichen für die Anwesenheit dieses Effektes ist und z. B. in [ABR 76] experimentell gezeigt werden konnte.

Da im DNP-Prozess eine längere elektronische Relaxationszeit die Maximalpolarisation verringert (1.98), ist das Auftreten des *phonon bottelneck* hierbei unerwünscht. Allerdings lässt sich durch synchrone Modulation von Magnetfeld und Mikrowellenfrequenz die Zahl der mit den Spins resonanten Phononen vergrößern ($\Delta\omega$ in (4.6)) und in Folge dessen der Flaschenhals-Effekt abmindern. Mit dieser Technik erreicht man beispielsweise für ^{19}F-Kerne in CaF_2 bei 1 K und 2.7 T eine Polarisation von 45 % statt 25 % ohne Modulation.

Kapitel 5

T_{1e}-Messungen an ausgewählten Proben

In Kapitel 3 wurden Aufbau und Funktionsweise des gepulsten NMR-Systems erläutert. Sein hoher Dynamikumfang sowie die Möglichkeit, innerhalb weniger Sekunden mehrere Hundert Einzelmessungen aufzunehmen, machen es zum idealen Instrument, um über den Einfluss der Elektronenpolarisation auf die NMR-Linie die Relaxationszeit der paramagnetischen Zentren zu bestimmen. In diesem Kapitel werden, nach Vorstellung der verwendeten chemischen Radikale, zunächst die Vorbereitung der Proben sowie die Durchführung der Messungen beschrieben. Anschließend wird kurz der Weg der Auswertung skizziert, bevor die Ergebnisse der Messungen präsentiert werden. In der abschließenden Diskussion wird neben dem Effekt der Radikalkonzentration und der Temperaturabhängigkeit auch auf die beobachtete Breitenänderung eingegangen und eine Interpretation der Ergebnisse gegeben.

5.1 Die chemischen Radikale

TEMPO

Der Großteil der Messungen ist mit dem Nitroxyl-Radikal TEMPO in Butanol durchgeführt worden; in Abb. 5.1 ist seine Strukturformel gezeigt. Das paramagnetische Elektron ist im Bereich der ungesättigten Stickstoff-Sauerstoffbindung lokalisiert, in der Strukturformel durch den Punkt symbolisiert. Da diese Bindung schon bei Raumtemperatur relativ instabil ist, muss das Radikal unter Kühlung (+4 °C) aufbewahrt werden. TEMPO ähnelt dem mittlerweile nicht mehr im Handel erhältlichen Porphyrexid (ebenfalls ein ringförmiges Nitroxyl-Radikal), ist im Unterschied dazu aber gut in Butanol und nur schwer in Wasser löslich. Auch lassen sich dünne mit TEMPO dotierte Polyethylen-Folien herstellen, die hohe dynamische Polarisationen erzielen [Bun 95]. Wichtige Eigenschaften des TEMPO-Radikals sind in Tabelle 5.1 aufgeführt.

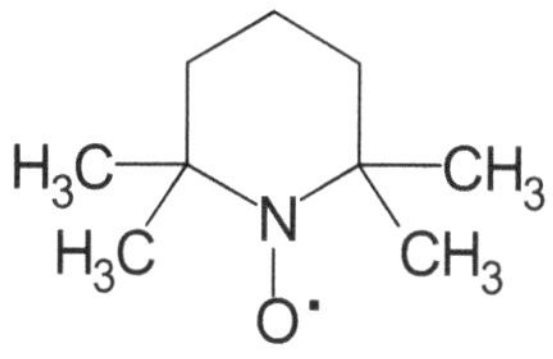

Abb. 5.1 *TEMPO-Radikal*

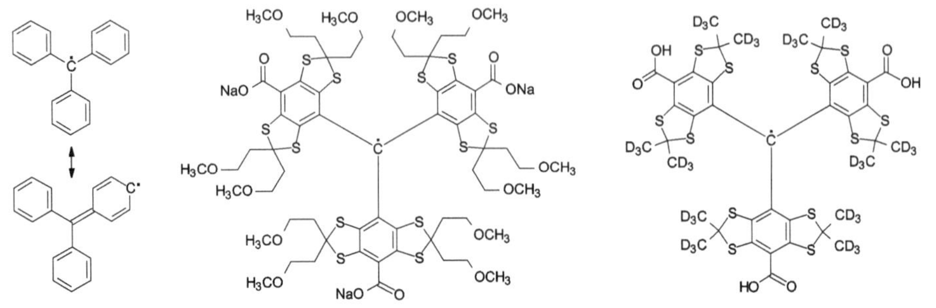

Abb.5.2 *Triphenylmetyl und zwei Trityl-Radikale der Firma GE-Healthcare.* **Links:** *Triphenylmethyl, das einfachste Trityl-Radikal. Zur Veranschaulichung der Delokalisierung des ungebundenen Elektrons sind zwei der insgesamt 10 mesomeren Grenzstrukturen gezeichnet.* **Mitte:** *AH 111 501 in der Form als Natrium-Salz ($C_{64}H_{84}Na_3O_{18}S_{12}$, M=1595.1 g/mol).* **Rechts:** *AH 110 355 in der deuterierten Säureform, auch Finland D36 genannt ($C_{40}D_{36}H_3O_6S_{12}$, M=1036.7 g/mol).*

Trityl-Radikale

Ebenfalls untersucht wurden zwei Trityl-Radikale: AH 110 355 in D-Butanol sowie AH 111 501 in ^{13}C-Brenztraubensäure – da das letztgenannte Radikal nur in einer fertig zu Kugeln gefrorenen Probe vorlag, konnte hier keine Peakverschiebung beobachtet werden. Die Familie der Trityl-Radikale geht zurück auf das erste in der organischen Chemie beschriebene stabile Radikal, das Triphenylmethyl. Seine charakteristische Form eines zentralen sp^2-hybritisierten Kohlenstoffatoms mit drei Phenylringen und einem ungebundenen Elektron ist auch in den hier verwendeten Trityl-Radikalen leicht wiederzuerkennen, vgl. Abb. 5.2. Dabei ist, wie am Beispiel der Mesomerie des Triphenylmethyl-Moleküls angedeutet, das ungebundene Elektron über das gesamte delokalisierte Elektronensystem der drei Phenolringe verteilt. Das ESR-Spektrum von Triphenylmethyl zeigt eine komplizierte Hyperfeinstuktur mit 196 Linien (siehe z. B. [CS 60]), welche durch die Wechselwirkung des Elektronenspins mit den 3 para-, 6 ortho- und 6 metha-Protonen der drei Phenylringe entsteht. Durch die gezielte Substitution der Wasserstoffatome der Phenylringe, die ja in direkter Nähe des delokalisierten Elektronensystems liegen, mit Spin-0 Kernen (Schwefel und Sauerstoff) kann die Hyperfeinwechselwirkung stark reduziert werden. Weiter resultiert aus der hohen Symmetrie des Moleküls eine äußerst geringe g-Anisotropie, so dass die so modifizierten Trityl-Radikale insgesamt eine sehr schmale ESR-Linie aufweisen und damit sehr effektiv zur Polarisation von Deuteronen eingesetzt werden können [Hec 06]. Die in Abb. 5.2 mittig und rechts gezeigten Trityl-Radikale sind nur zwei aus einer ganzen Reihe von speziell zu diesem Zweck entwickelten Radikal-Molekülen.

5.1.1 Quantifizierung der Spinkonzentration

Um die im dotierten Targetmaterial enthaltene relative Menge an Radikal bzw. Elektronenspins zu beziffern, kann man sich verschiedenster Größen bedienen. Im Folgenden werden die wichtigsten vorgestellt und definiert, wobei folgende Größen benutzt werden: die Masse m, das

	TEMPO[a)]	AH 111 501 (als Na-Salz)	AH 110 355 (in deuterierter Säureform)
Systematischer Name	2,2,6,6-Tetramethyl-piperidin-1-oxyl		Tris-(8-hydroxycarbonyl-2,2,6,6-tetrakis-(D_3-methyl)-benzo-[1,2-d:4,5-d'] bis(1,3)dithiole-4-yl)methyl
Summenformel	$C_9H_{18}NO$	$C_{64}H_{84}Na_3O_{18}S_{12}$	$C_{40}D_{36}H_3O_6S_{12}$
Radikaltyp	Nitroxyl	Trityl	Trityl
Molare Masse [g/mol]	156.25	1595.1	1036.7
Dichte [g/cm³]	0.912		≈ 0.72[b)]
Reinheit p	0.98		
Form	Pulver, fein kristallin		feines Pulver, wie Mehl
Farbe	orange-rot		dunkelbraun

Tabelle 5.1 *Eigenschaften der benutzten chemischen Radikale.*
[a)] *gemäß Datenblatt der Firma Merck [Mer 10]*
[b)] *Dichte von AH 110 355 experimentell über Vergleich mit der von TEMPO bestimmt (gleicher Füllfaktor angenommen).*

Volumen V, die Dichte ϱ, die molare Masse M sowie die Stoffmenge ν. Die Avogadro-Konstante ist mit N_A bezeichnet. Zur näheren Bestimmung werden die drei Indizes r, l und g entsprechend den Präfixen Radikal-, Lösungsmittel- und Gesamt- benutzt. Die Reinheit des Radikals wird mit p (*purity*) bezeichnet.

Massenanteil

Die Radikalkonzentration – korrekt der Massenanteil – ist das Verhältnis der Masse des gelösten Radikals zur Gesamtmasse der fertigen Lösung:

$$w = \frac{p\, m_\mathrm{r}}{m_\mathrm{l} + m_\mathrm{r}} = p\, \frac{m_\mathrm{r}}{m_\mathrm{g}} \tag{5.1}$$

Dieser Wert lässt sich aus den bei der Herstellung notierten Massen direkt und ohne Kenntnis weiterer stoffbezogener Größen (mit Ausnahme der Radikal-Reinheit) bestimmen.

Spindichte

Allerdings ist nicht die zugesetzte Radikalmasse, sondern die Zahl der paramagnetischen Zentren von Interesse. Aussagekräftiger sind deshalb Angaben über die Konzentration der paramagnetischen Elektronen, also Anzahl der Spins pro Masse oder Volumen der Probe. Der Bezug aufs Volumen liefert nicht nur die anschaulichere Größe, die so definierte Spindichte ist hier schon

	H-Butanol	**D-Butanol**	**^{13}C-Brenztraubensäure**
Strukturformel	[Strukturformel: H_3C–CHH–CHH–CHH–OH]	[Strukturformel: D_3C–CDD–CDD–CDD–OD]	[Strukturformel: H_3C–^{13}C(=O)–C(=O)–OH]
Systematischer Name	1-Butanol	1-Butanol-d_{10}	Pyruvic-2-^{13}C acid
Summenformel	$C_4H_{10}O$	$C_4D_{10}O$	$^{13}CC_2H_4O_3$
Molare Masse [g/mol]	74.12	84.20	89.05
Schmelzpunkt [°C]	−90		11...12
Dichte [g/cm^3] 25 °C	0.81	0.920	1.267
4 K	0.93[a)]	1.06[b)]	1.45[b)]

Tabelle 5.2 *Eigenschaften der Targetmaterialien, alle Zahlenwerte außer der Dichte bei 4 K nach Sigma-Aldrich. Anders als in den übrigen Strukturformeln und allgemein üblich sind hier zur Hervorhebung der verschiedenen Isotope stets alle Wasserstoffatome dargestellt. Die Schmelzpunkte gelten für hochreine Flüssigkeiten, im Falle des Butanols wird dieser schon durch einen geringen Wasseranteil merklich beeinflusst.*

[a)] *nach [Rob 91].* [b)] *Unter Annahme gleichen Verhaltens wie H-Butanol aus Raumtemperatur-Wert berechnet.*

in vielen Gleichungen aufgetaucht: bei der Beschreibung des *solid effect* genauso wie bei der theoretischen Berechnung der Peakverschiebung (5.14), für dessen Berechnung entsprechende Zahlenwerte benötigt werden. Als Spindichte definieren wir also:

$$n_S = \frac{\text{Anzahl der Spins}}{\text{Probevolumen}} = \frac{p\,\nu_r N_A}{V_g} = \frac{p\,\frac{m_r}{M_r} N_A}{\frac{m_l}{\varrho_l} + \frac{m_r}{\varrho_r}} \tag{5.2}$$

Der Nachteil dieser Definition ist, dass zur Berechnung des Volumens die Dichte der Stoffe, insbesondere die des Lösungsmittels, bekannt sein muss – und zwar für $T = 1$ K. In der Chemie-Literatur konnte der Autor keine Werte für gefrorene organische Flüssigkeiten finden. Die einzige Referenz, eine Gamma-Absorptionsmesung an einem gefrorenen Butanol-Wasser-Blocktarget bei $T = 4$ K [Rob 91], stammt aus der PT-Community selbst. In Ermangelung ähnlicher experimenteller Werte der Tieftemperaturdichten von D-Butanol und Brenztraubensäure wurden diese unter Annahme des gleichen thermischen Verhaltens wie H-Butanol aus ihren Raumtemperaturwerten berechnet (vgl. Tabelle 5.2). Die Dichte der Radikale ist zwar näherungsweise bekannt (siehe Tabelle 5.1), allerdings hat ihr Wert wegen der geringen zugesetzten Radikalmenge kaum Einfluss auf das Ergebnis von (5.2). Im Übrigen ist nicht bekannt, wie sich das Volumen des Lösungsmittels beim Lösen des Radikals ändert. Aus all diesen Gründen sind die Zahlenwerte der Spindichte nur als mäßig genau anzusehen.

Stoffmengenverhältnis

Um das Problem der Dichte zu umgehen, aber dennoch ein gutes Maß für die Spinkonzentration zu haben, bietet sich neben dem Stoffmengenanteil das Stoffmengenverhältnis an. Es bezeichnet das Verhältnis der Teilchen einer Komponente (hier des Radikals bzw. der paramagnetischen Elektronen) zu den Teilchen einer anderen Komponente (hier des Lösungsmittels):

$$r = \frac{p\,\nu_r}{\nu_l} = \frac{M_l}{M_r}\frac{p\,m_r}{m_l} \tag{5.3}$$

Der Kehrwert von r gibt an, wieviele Lösungsmittel-Moleküle auf ein ungebundenes Elektron kommen.

5.2 Probenpräparation

Um eine möglichst große Peakverschiebung messen zu können, müssen die Proben, wie in Abschn. 2.6 beschrieben, eine von der Kugelform abweichende, extreme Geometrie aufweisen. Als zweckmäßig haben sich die zwei Extremformen des Zylinders herausgestellt: die flache Scheibe und der dünne Stab.

Targetmaterial

Diese Forderung an die Geometrie lässt sich besonders leicht bei Materialien erfüllen, die bei Raumtemperatur flüssig sind und durch Einfrieren in einer entsprechenden Form in die gewünschte Gestalt gebracht werden können. Dazu wird die Form mit der aus Targetmaterial und Radikal hergestellten Lösung befüllt und daraufhin in flüssigem Stickstoff abgekühlt, die Lösung erstarrt darin. Für Ammoniak wäre eine Prozedur denkbar, das verflüssigte Gas in einer Form einzufrieren und anschließend darin zu bestrahlen. Bei strahldotiertes Lithiumhydrid bzw. Lithiumdeuterid, welches in Splitt-ähnlichen Kristallen (Korngröße 2–3 mm) vorliegt, ist die Herstellung eines Kristalls der gewünschten Form zu aufwendig; auch dieser müsste anschließend noch bestrahlt werden. Denkbar wäre, Kristallstückchen günstiger Geometrie in der richtigen Ausrichtung zu fixieren und einzeln zu vermessen. Um diesen Schwierigkeiten zu entgehen, wurden zunächst nur Messungen an chemisch dotierten Butanol-Proben durchgeführt, die sich leicht in der entsprechenden Geometrie einfrieren lassen.

5.2.1 Wahl der Probengeometrie

Bei der Entwicklung der Probenform müssen neben der Geometrie noch weitere Kriterien beachtet werden: Die Form sollte feste Maße haben um daraus den Geometriefaktor berechnen zu können, und trotzdem leicht befüllbar sein. Die Form muss dünnwandig sein, um durch einen guten thermischen Kontakt zum flüssigen Stickstoff ein schnelles Abkühlen und damit amorphes Einfrieren der Probe zu gewährleisten.[1)] Für die Größe der Probe gilt es ein Optimum zu finden. Zum einen muss sich ausreichend Material im Bereich der NMR-Spule befinden, um ein möglichst kräftiges NMR-Signal zu erhalten, auf der anderen Seite ist die Größe der Probe durch die der Cavity begrenzt. Insbesondere muss genügend Platz für die NMR-Spule bleiben, die ihrerseits nicht beliebig nahe an der Cavitywand liegen darf. Weiterhin steigt mit der Größe der Probe auch die Gefahr dass diese nicht schnell genug einfriert und dabei kristallisiert. Nach anfänglichen Versuchen mit entsprechenden Formen für beide Geometrien stellte sich sehr schnell die Version des langen Stabes in vielen Punkten als die bessere Variante heraus. Abb. 5.3 zeigt die benutzte Stäbchenform samt Einbaukomponenten im Schnitt. Am Fuß des Probenhalters mündet der Mikrowellen-Hohlleiter auf einer runden Messingscheibe, die die Cavity nach oben abschließt. Direkt darunter ist der Probensockel aus Teflon (Abb.5.3 **a**) befestigt, in den bei regulären Polarisationsmessungen der Targetcontainer (nicht gezeigt) eingeschraubt wird. Zur Aufnahme der Stäbchenform wird in den Probensockel zunächst eine Hülse (Abb.5.3 **b**) eingeschraubt, die außerdem als Träger der NMR-Spule fungiert. In diese Hülse wird schließlich die mit dem Stopfen verschlossene Stäbchenform (Abb.5.3 **d** und **c**) eingeschraubt. Sie enthält die gefrorene Probe von 45 mm Länge und 4 mm Durchmesser. Die Abmessungen der Komponenten sind dabei so gewählt, dass zum einen die Höhe der Cavity so weit wie möglich ausgenutzt wird, zum anderen die Mitte der Probe bei der NMR-Spule liegt, die ihrerseits im homogenen Bereich des Feldes positioniert ist. Die Stäbchenform, ihr Stopfen und die Hülse sind aus PCTFE (Polychlortrifluorethylen) gefertigt, ein mit Teflon verwandter vollhalogenisierter Kunststoff. PCTFE besitzt die höchste Härte, Festigkeit und Steifigkeit unter den Fluorkunststoffen und lässt sich bedeutend besser mechanisch bearbeiten als z. B. Teflon. Die Verwendung dieses Kunststoffs machte es möglich, die Stäbchenform mit einer Wandstärke von 0.2 mm bei gleichzeitig hoher Stabilität zu fertigen. In Abb. 5.4 ist links ein Foto der Stäbchenform samt Hülse gezeigt. Das Foto daneben zeigt die für Messungen an Deuteronen benutzte Sattelspule mit zwei mal drei Windungen. Sie ist aus Kupfer-Lackdraht gewickelt und wird von unten auf die Hülse geschoben. Durch Umwickeln mit elastischem Teflonband wird die Spule schließlich auf der Hülse unterhalb der radialen Löcher fixiert. Wegen der in der Lack-Isolierung enthaltenen Wasserstoff-Atomen

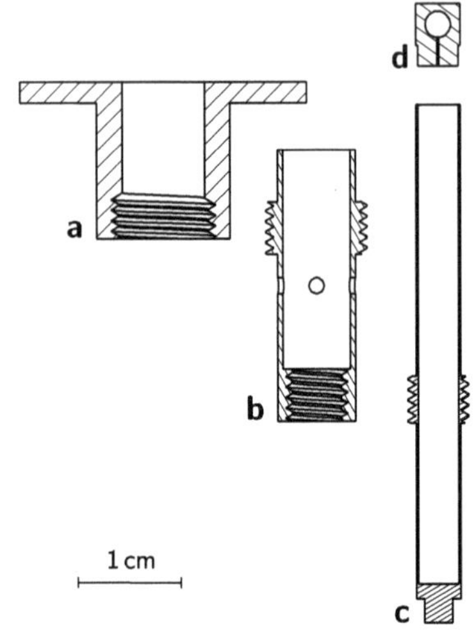

Abb.5.3 *Schnittzeichnung der Stäbchenform* (**c**), *sowie weiterer Komponenten zum Einbau.*

[1)]Wie zu Beginn von Kapitel 2 erwähnt, ist das amorphe oder glasartige Einfrieren eine entscheidende Voraussetzung zum wirkungsvollen Polarisieren der Probe.

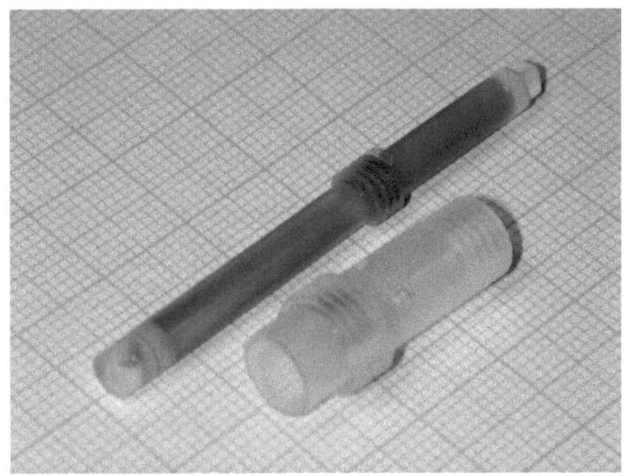
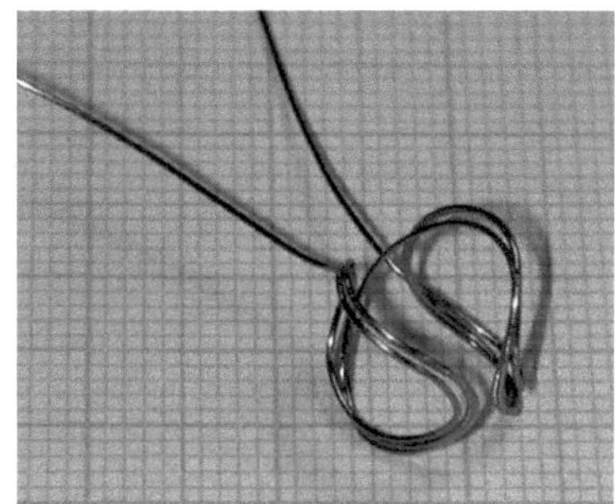

Abb. 5.4 *Fotos der Probenform und Sattelspule.* **Links:** *Stäbchenform, mit TEMPO-Butanol-Lösung gefüllt, davor die Hülse.* **Rechts:** *Sattelspule mit 6 Windungen für Deuteronenmessung.*

darf dieser Draht nicht zur Messung an Protonen-Proben benutzt werden. Die zweiwindige Protonen-Spule wird stattdessen aus einem teflonisolierten Aluminium-Draht hergestellt.

Die Befestigung der Spule auf der Hülse bringt zwei angenehme Vorteile mit sich: Die Hülse samt Spule kann bequem im Warmen moniert und angelötet werden. Erst zum Einschrauben der Stäbchenform muss unter flüssigem Stickstoff gearbeitet werden. So können auch nach und nach verschiedene Proben mit derselben Spule gemessen werden. Der am unteren Ende der Stäbchenform gefräßte Vierkant erleichtert das Ein- und Ausschrauben mit einer Spitzzange. Ein weiterer Vorzug dieser Konstuktion ist, dass kein Probenmaterial in unmittelbarer Nähe des Spulendrahtes liegt und so eine homogenere Anregung und Messung möglich ist.

Entmagnetisierungsfaktor der stäbchenförmigen Probe

Die Wahl dieser Stäbchen-Geometrie hat gegenüber der flachen Scheibe einen weiteren Vorteil, der bei der theoretischen Berechnung der Entmagnetisierungsfaktoren schon angeklungen ist. Wie dort gezeigt wurde, ist das Entmagnetisierungsfeld in einem langen Stab von vornherein homogener als in einer Scheibe. Ferner ist für die mit der oben vorgestellten Stäbchenform durchgeführten Messungen nur das Entmagnetisierungsfeld im Bereich der NMR-Spule von Belang. Ein Blick auf den Verlauf der Niveaulinien des Entmagnetisierungsfaktors für einen Stab (Abb. 2.4) zeigt, dass das Entmagnetisierungsfeld gerade in diesem Mittelteil besonders homogen ist und seine Werte hier ein Minimum annehmen. Rechnungen für die Geometrie der Stäbchenform ($H/D = 45/4$) ergeben für den Bereich des mittleren Drittels einen Entmagnetisierungsfaktor von

$$N_{zz} = 0.004 \ldots 0.0054 \qquad \text{mit} \qquad \langle N_{zz} \rangle = 0.0044 \ . \tag{5.4a}$$

Das bedeutet für den Geometriefaktor einen Mittelwert von

$$\langle \xi \rangle = -0.987 \ , \tag{5.4b}$$

was schon sehr nahe am theoretischen Minimum von -1 liegt.

5.2.2 Herstellung der Proben

Entsprechend der gewünschten Radikalkonzentration wird in einem Wägeglas zunächst die für 2 g Lösungsmittel[2)] benötigte Menge des Radikals abgewogen. Da das nicht immer genau möglich ist, wird aus der abgelesenen Radikalmasse daraufhin die benötigte Masse des Lösungsmittels berechnet und dazu gegeben. Beide Massen werden notiert. Mit einem Spatel wird die Lösung so lange gerührt, bis sich das Radikal vollständig gelöst hat. Die Radikal-Lösung wird sofort mit einer Glasspritze aufgezogen und die Luft entfernt. In dieser Form kann die Lösung transportiert werden, sollte aber nach Möglichkeit sofort verarbeitet werden, um die Zersetzung der Radikale zu verhindern. Die Lösung wird in die Stäbchenform gefüllt und der Stopfen aufgesetzt. Durch das dünne Loch darin kann noch enthaltene Luft beim Einsetzen entweichen. Die Form wird trocken geputzt und umgehend in flüssigem Stickstoff eingefroren. Um die Probe möglichst schockartig abzukühlen, lässt man die gefüllte Form direkt in den flüssigen Stickstoff fallen. Dabei friert die Flüssigkeit zwar wie gewünscht amorph ein, aber durch die während der Abkühlung der vergleichsweise großen Probe entstandenen Spannungen bricht die Probe unter einem gut zu vernehmenden Knack-Geräusch in viele Splitter. Dank der Transparenz von PTCFE und der polierten Oberfläche der Stäbchenform lässt sich der Zustand der Probe visuell gut beurteilen. In Abb. 5.5 ist die Probenform vor und nach dem Einfrieren gezeigt, zu Demonstrationszwecken ist dazu reines Butanol benutzt worden. Zur Steigerung des Kontrastes ist für die Fotos das für den flüssigen Stickstoff benutzte Styroporgefäß mit einer roten Folie ausgelegt worden. Im unteren Foto erkennt man deutlich die vielen Bruchflächen, die die Probe weiß erscheinen lassen. Bei größeren Bruchstücken ist aber zu erkennen, dass diese selber transparent sind, die Flüssigkeit also offenbar amorph eingefroren ist.[3)] Das später gemessene Polarisationsverhalten bestätigt diese Annahme. In wieweit dieses Brechen der Probe das Entmagnetisierungsfeld beeinflusst, ist allerdings unbekannt. Die so hergestellte Probe kann nun unter flüssigem Stickstoff gelagert oder sofort zur Messung benutzt werden.

Bei keiner der Proben wurde durch „Strippen“ der in der Flüssigkeit gelöste Sauerstoff entfernt.

5.3 Durchführung der Messungen

Stabilität des Magneten

Für Spindichten im Bereich von $n_s \approx 10^{19}\,\frac{\text{Spins}}{\text{cm}^3}$ erwartet man eine relative Peakverschiebung in der Größenordnung von $\Delta f/f \approx 10^{-5}$. Um diese Peakverschiebung nachweisen zu können,

[2)] Für die Stäbchenprobe werden zwar nur knapp 0.6 ml Radikal-Lösung benötigt, aber so kann, falls der erste Versuch misslingt, noch eine zweite Probe hergestellt werden. Außerdem lassen sich zu geringe Mengen nur schlecht mischen.

[3)] kristallin eingefrorenes Butanol erscheint dagegen stark milchig

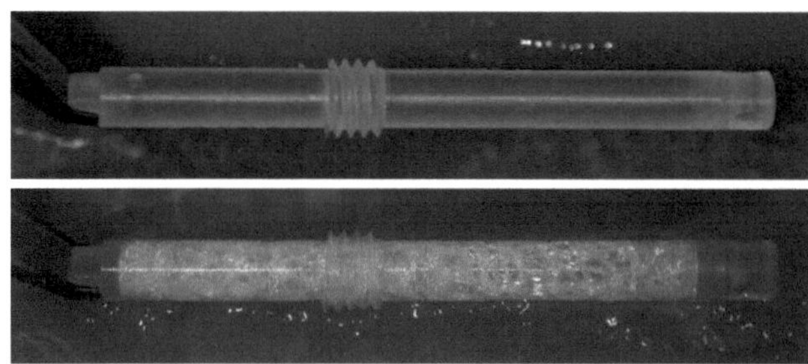

Abb. 5.5 *Einfrieren der Probe.* **Oben:** *Flüssiges Butanol ohne Radikal in der Stäbchenform.* **Unten:** *Nach dem Einfrieren in flüssigem Stickstoff. Die Probe ist amorph eingefroren, bricht aber dann in viele Splitter, die von der Form zusammengehalten werden.*

muss die Stabilität des Magnetfeldes also besser als 10^{-5} sein, sonst geht der gesuchte Effekt im Rauschen unter.

Die im Bochumer PT-Labor zu Standardmessungen benutzte Polarisationsanlage besteht aus einem vertikalen ^{4}He-Verdampfer-Kryostaten, dessen Cavity im Feld eines normalleitenden C-Magneten (2.5 T) positioniert ist. Messungen mit der gepulsten NMR in diesem Aufbau zeigten, dass die zeitlichen Fluktuationen des Magnetfeldes mit $\delta B/B \simeq 3 \times 10^{-5}$ zu groß sind, um damit den Effekt der Peakverschiebung nachweisen zu können. Aus diesem Grunde wurde ein neues Kryostatgehäuse mit supraleitenden Magneten (bis 7.5 T) gebaut, in dem der alte ^{4}He-Verdampfer-Kryostat betrieben werden kann. Beide Systeme nutzen den gleichen Roots-Pumpstand mit einem Saugvermögen von 4000 $\frac{\mathrm{m}^3}{\mathrm{h}}$. Eine Zeichnung sowie weitere Details zu Kryostat und Magnet sind im Anhang D zu finden. Im *persistent mode*[4)] sollte die Stabilität des Magnetfeldes höchste Ansprüche erfüllen, Messungen zufolge ist diese mindestens eine Größenordnung kleiner als die gesuchte Peakverschiebung: $\delta B/B < 4 \times 10^{-7}$.[5)]

5.3.1 Bolometrische ESR

Um die genaue Lage der freien Elektronen-Resonanz zu bestimmen, wird nach dem Einsetzen der Probe an dieser eine bolometrische ESR-Messung durchgeführt. Da Kohle ein sehr guter Mikrowellenabsorber ist, fungieren die zur Temperaturmessung benutzten Kohlemassewiderstände bei Mikrowelleneinstrahlung als Bolometer. Insbesondere der in der Cavity direkt über der Probe platzierte Widerstand reagiert sehr empfindlich auf eingestrahlte Mikrowellen: Bei einer Bad-Temperatur von 1 K und ohne Mikrowellenfeld hat dieser AB100 (Allen-Bradley mit 100 Ω Nennwiderstand) einen Widerstand von ca. 130 kΩ[6)]. Bei voller Mikrowellenleistung geht der Widerstand auf unter 1 kΩ zurück.

Variiert man bei fester Mikrowellenfrequenz das Magnetfeld, dann zeigt sich in der Reso-

[4)]Dauerstrombetrieb, dabei wird die Verbindung zur externen Stromversorgung getrennt und der Strom fließt über einen supraleitenden Kurzschluss verlustfrei in der Spule.

[5)]Der Wert für $\delta B/B$ ist durch die Präzision des Fit an die NMR-Linie beschränkt und daher nur als obere Grenze zu verstehen. Die volle Halbwertsbreite der zwei Peaks im Spektrum von D-Butanol beträgt ca. 6.5 kHz (ohne Quadrupolverbreiterung), der Peak-Schwerpunkt lässt sich mit dem Fit bis zu einer Genauigkeit von ca. 6.5 Hz bestimmen (siehe Residuen in Abb.5.10).

[6)]beim AB100 im Targethalter der gepulsten NMR. In Abb. D.3 im Anhang ist die Temperaturkurve dieses Widerstandes gezeigt.

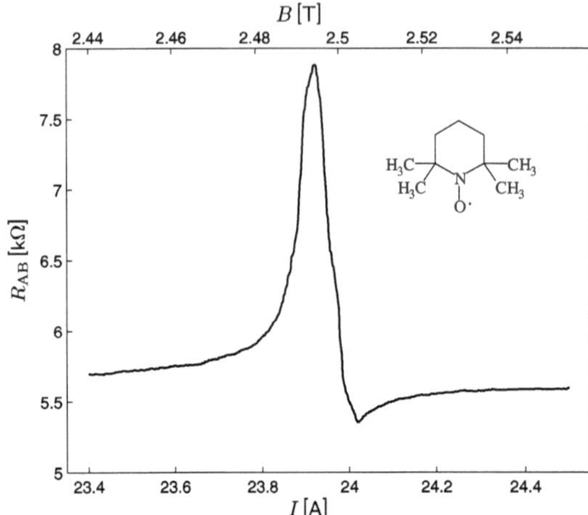

Abb. 5.6 *Bolometrisches ESR-Signal einer H-Butanol-Probe mit 0.5 % TEMPO-Radikal. Bei fester Mikrowellenfrequenz von $\nu = 70\,\text{GHz}$ wird das Magnetfeld langsam durch die Resonanz gefahren (aufwärts). Der Allen-Bradley-Kohlewiderstand arbeitet dabei als Bolometer für das Mikrowellenfeld.*
Die untere Abszisse zeigt den Spulenstrom, die obere das entsprechende Magnetfeld.

nanz ein Anstieg des Widerstandes (Abb. 5.6). Das lässt sich wie folgt erklären: Außerhalb der Resonanz reagiert das Elektronenspin-System nicht auf das Mikrowellenfeld; sobald die Resonanzbedingung $h\nu = g\mu_B\, B$ aber erfüllt ist, werden darin Übergänge angeregt und damit Energie aus dem Strahlungsfeld absorbiert. Dadurch fällt die Stärke des Mikrowellenfeldes in der Cavity, der Widerstand absorbiert weniger und seine Temperatur fällt – entsprechend steigt der Wert des Widerstandes (negative Charakteristik).

Aus Erfahrung ist die Messung besonders sensitiv, wenn die Mikrowellenleistung so eingestellt wird, dass der AB100 außerhalb der Resonanz ca. 5–6 kΩ misst. In Abb. 5.6 ist eine solche Messung an einer Stäbchenprobe mit 70 GHz gezeigt, wobei man erkennt, dass das Signal einen geringen dispersiven Anteil enthält (Unterschwinger bei 24 A). Die Mitte der freien Elektronenresonanz liegt also geringfügig über dem eigentlichen Peak. Entsprechend wird dieser Strom eingestellt und die Mikrowellenfrequenz der *on resonance* liegt hierfür bei $\nu_0 = 70\,\text{GHz}$.

5.3.2 NMR-Messungen

Nachdem die Lage der freien Elektronenresonanz ermittelt ist, kann mit den NMR-Messungen begonnen werden. Dazu werden zunächst die optimalen Polarisationsfrequenzen bestimmt und anschließend die Probe möglichst weit aufpolarisiert, um für die folgenden T_{1e}-Messungen ein kräftiges NMR-Signal zur Verfügung zu haben. Um bei diesen Messungen die Polarisation so wenig wie möglich zu beeinflussen, wird mit geringer HF-Leistung gearbeitet und das FID-Signal mehrerer Pulse akkumuliert (vgl. Abschn. 3.3.7). Zu diesem Zeitpunkt können auch, wenn gewünscht, TE-Eichung und eine Polarisationsmessung durchgeführt werden.

Für die darauf folgenden Messungen zur T_{1e}-Bestimmung müssen die Einstellungen des NMR-Systems geändert werden: Die HF-Pulsleistung wird so weit erhöht, dass auch bei einer Einzelpulsmessung ein möglichst unverrauschtes Spektrum entsteht. Im Steuer-Programm wird der be-

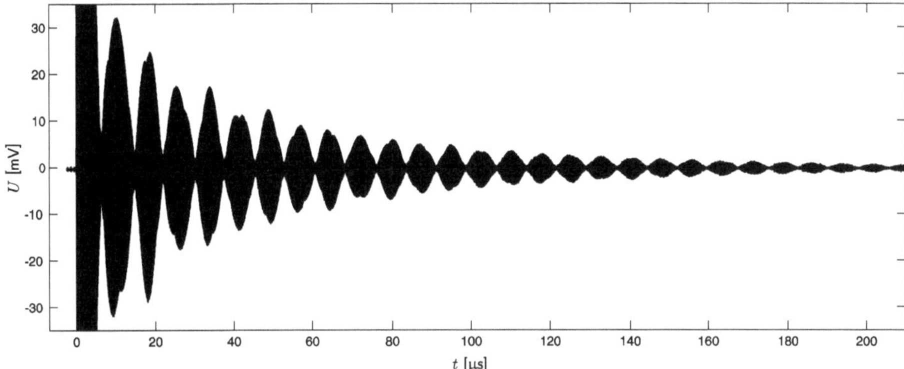

Abb. 5.7 *Ausschnitt eines Deuteronen-FID-Signals, dynamisch polarisiert. Neben dem exponentiellen Abklingen der Amplitude erkennt man deutlich die Schwebung, verursacht durch die zwei Peak-Frequenzen des quadrupolverbreiterten Signals. Für die Periodendauer dieser Schwebung liest man* $T_S \simeq 7.67\,\mu s$ *ab – das passt zu dem später im Spektrum mittels Fit bestimmten Peakabstand von* $\Delta f_{12} = 131.1\,\text{kHz}$.

reits angesprochene „individual FFT"-Modus aktiviert, damit jedes aufgenommene FID-Signal einzeln fourier-transformiert wird. Bei Messungen mit quadrupolverbreitertem Deuteronensignal (D-Butanol) wird der FID-Anfangsmarker zur Auswahl des für die FFT benutzten Bereiches, etwas weiter vom Aufzeichnungsbeginn wegbewegt. Dies bewirkt, dass die schnell abklingenden Anteile des FID-Signals im Spektrum nicht berücksichtigt werden. Da diese Anteile für die breiten Stukturen wie die Schultern und den Mittelbogen des Signals verantwortlich sind, werden diese Elemente im Spektrum unterdrückt. Es verbleiben nur noch zwei einzelne, fast lorentzförmige Peaks, die sich zur Auswertung bedeutend leichter fitten lassen als das originale, quadrupolverbreiterte Signal. Dabei muss allerdings in Kauf genommen werden, dass die während der ersten Messungen eventuell gemachte TE-Eichung nicht mehr gilt, was aber kein Problem ist, da die absolute Kernspin-Polarisation für die T_{1e}-Messungen ohne Belang ist. Nachdem die Schaltung zur Mikrowellenfrequenz-Umschaltung angeschlossen und die Resonanzfrequenz eingestellt ist, kann mit der eigentlichen Messreihe begonnen werden.

Ablauf der Messung zur T_{1e}-Bestimmung

Aufgrund des begrenzten Speichers der ADC-Karte sind nur ca. 150–300 Einzel-NMR-Messungen pro Messreihe möglich, abhängig von der Aufnahmelänge. Die Relaxationszeit ist während der Messung nicht bekannt und lässt sich erst durch eine aufwendige Auswertung bestimmen. Um den Verlauf der Zerstörung und Relaxation mit den verfügbaren Messpunkten optimal aufzuzeichnen, wird die Messreihe mehrmals bei verschiedenen Vorlauf- und Resonanzzeiten (vgl. 3.5.1) sowie entsprechend angepasste Intervallzeiten (Zeit zwischen zwei Einzelmessungen) durchgeführt. An der Umschaltelektronik werden die zwei Zeiten eingestellt, wobei es sich als zweckmäßig erwiesen hat, wenn Vorlaufzeit und Resonanzzeit jeweils ein Zehntel der Aufnahmezeit betragen; die Vorlaufzeit darf eher etwas kürzer ausfallen, die Resonanzzeit etwas länger. Beide Zeiten werden am Oszilloskop abgelesen und im Laborbuch samt Dateiname der Messung notiert. Zwischen den einzelnen Messungen wird gelegentlich für einige Minuten auf die Polarisationsfrequenz umgeschaltet um die Probe nachzupolarisieren. Ebenfalls wird regelmäßig die korrekte Lage der Resonanzfrequenz überprüft und ggf. die Spannung nachgeregelt.

5.4 Das Auswert-Prozedere

Um die vielen Messungen effektiv auswerten zu können, müssen die dazu notwendigen Arbeitsschritte automatisiert werden; immerhin fallen pro Messung einige Hundert Einzelspektren an, die alle verarbeitet werden müssen. Dazu wurde eine Reihe von MATLAB-Skripten geschrieben, die Aufgaben wie das Einlesen der Messdaten, das Fitten der einzelnen NMR-Spektren und die Darstellung der Ergebnisse übernehmen.

Die Benutzung des Absorptionssignals zum Nachweis der Peakverschiebung ist aber mit gewissen technischen Schwierigkeiten verbunden: Da die nachzuweisende Frequenzverschiebung teilweise nur 1.5 % der Halbwertsbreite ausmacht, kann die schon durch geringe Schwankungen der Phasenlage verursachte scheinbare Peakverschiebung den gesuchten Effekt überdecken. Um diesem Störeinfluss zu entgehen, wird das Quadrat des Amplitudensignals – das Powerspektrum – benutzt. Seine Peakform kommt der des Absorptionssignals sehr nahe[7)] und kann daher sehr gut mit einem Lorentz- oder Voigt-Profil gefittet werden.

5.4.1 Fitten der NMR-Spektren

Im ersten Schritt der Auswertung wird die ausgewählte `.ift`-Datei geladen und daraus zunächst die einzelnen Spektren samt Zeit- und Frequenzfeld[8)] extrahiert. Jedem Spektrum der Datei wird daraufhin in einem angegebenen Bereich um den zu untersuchenden Peak herum eine Funktion angefittet. Dabei kann zwischen zwei Modellen gewählt werden: ein Voigt-Profil (vgl. Anhang C.3) bei Protonen-Signalen oder zwei Lorentz-Profilen für die quadrupolverbreiterten Deuteronen-Signale. Das nicht quadrupolverbreiterte Deuteronensignal von ^{6}LiD wird ebenfalls mit einem Voigt-Profil gefittet, wie auch die ^{6}Li- und ^{13}C-Signale. In Abb. 5.8 sind beide Fit-Varianten an den entsprechenden Messungen beispielhaft gezeigt. In der Fit-Prozedur werden für das erste Spektrum feste Startwerte verwendet, die Fits der folgenden Spektren benutzten als Startwerte dann die Fitwerte des jeweils vorangegangenen Spektrums. Zusätzlich zum Fit werden für jedes Spektrum das erste Moment[9)] sowie das zweite zentrale Moment[9)] bezüglich

[7)]Bei Lorentz- und Voigt-förmigem Absorptionspeak ist das Powerspektrum wieder ein Lorentz- bzw. Voigt-Profil. Im Falle des reinen Lorentz' ist sogar die Halbwertsbreite mit der des Absorptionssignales identisch (vgl. 3.2.2).

[8)]Feld (engl. *array* für „Anordnung", „Reihe") bezeichnet eine Datenstruktur, z. B. in Form eines Vektors (eindimensional) oder einer Matrix (zweidimensional). Für eine 160-Puls-Messung ergibt sich also ein Zeitfeld von 160 Zeiten; das Frequenzfeld habe die Länge N, dann besteht das Spektrenfeld aus $160 \times N$ Werten, entsprechend 160 Einzelspektren à N Punkten deren Frequenz die Werte des Frequenzfeldes angeben.

[9)]Zur Berechnung der Momente werden nur die Daten im Bereich des Fits berücksichtigt.

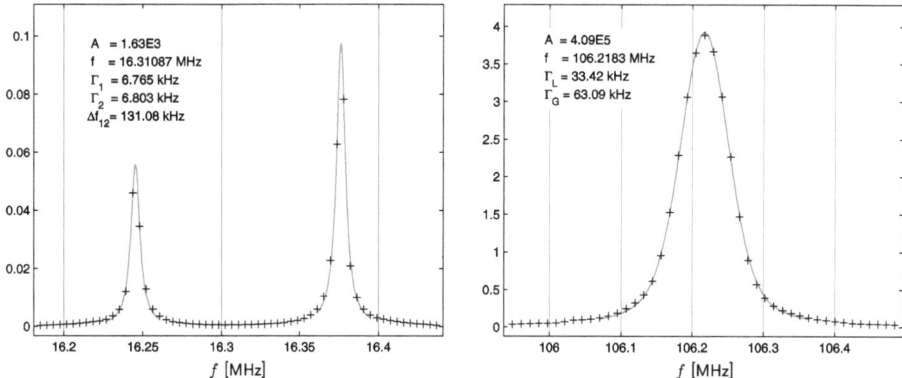

Abb. 5.8 *Dynamische NMR-Signale (Powerspektren) samt Fit.* **Links:** *Deuteronen-Signal von D-Butanol mit zwei Lorentz-Profilen. Durch das Fortlassen des Anfangs des FID-Signals in der Fourier-Transformation bleiben vom quadrupolverbreiterten Deuteronensignal nur zwei Peaks übrig, die sich mit einem Lorentz-Profil gut anfitten lassen.* **Rechts:** *Protonen-Signal von H-Butanol mit einem Voigt-Fit.*
Die vertikalen Linien im 100 kHz-*Abstand illustrieren die unterschiedliche Skalierung der Abszissen in beiden Plots und unterstreichen den Unterschied in der Linienbreite. Skalierung der Ordinaten in willkürlichen Einheiten.*

der Peakposition berechnet und nebst sämtlicher Fit-Parameter in ein Feld geschrieben, welches zusammen mit dem Zeitfeld ausgegeben wird. Schließlich wird ein Plot erstellt, in dem ausgesuchte Parameter gegen die Zeit aufgetragen sind; in Abb. 5.9 ist ein solcher Dreifach-Plot einer D-Butanol-Messung gezeigt.

Die Entwicklung der Peak-Position (mittleres Diagramm) zeigt eine deutliche Reaktion auf das Ein- und Ausschalten der resonanten Mikrowelleneinstrahlung; deutlich ist der exponentielle Relaxation nach dem Plateau zu erkennen. Auf den ersten Blick zeigt also die Entwicklung der Peakposition das erwartete Verhalten. Im Diagramm darunter ist der Verlauf der vom Fit für beide Peaks bestimmten Halbwertsbreite (Lorentz-Fit) aufgetragen, die sich voneinander nur geringfügig unterscheiden. Beide Kurven zeigen ebenfalls eine Reaktion auf die Umschaltung der Mikrowellenfrequenz, ähnlich der der Position; dabei ist ihr Verhalten, vom geringen Rauschen abgesehen, auffallend synchron. Der Verlauf von Peakposition und Breite wird im nächsten Auswertungsschritt näher untersucht.

Entwicklung der Signalfläche

Der oberste Plot in Abb.5.9 zeigt zweimal den Verlauf der Fläche unter dem Signal des Powerspektrums, einmal über die jeweils von Fit bestimmten Peakflächen und einmal über die Summe der Amplituden in jedem Spektrum (im Bereich der Linie) berechnet. Wegen der Benutzung des Powerspektrums ist diese Fläche proportional zum Quadrat der Polarisation. Neben einem insgesamt leicht fallenden Verlauf erkennt man auch hier deutlich eine Reaktion auf die

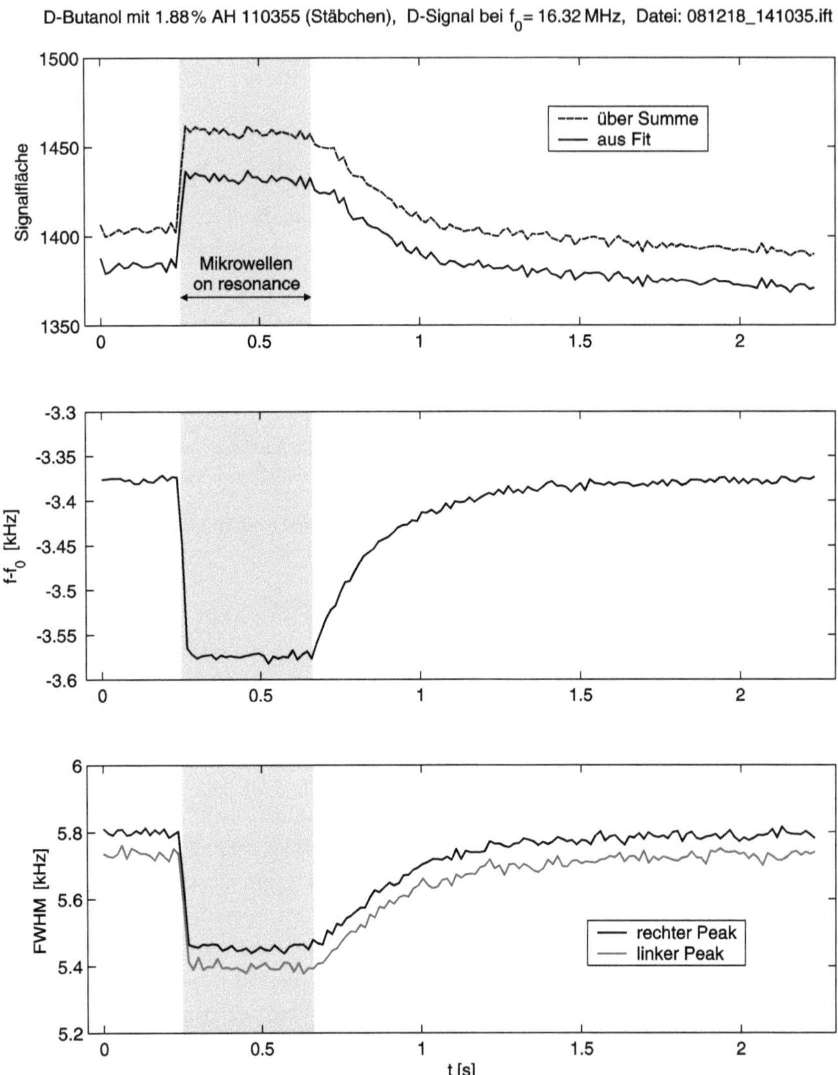

Abb.5.9 *Verlauf der Signalfläche und Lorentz-Fit-Parameter. Im ersten Schritt der Auswertung werden alle Spektren einer Messung gefittet und zusätzlich die Momente der Peaks berechnet; diese Parameter sind hier gegen den Zeitpunkt der Einzel-Messung aufgetragen: Der oberste Plot zeigt die Entwicklung der über die Amplitudensumme bzw. vom Fit bestimmten Signalfläche des Powerspektrums. Darunter ist die gefittete Schwerpunkt-Frequenz der Peakmitten relativ zur Startfrequenz f_0 dargestellt; der untere Plot zeigt den Verlauf der vom Lorentz-Fit bestimmten Halbwertsbreiten beider Peaks. Der Streifen kennzeichnet das Intervall der resonanten Mikrowelleneinstrahlung.*

Mikrowellen-Einstrahlung; für die Dauer der *on resonance* nimmt die Fläche zu, danach fällt sie wieder ab. Diese scheinbare Reaktion auf die Mikrowelleneinstrahlung ist aber ein Artefakt und entsteht durch die Änderung der ebenfalls beobachteten Peakbreite. Dieser Effekt ist in Abschn. 3.2.2 und 3.2.3 für einen reinen Lorentzpeak schon theoretisch beschrieben worden. Aus der Gleichung (3.21) lässt sich die Wirkung der Breitenänderung auf die gemessene Fläche abschätzen: Die zu erwartende relative Änderung der Fläche des Powerspektrums ist

$$\frac{\delta W'}{W'} = -\left(2\pi t_{\mathrm{w}} + \Gamma^{-1}\right) \cdot \delta\Gamma \quad , \tag{5.5}$$

mit der vollen Halbwertsbreite Γ in Hz. Mit den Werten $\Gamma = 5.8\,\mathrm{kHz}$, $\delta\Gamma = -340\,\mathrm{Hz}$ und $t_{\mathrm{w}} = 7\,\mu\mathrm{s}$ erhält man

$$= (15 + 59) \times 10^{-3} = 7.4\,\% \quad . \tag{5.6}$$

Die gemessene Flächenänderung (aus Fit bzw. Summe) zeigt zwar das gleiche Vorzeichen, ist aber nur halb so groß:

$$\left.\frac{\delta W'}{W'}\right|_{\mathrm{Fit}} = \frac{52}{1385} = 3.8\,\% \qquad \text{bzw.} \qquad \left.\frac{\delta W'}{W'}\right|_{\Sigma} = \frac{59}{1430} = 4.1\,\% \tag{5.7}$$

Die Ursache dieser Abweichung ist wahrscheinlich in der Linienform des Spektrums zu suchen, die – anders als für die Rechnung in Abschn. 3.2.3 angenommen – kein reiner Lorentz ist. In Anbetracht dessen kann die Rechnung nach (5.5) nur als grobe Abschätzung verstanden werden; die hier vorgestellte Erklärung der beobachteten Reaktion der Signalfläche auf die Mikrowellenfrequenz-Umschaltung kann aber als gültig angesehen werden.

Die schon erwähnte leicht fallende Tendenz der Signalfläche ist einer geringen, aber messbaren Polarisationszerstörung der vielen NMR-Messungen geschuldet. Die Fläche des Powerspektrums nimmt während der gezeigten Messung um 0.8 % ab, die Polarisation also relativ um 0.4 %. Bei 150 Messungen macht das eine relative Zerstörung von $z = 2.7 \times 10^{-5}$ pro Messung. Daraus lässt sich leicht die durch die Messung verursachte Relaxation berechnen: Unterliegt die Polarisation nur dem zerstörenden Einfluss der Messung und zeigt darüber hinaus keine eigene Relaxation, ferner sei die Rate der NMR-Messungen beispielsweise einmal pro Minute (also $f = (60\,\mathrm{s})^{-1}$) dann ist die Entwicklung der Polarisation

$$P(t) = P_0\,(1\text{-}z)^{ft} = P_0\,\exp(ft\,\ln(1\text{-}z)) \tag{5.8}$$

$$\simeq P_0\,\exp(\text{-}zf\,t) \;=:\; P_0\,\exp(\text{-}t/\tau) \quad . \tag{5.9}$$

Also ist die durch die NMR-Messungen verursachte Relaxationszeit für die gegebenen Zahlenwerte in diesem konkreten Fall

$$\tau = (zf)^{-1} = 2.2 \times 10^{6}\,\mathrm{s} = 624\,\mathrm{h} \quad . \tag{5.10}$$

Dieser Wert liegt bei anderen Messungen mitunter im Bereich von 150 h. Bei Nutzung des gepulsten NMR-Systems zur Polarisationsbestimmung wird wie erwähnt mit weniger Leistung gearbeitet, so dass auch bei mehreren Pulsen pro Messung die Relaxationszeit im Bereich > 500 h liegen wird.

5.4.2 Untersuchung der Peakverschiebung

Im zweiten Schritt der Auswertung wird der zeitliche Verlauf der erstellten Signal-Parameter genauer untersucht. Dabei interessiert besonders die Peakposition, um aus ihrem zeitlichem Verlauf die Relaxationszeit der paramagnetischen Zentren bestimmen zu können. Dazu wird an den Verlauf der Peakfrequenz $f(t)$ mit Hilfe eines weiteren MATLAB-Skripts eine stückweise definierte Funktion angefittet, die entsprechend den drei Stadien der Elektronenpolarisation – thermisches Gleichgewicht, Zerstörung und Relaxation ins TE – aus drei Teilen besteht: Während der Vorlaufzeit eine Konstante f_i, dann für die Dauer der resonanten Mikrowelleneinstrahlung eine Exponentialfunktion, die sich dem Wert f_m annähert und schließlich nach dem Zurückschalten der Mikrowellen auf *off resonance* eine zweite Exponentialfunktion, die bei f_f konvergiert. Die Teilfunktionen sind so konstruiert, dass sie an ihren Nahtstellen stetig aneinander anschließen. Die zu jeder Messung bestimmten und im Laborbuch notierten Umschaltzeitpunkten (also Vorlaufzeit und Resonanzzeit, vgl. Abschn. 3.5.1) werden beim Aufruf des Programms diesem als Parameter übergeben. Zusätzlich wird über eine fünfstellige Zahl der genaue Fit-Modus eingestellt, wobei die Ziffer jeder Stelle ein Detail des Fit-Prozesses definiert – z.B. ob für f_i und f_f zwei freie Parameter benutzt oder diese gleich gesetzt werden; auch lässt sich wählen, ob für den Relaxationsprozess (dritter Abschnitt der Funktion, nach dem Zurückschalten auf *off resonance*) eine Summe aus zwei Exponentialfunktionen für den Fit benutzt wird. Wenn nicht ausdrücklich darauf hingewiesen wird, ist in den im Folgenden behandelten Messungen der Relaxationsprozess stets mit einer einfachen Exponentialfunktion gefittet; darüberhinaus wurde $f_i \neq f_f$ zugelassen.

In Abb. 5.10 ist ein solcher Fit an die Peakposition dargestellt. Wie man sieht beschreibt die Fit-Funktion die Messwerte recht gut, der Residuenplot zeigt eine gleichmäßige Streuung. Genauere Analysen zeigen, dass die Residuen normalverteilt sind und keinen Hinweis auf Autokorrelation zeigen. Für die Zeitkonstante des Zerstörungsprozesses τ_z sowie die der Relaxation ins thermische Gleichgewicht τ_r sind ebenso wie für die totale Peakverschiebung Δf die Zahlenwerte des Fits im Diagramm angegeben.

Im Falle von zwei mit Lorentz-Profilen gefitteten NMR-Linien, wird die Peakposition aus dem Mittelwert beider entsprechenden Fit-Parameter gebildet.

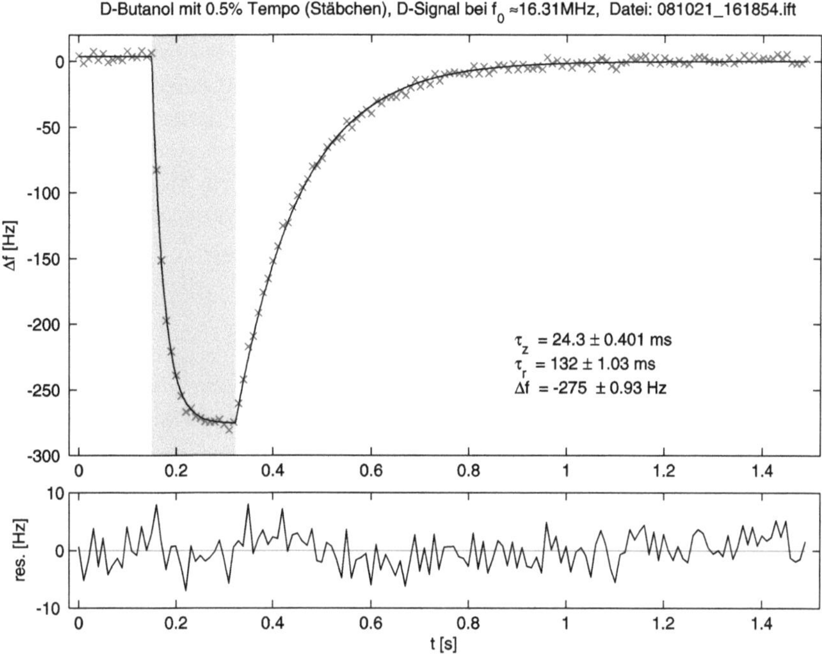

Abb. 5.10 *Verlauf der Peakposition relativ zu f_f (×) inklusive Fit (—). Die entscheidenden Fit-Parameter sind im Plot angezeigt: die Zeitkonstante des Zerstörungsprozesses (τ_z), die der Relaxation ins TE (τ_r) sowie die Frequenzverschiebung ($\Delta f = f_m - f_i$). Die Zeit der resonanten Mikrowelleneinstrahlung ist wieder durch einen Streifen gekennzeichnet. Das untere Diagramm zeigt die Residuen.*

5.4.3 Theoretische Berechnung der Peakverschiebung

In Abschn. 2.5.4 ist für die durch die Magnetisierung der paramagnetischen Zentren im Targetmaterial hervorgerufene Frequenzverschiebung folgender Ausdruck hergeleitet worden:

$$\Delta\omega = \frac{4\pi}{3} \langle\xi\rangle\, n_s \gamma_I \gamma_s\, \hbar S\, P_S \qquad \text{(G)} \qquad [2.109]$$

Nach Umrechnung in das SI-System (vgl. Anhang A) und von ω auf ν unter Beachtung der Vorzeichenkonvention (1.12) erhält man

$$\Delta\nu = -\frac{2}{3}\, 10^{-7} \langle\xi\rangle\, n_s \gamma_I \gamma_s\, \hbar S\, P_S \quad . \qquad \text{(SI)} \qquad (5.11)$$

Dabei ist $\Delta\nu$ die bei der Polarisation P_S beobachtete Frequenzverschiebung, relativ zu $P_S = 0$. Für die im Experiment ermittelte Peakverschiebung $\Delta f = f_\mathrm{m} - f_\mathrm{i}$ lautet die Gleichung also:

$$\Delta f = -\frac{2}{3}\, 10^{-7} \langle\xi\rangle\, n_s \gamma_I \gamma_s\, \hbar S\big(P_0^\mathrm{HF} - P_0\big) \qquad \text{(SI)} \qquad (5.12)$$

Darin ist P_0^{HF} die Gleichgewichtspolarisation während der resonanten Mikrowelleneinstrahlung (entsprechend der beobachteten NMR-Peakfrequenz f_{m}) und P_0 die Polarisation im thermischen Gleichgewicht ohne (resonantes) Mikrowellenfeld (entsprechend f_{i}). Letztere kann aus Temperatur und Magnetfeld über (1.16) berechnet werden. Der Wert von P_0^{HF} ist zunächst nicht bekannt, bei genügend stark sättigender Einstrahlung wird er nahe Null liegen. Auf die Stärke aber gibt die Zeitkonstante des Zerstörungsprozesses τ_{z} einen Hinweis. In den in Abschn. 1.2.3 gemachten Überlegungen findet sich eine Gleichung, die die Gleichgewichtspolarisation unter resonanter HF-Einstrahlung in Anhängigkeit beider Relaxationszeiten beschreibt:

$$P_0^{\mathrm{HF}} = P_0 \cdot \frac{T_1^{\mathrm{HF}}}{T_1} \qquad [1.39]$$

Ersetzt man die Relaxationszeiten mit den entsprechenden, im hiesigen Zusammenhang benutzten Zeitkonstanten, erhält man eine Gleichung zur Berechnung der Gleichgewichtspolarisation in Gegenwart des resonanten Mikrowellenfeldes:

$$P_0^{\mathrm{HF}} = P_0 \cdot \frac{\tau_{\mathrm{z}}}{\tau_{\mathrm{r}}} \qquad (5.13)$$

Damit ist die im Experiment zu erwartende Peakverschiebung

$$\Delta f = \frac{2}{3}\, 10^{-7} \langle \xi \rangle\, n_S \gamma_I \gamma_S\, \hbar S\, P_0 \left(1 - \frac{\tau_{\mathrm{z}}}{\tau_{\mathrm{r}}}\right) \quad . \qquad \text{(SI)} \qquad (5.14)$$

Für die in Abb.5.10 gezeigte Messung mit den darin angegebenen Werten der Zeitkonstanten τ_{z} und τ_{r} sowie $\langle \xi \rangle = -0.987$, $n_S = 2.00 \times 10^{19}\,\mathrm{cm}^{-3}$ und $P_0 = -0.933$ liegt die theoretisch zu erwartende Peakverschiebung betragsmäßig 107 Hz über dem experimentell bestimmten Wert:

Theorie:	$\Delta f = -382\,\mathrm{Hz}$
Experiment:	$\Delta f = -275\,\mathrm{Hz}$

Das sind ca. 28 bzw. −39 % Abweichung, je nachdem auf welchen Wert man sich bezieht. Die Größenordnung sowie das Vorzeichen stimmen zwar, aber für den Betrag ist das keine gute Übereinstimmung. Die möglichen Ursachen dieser Diskrepanz werden am Ende dieses Kapitels diskutiert.

5.4.4 Änderung der Breite

Wie schon im unteren Plot von Abb. 5.9 deutlich zu erkennen war, zeigt auch die Breite des NMR-Signals eine deutliche Reaktion auf die eingestrahlte Mikrowellenfrequenz. Sowohl bei Protonen- wie auch an Deuteronen-Signalen konnte dieser Effekt beobachtet werden, aufgrund der geringeren Linienbreite bei letzteren besonders deutlich. In Abb. 5.11 ist für den linken Peak eines D-Butanol-Signals der Verlauf der Halbwertsbreite mit der gleichen Funktion gefittet wie

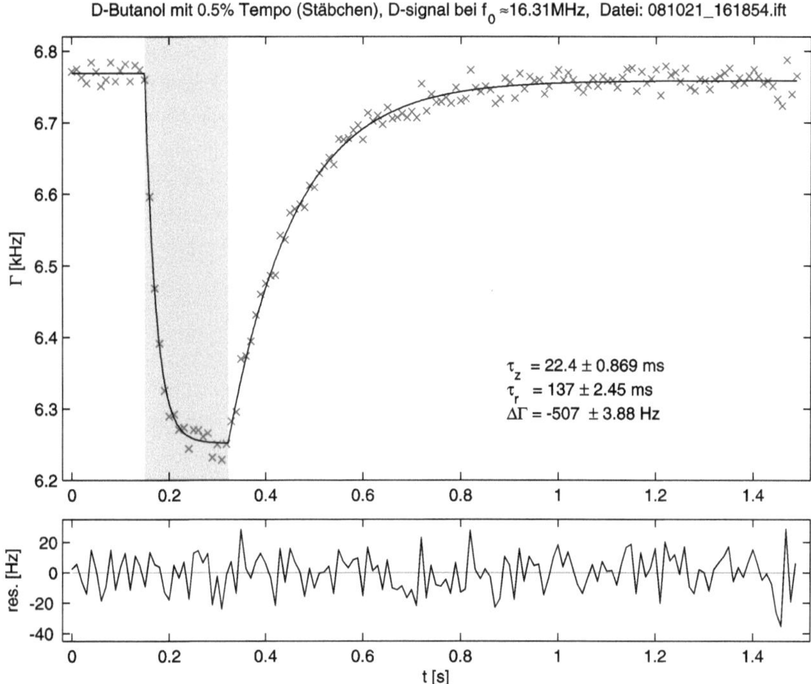

Abb. 5.11 *Verlauf der vollen Halbwertsbreite des Lorentz-Fits für den linken Peak des NMR-Signals (×) inklusive Fit (—). Wieder sind die wichtigsten Fit-Parameter im Plot angezeigt: die Zeitkonstante des Zerstörungsprozesses (τ_z), die der Relaxation ins TE (τ_r) sowie die Änderung der Halbwertsbreite ($\Delta\Gamma$). Die Zeit der resonanten Mikrowelleneinstrahlung ist wieder durch einen Streifen gekennzeichnet. Das untere Diagramm zeigt die Residuen.*

zuvor die Peakposition. Die Messpunkte sind zwar stärker verrauscht als im Falle der Peakposition, aber wieder lässt sich ihr Verlauf durch die verwandte Fitfunktion gut beschreiben. Auch hier sind die Residuen normalverteilt und zeigen keine Autokorrelation. Die Zeitkonstanten stimmen für diese Messung innerhalb der 2σ-Umgebungen mit denen der Frequenzverschiebung überein. Zur Interpretation dieses Verhaltens siehe Ende des Kapitels.

5.4.5 Das verwendete Verfahren zur Ausgleichsrechnung

Im Zuge der Auswertung wird mehrmals eine mathematische Funktion durch Variation ihrer Parameter an eine Reihe von Messdaten angepasst; dieses spezielle Optimierungsverfahren wird Ausgleichsrechnung, Approximation oder oft, in Anlehnung an das englische Wort, Fit genannt.

Das für die numerischen Rechnungen und Darstellungen dieser Arbeit benutzte Programm MATLAB bringt im Rahmen der Curve Fitting Toolbox™ eine Fit-Routine mit, die neben der graphischen Benutzeroberfläche auch eine direkte Kommandozeilen-Schnittstelle bereit stellt und somit in den geschriebenen Skripten verwendet werden kann. Die Fit-Routine basiert auf der Methode der kleinsten Quadrate (*least square fit*) und nutzt hier zum Auffinden des lokalen Minimums das Trust-Region-Verfahren. Dabei werden keine Fehler der Datenpunkte berücksichtigt, auch auf eine Wichtung kann verzichtet werden, da alle Datenpunkte die gleiche Unsicherheit aufweisen. Die von der Fitroutine angegebenen Fehler der Parameter gibt das 68%-Konfidenzintervall an. Ihre Berechnung beruht auf der Annahme, dass die Modellfunktion die Messdaten korrekt beschreibt; eine detaillierte Darstellung ist z. B. in der Online-Dokumentation [Mat] zu finden.

5.5 Ergebnisse

In Tab. 5.3 sind die Ergebnisse aller Messungen aufgeführt, bei denen entweder eine Peakverschiebung oder nur eine Änderung der Peakbreite nachgewiesen werden konnte. Absichtlich wurden auch die ersten, mit normalleitendem Magneten und ungeeigneter Probengeometrie durchgeführten Messungen mit aufgenommen, weil selbst in diesen noch nicht optimierten Messungen eindeutig eine Reaktion der Peakbreite auf die Mikrowellenfrequenz beobachtet wurde. Als Zahlenwerte sind die ungewichteten Mittelwerte der Fitergebnisse der einzelnen Messreihen angegeben. Als Fehler ist entweder die Standardabweichung dieser Einzelwerte, oder falls diese größer ist, die Standardabweichung des Mittelwertes angegeben. Im Folgenden werden die untersuchten Radikal/Material-Kombinationen einzeln erläutert.

5.5.1 Elektronbestrahltes ^{6}LiD

Von dem für das Target des COMPASS-Experiments hergestellten Lithiumdeuterid [Mei 01] besitzt die Bochumer Arbeitsgruppe noch einige Restbestände für Testmessungen. Aufgrund der Symmetrie des ^{6}LiD-Kristalls ist sein Deuteronensignal nicht quadrupolverbreitert, daher relativ schmal und vergleichsweise leicht nachzuweisen. Die allerersten Test zur T_{1e}-Bestimmung wurden daher an diesem Material durchgeführt. Es stellte sich dann sehr schnell heraus, dass sowohl das verwendete Material als auch der benutzte Magnet für das Vorhaben, eine Verschiebung der NMR-Linie nachzuweisen, absolut ungeeignet waren – zum einen aufgrund der ungünstigen Geometrie der LiD-Kristalle und dem damit verschwindenden Entmagnetisierungsfeld, zum anderem

Tabelle 5.3 ***(auf der nächsten Seite)*** *Ergebnisse der Messungen in chronologischer Reihenfolge. Die Zeitkonstanten sind in* ms *angegeben, Peakverschiebung und Breitenänderung jeweils in* Hz. *Bei stark voneinander abweichenden Messwerten sind statt Mittelwert und Standardabweichung das Intervall der Ergebnisse in eckigen Klammern angegeben. Der Theoriewert für Δf wurde über* (5.14) *aus Spindichte und den ermittelten Zeitkonstanten der Peakverschiebung berechnet.*

**Das zur NMR-Messung benutzte Isotop ist durch Fettruck gekennzeichnet. †Für Details zu den eingesetzten chemischen Radikale siehe Tab. 5.1. ‡Spindichte bei 4 K, darunter Stoffmengenverhältnis. a)Messungen im alten Kryostaten und mit ungeeigneter Probengeometrie durchgeführt, daher ist keine Peakverschiebung zu erwarten. b)Änderung möglich, aber keine Anzeichen für eine solche gefunden. c)Effekt in Ansätzen erkennbar, aber Zeitkonstanten nicht zu bestimmen.*

Nr.	Material*	Rad.-Konz.	Radikal†	Form	n_S / r ‡ [10^{19} cm^{-3}] [10^{-3}]	experimentell bestimmte Werte aus Änderung der Peak-Breite τ_z	Peak-Breite τ_r	Peak-Breite $\Delta\Gamma$	Peak-Position τ_z	Peak-Position τ_r	Peak-Position Δf	Vgl. m. Theorie: Theorie Δf	Vgl. m. Theorie: $\frac{\text{Exp.}}{\text{Theo.}}$
1	^{6}**LiD**	–	bestrahlt	Chips	1.0 0.16		1230 ±160	−237 ±16	nicht beobachtet[a)]				
2	^{6}**LiD**	–	bestrahlt	Chips	1.0 0.16		1600 ±120	−351 ±25	nicht beobachtet[a)]				
3	^{13}**C**-Brenz-traubensäure	2.5 %	AH 111 501	Kugeln	1.41 1.51		1250 ±150	−305 ±23	nicht beobachtet[a)]				
4	**H**-Butanol	0.5 %	TEMPO	Scheibe	1.75 2.33	nicht nachweisbar[b)]				[276… 391]	+1850 ±90		
5	**H**-Butanol	0.5 %	TEMPO	Stäbchen	1.76 2.34	nicht nachweisbar[b)]				[110… 253]	−[1100 … 1800]		
6	**H**-Butanol	1.0 %	TEMPO	Stäbchen	3.51 4.69	n. signifikant[c)]		−[1200… 3300]	12.8 ±0.9	72.9 ±1.8	−3270 ±40	−4410	0.74
7	**H**-Butanol	2.0 %	TEMPO	Stäbchen	7.03 9.49	[3…6.7]	[45…72]	−4480 ±200	6.4 ±0.3	39.2 ±6.1	−5850 ±190	−8942	0.65
8	**H**-Butanol	0.5 %	TEMPO	Stäbchen	1.75 2.33	nicht nachweisbar[b)]			23.3 ±1	132.6 ±3.4	−1694 ±18	−2205	0.77
9	**D**-Butanol	0.5 %	TEMPO	Stäbchen	2.00 2.65	22.6 ±1.2	137.5 ±3.0	−494 ±31	24.3 ±0.5	130.9 ±2.9	−281.3 ±5.5	−379.9	0.74
10	**D**-Butanol	0.3 %	TEMPO	Stäbchen	1.27 1.69	nicht signifikant[c)]			27.8 ±1.3	201.4 ±7.8	−184 ±5.7	−256.8	0.72
11	**D**-Butanol	0.9 %	AH 110 355	Stäbchen	0.572 0.768	[9…36]	501.8 ±48.7	−82.5 ±4.9	22.4 ±3.9	391.8 ±17.7	−95.1 ±1.5	−125.9	0.75
12	**D**-Butanol	1.9 %	AH 110 355	Stäbchen	1.147 1.556	[3.5…10]	273.1 ±8.6	−342.1 ±5.8	5.7 ±0.6	200.6 ±6.3	−195.3 ±3.2	−260.6	0.77

wegen der in 5.3 schon angesprochenen zeitlichen Fluktuationen des Magnetfeldes. Zum großen Erstaunen war es aber die Breite, die in mehreren Messreihen der ersten Messung eine deutliche Reaktion auf das Abschalten[10)] der Mikrowellen zeigte. Die Auswertung offenbart eine exponentiell abklingende Verbreiterung mit eine Zeitkonstante im unteren Sekundenbereich; also genau jenes Verhalten, welches charakteristisch für einen Relaxationsprozess ist. Aufgrund der in dieser ersten Messung noch geringen Anzahl an NMR-Einzelmessungen pro Messreihe, der damit verbundenen größeren Periode (20 Messpunkte im Abstand von $\Delta t = 1\,\mathrm{s}$) sowie insbesondere der Unkenntnis des genauen Abschaltzeitpunktes ist für die in der Tabelle angegebene Zeitkonstante ein zusätzlicher systematischer Fehler zu veranschlagen. Simulationen der Auswertprozedur zeigen, dass unter gleichen Randbedingungen die Zeitkonstante vom Fit tendenziell (ca. 200 ms) zu klein angegeben wird.

Die zweite Messung wurde schließlich mit der in Abschn. 3.5.1 vorgestellten Mikrowellenfrequenz-Umschaltelektronik durchgeführt, wieder war ganz deutlich eine Änderung der Signalbreite zu beobachten. Da die NMR-Frequenz der ^{6}Li-Kerne nur ca. 4% bzw. bei 2.5 T weniger als 700 kHz unterhalb der der Deuteronen liegt, ist es mit dem gepulsten NMR-System möglich, auch die ^{6}Li-Linie zu detektieren, obwohl Abstimmung und Anregungsfrequenz auf die Deuteronen-Linie optimiert sind. Auf diese Weise lassen sich mit einer Messreihe gleichzeitig beide Linien aufzeichnen. Die Abbildung 5.12 zeigt den Verlauf der in zwei getrennten Auswertungen der gleichen Messreihe bestimmten Halbwertsbreiten beider NMR-Linien samt Exponential-Fit. Die Zeitkonstanten der Relaxation sowie die Werte der Breitenänderung stimmen jeweils innerhalb der Fehlerintervalle miteinander überein.

Obwohl für beide Messungen (Nr. 1 und 2) dasselbe Material benutzt wurde, zeigen die aus der Relaxation der Peakbreite ermittelten Zeitkonstanten eine (im Rahmen beider Fehler) deutliche Abweichung. Ein Einfluss der verwendeten Messmethode (Mikrowellen abschalten gegenüber auf Frequenz-Umschaltung) kann nicht gänzlich ausgeschlossen werden. Obschon durch die in der zweiten Messung während der Relaxationsperiode anwesende off-resonante Mikrowelleneinstrahlung und die damit verbundene potentiell höhere Probentemperatur eine kürzere Relaxationszeit zu erwarten wäre als in der ersten Messung, ist das Gegenteil der Fall – die Zeitkonstante der zweiten Messung ist größer. Mit hoher Wahrscheinlichkeit ist insbesondere der Wert der ersten Messung durch den dort schon beschriebenen systematischen Fehler zu gering angegeben.

Bei beiden Messung wurde die Deuteronen-Linie mit einem Voigt-Profil angefittet und die nach (C.11) aus den Fitparametern berechnete volle Halbwertsbreite zur Analyse benutzt. Die Verläufe der partiellen Halbwertsbreiten $\mathit{\Gamma}_\mathrm{L}$ und $\mathit{\Gamma}_\mathrm{G}$ sowie die der reduzierten geraden Momente $\sqrt{m_2}$ und $\sqrt[4]{m_4}$ zeigen zwar ebenfalls das charakteristische Verhalten, auch die daraus ermittelten Zeitkonstanten sind ähnlich, jedoch ist der Verlauf der Voigt-Breite mit Abstand der sauberste.

[10)]Bei der ersten Messung wurden die Mikrowellen jedes Mal wenige Sekunden nach Start der NMR-Messreihe von Hand ausgeschaltet, der genaue Zeitpunkt ist daher nicht bekannt und ist im zweiten Fit der Auswertung ein freier Parameter.

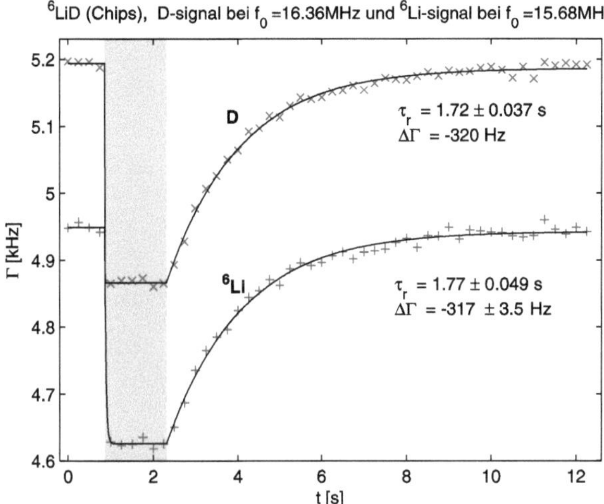

Abb. 5.12 *Synchroner Verlauf der Voigt-Linienbreite von Deuteronen- und ^{6}Li-Signal einer Messung an elektronenbestrahlten Lithiumdeuterid.*

5.5.2 ^{13}C-Brenztraubensäure mit Trityl-Radikal

Aufgrund der Kugelform der Probe ist bei dieser Messung ebenfalls keine Peakverschiebung zu erwarten, aber ähnlich wie bei der Messung mit ^{6}LiD wurde auch hier eine deutliche Änderung der Signalbreite beobachtet.

5.5.3 TEMPO in H-Butanol

Für die erste T_{1e}-Messung im neuen Kryostaten wurde die TEMPO-Butanol-Lösung in Form einer flachen Scheibe eingefroren (14.05.08). Dazu wurde die Lösung auf den Boden eines vorgekühlten Targetcontainers getropft, wo diese sofort einfroren. Beim anschließenden Eintauchen in flüssigen Stickstoff riss das gefrorene Butanol. Die Stärke der Scheibe ließ sich nur schwer abschätzen: 1–2 mm bei einem Durchmesser von 8 mm. An dieser Probe konnte zum ersten Mal eine Verschiebung der NMR-Linie nachgewiesen werden – im Gegensatz zu allen folgenden Messungen, bei denen die schon beschriebene Stäbchenform zum Einsatz kam, in Richtung höherer Frequenzen. Mit den o. g. Abmessungen lässt sich der Geometriefaktor über (2.121) zu $\xi = 0.9 \ldots 1.3$ abschätzen. Das ist betragsmäßig ca. 10 % mehr, als für den Mittelteil der Stäbchenform berechnet ist (5.4b), aber mit anderem Vorzeichen. Und tatsächlich liegt die in der Messung beobachtete Peakverschiebung ca. 10 % über dem Betrag der vergleichbaren Stäbchenmessung (Nr. 8).

Die folgenden vier Messungen (Nr. 5 bis 8 der Tabelle) wurden mit verschiedenen Radikalkonzentrationen in der Stäbchenform durchgeführt. Die Frequenzverschiebungen sind dabei mit 1700 bis 5600 Hz vergleichsweise groß, aufgrund der breiten Protonen-NMR-Linie von $\Gamma \simeq 90$ kHz ist ihr Nachweis allerdings nicht ganz einfach. Im Fall der 0.5%-Probe beträgt die gemessene Verschiebung gerade einmal 1.9% der Linienbreite, die Genauigkeit des Fits bezüglich

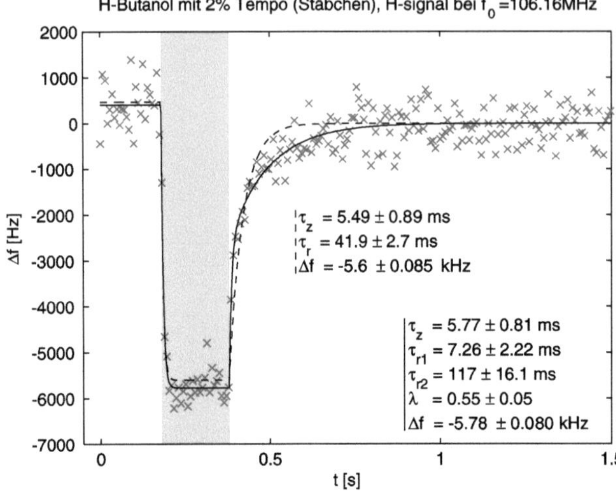

Abb. 5.13 *Peakverschiebung der 2%-Probe (TEMPO in H-Butanol). Alternativ zum Exponential-Fit mit einer Zeitkonstante (– –) ist zusätzlich ein solcher mit zwei Zeitkonstanten für den Relaxationsvorgang eingezeichnet (—).*

der Peakmitte beträgt in guten Messungen ca. $2\sigma \simeq 450$ Hz oder 0.5% der Linienbreite.

Im Fall der 2%-Probe (Nr. 7) wird der Verlauf der Peakverschiebung während der Relaxation nur unzureichend durch eine Exponentialfunktion wiedergegeben. Die gestrichelte Linie in Abbildung 5.13 zeigt einen entsprechenden Fit an die Daten. Dabei steigt die Kurve zunächst (direkt nach dem Ende der resonanten Mikrowelleneinstrahlung) nicht steil genug, um den Messpunkten zu folgen, überholt diese aber bald und erreicht deutlich sichtbar zu früh die Grundlinie. Die durchgezogene Linie zeigt dagegen einen Exponential-Fit mit zwei Zeitkonstanten der Form

$$\lambda \exp(t/\tau_{\mathrm{r1}}) + (1-\lambda) \exp(t/\tau_{\mathrm{r2}}) \quad .$$

Wie man im Plot erkennt, beschreibt diese Funktion nicht nur den Relaxationsvorgang deutlich besser, sondern trifft auch im Bereich des Plateaus während der resonanten Mikrowelleneinstrahlung besser den Mittelwert. Wie die Auswertung verschiedener Messreihen dieser Probe zeigt, schwanken die Werte beider Zeitkonstanten stark, die kürzere Zeitkonstante im Intervall von 10 bis 25 ms, die lange Zeitkonstante im Intervall von 71 bis 520 ms. Anders als man vermuten würde, sind beide Fit-Parameter nicht übermäßig stark (anti)korreliert, die starke Variation ist der großen Streuung der Datenpunkte geschuldet. Zur besseren Vergleichbarkeit mit anderen Messungen ist in Tabelle 5.3 für die Relaxationszeitkonstante der Peak-Position τ_{r} (12. Spalte) der Wert des Fits mit einer Zeitkonstante eingetragen, der Wert der Peakverschiebung Δf daneben stammt hingegen aus dem Zwei-Zeitkonstanten-Fit, weil dieser, wie am obigen Beispiel gesehen, das Plateau besser trifft. Für die trotz der großen Peakverschiebung relativ großen Fehler der Parameter dieser Messung ist auch das – aufgrund der geringen Kernspin-Polarisation sowie deren schnellen Relaxation – schwächere NMR-Signal verantwortlich.

5.5.4 TEMPO in D-Butanol

Bei der Vorstellung des Auswert-Prozederes in Abschn. 5.4 sind mit den Abbildungen 5.10 und 5.11 schon die Peakverschiebung und Breitenänderung der 0.5%-Messung gezeigt worden. Verglichen mit den Protonen-Signalen ($\Gamma \simeq 90\,\text{kHz}$) sind die zwei verbliebenen Spitzen des Deuteronen-Signals aufgrund ihrer geringeren Breite von $\Gamma_\text{L} < 7\,\text{kHz}$ deutlich besser geeignet, um eine Peakverschiebung nachzuweisen (siehe dazu auch Abb. 5.8). Zwar sinkt auch diese im Verhältnis der gyromagnetischen Verhältnisse auf $\gamma_\text{d}/\gamma_\text{p} \simeq 1/6.5$, aber gleichzeitig ist die vom Fit erreichte Genauigkeit in der Bestimmung der Peakposition mit bis zu $2\sigma \simeq 6\,\text{Hz}$ (0.08% der Lorentzbreite) um den Faktor 75 besser als im Falle der Protonen.

An der 0.5%-Probe konnten zum ersten Mal gleichzeitig Peakverschiebung und Verbreiterung mit hoher Signifikanz beobachtet werden. Die jeweils für die Relaxationszeit bestimmten Werte liegen hierbei nur 5% auseinander und an der Grenze ihrer beider Fehlerintervalle. Zwar weisen beide Peaks des Deuteronensignals die gleiche Frequenzverschiebung auf, allerdings zeigt nur der linke (kleinere) eine starke Änderung der Breite ($\Delta\Gamma \simeq -500\,\text{Hz}$), während die des rechten eine deutlich geringere Reaktion aufweist ($\Delta\Gamma \simeq -50\,\text{Hz}$). Der Verlauf des reduzierten zweiten Moments zeigt zwar für beide Peaks einen geringeren Unterschied, aber auch hier zeigt das Moment des rechten Peaks eine geringere Änderung. Die übrigen Messreihen dieser Probe zeigten ein vergleichbares Ergebnis. Bei der 0.3%-Probe war der Effekt der Breitenänderung nur in Ansätzen erkennbar.

Bleibt noch anzumerken, dass anders als die übrigen Werte die Größe der Breitenänderung von Messreihe zu Messreihe auffällig stark variiert.

Messung nach Devitrifikation

Nach Abschluss der $T_{1\text{e}}$-Messungen wurde die 0.5%-Probe mitsamt des Probenhalter aus dem Kryostaten genommen und langsam aufgewärmt. Dazu diente ein ansonsten zum Vorkühlen des Probenhalters benutztes und dazu mit flüssigem Stickstoff gefülltes aufrechtstehendes und vakuumisoliertes Edelstahlrohr, das diesmal nur vorgekühlt und wieder entleert war. Bedingt durch das mittelmäßige Isoliervakuum stieg allmählich die Temperatur, die über einen in der Nähe der Probe angebrachten Pt100-Widerstand (Vierdrahtmessung) verfolgt werden konnte. Zwischen $T = 160\,\text{K}$ und $170\,\text{K}$ zeigte sich eine charakteristische Abweichung im ansonsten linearen Temperaturanstieg, ähnlich der in Abb. 5.14 gezeigten Messung einer H-Butanol Probe, welche ein eindeutiges Zeichen

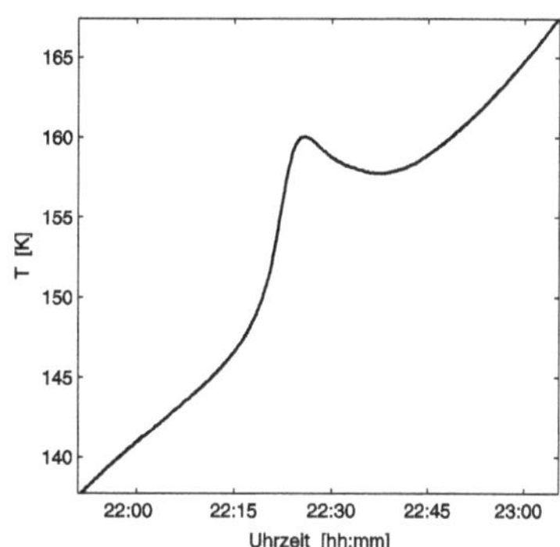

Abb. 5.14 *Devitrifikation von Butanol. Die bei der Kristallisation freiwerdende Wärme erzeugt den charakteristischen Temperaturanstieg.*

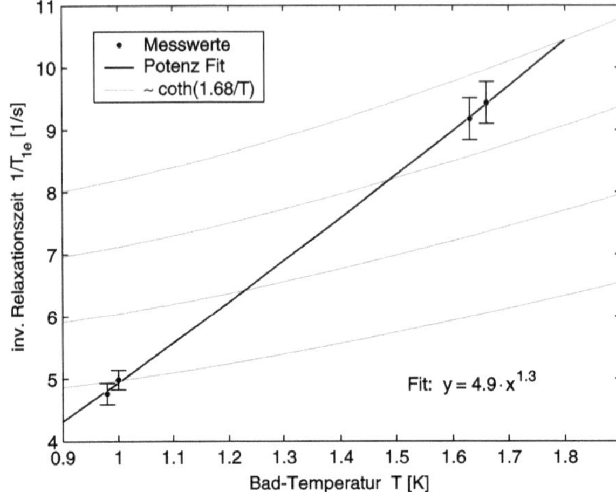

Abb. 5.15 *Temperaturabhängigkeit der Relaxationsrate. Neben den Messpunkten ist eine Kurvenschar gemäß der von der Theorie des direkten Prozesse* (4.3) *vorhergesagten Abhängigkeit* (—) *sowie ein Fit mit einer Potenzfunktion* (—) *geplottet. Messungen an D-Butanol mit 1.9% AH 110 355 (Nr.12).*

für eine stattfindende Devitrifikation[11)] der Probe ist. Nach Abschluss dieses Prozesses wurde die jetzt kristalline Probe zunächst langsam mit flüssigem Stickstoff abgekühlt und schließlich wieder in den Kryostaten eingesetzt. Erneute Messungen zeigen neben einem deutlich schlechteren Polarisationsvermögen ebenfalls ein verändertes Verhalten bei der T_{1e}-Bestimmung. Der Verlauf der Peakposition zeigt bei der Relaxation eine signifikante Abweichung von einer einfachen Exponentialfunktion. Wie bei der 2%-Messung an Protonen sind jetzt auch hier zwei Zeitkonstanten im Fit von Nöten.

5.5.5 D-Butanol mit Trityl-Radikal

Um neben TEMPO ein weiteres Radikal wenigstens ansatzweise zu untersuchen, wurden schließlich noch zwei Messungen mit dem Trityl-Radikal AH 110 355 durchgeführt. Als Targetmaterial kam dafür nur D-Butanol in Frage, einmal weil sich hier die geringe zu erwartende Peakverschiebung gut nachweisen lässt, zum anderen weil die Trityl-Radikale praktisch nur in deuterierten (oder ^{13}C-markierten) Substanzen sinnvoll Anwendung finden. In beiden Messungen zeigen die zwei Peaks des NMR-Signals jeweils eine im Verlauf synchrone und von der Größe identische Verbreiterung (siehe Abb. 5.9).

Temperaturabhängigkeit

Mit der höher konzentrierten Probe wurden neben einem halben Dutzend Messungen bei $T = 1\,K$ weitere bei geringfügig geringerer Temperatur sowie bei höheren Temperaturen aufgenommen. Durch Zudrehen des He-Zulaufs zur Cavity konnte die Temperatur kurzzeitig gesenkt werden (*single shot*), das Schließen des Schiebers im Pumprohr ließ die Badtemperatur langsam stei-

11) „Entglasung", bezeichnet den Phasenübergang eines amorphen Festkörpers (Glas) zu einem Kristall, der beim langsamen Erwärmen deutlich unterhalb des Schmelzpunktes einsetzt.

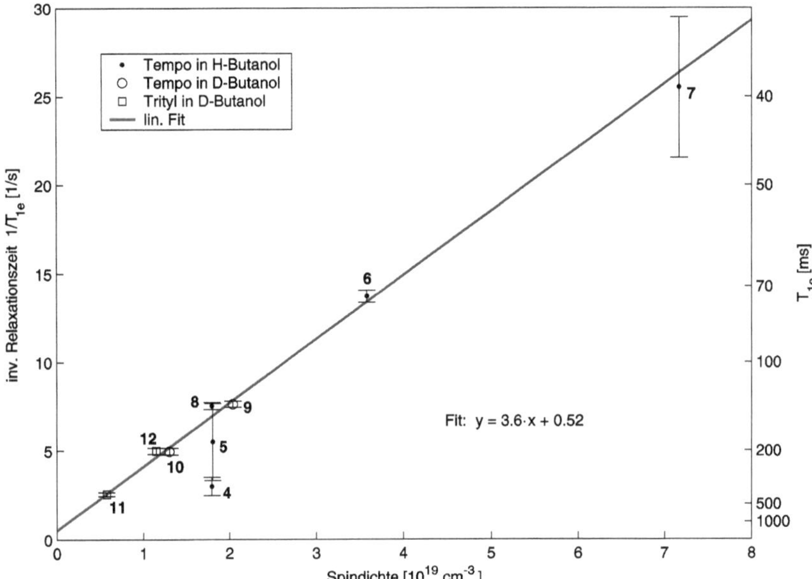

Abb. 5.16 *Aus der Peakverschiebung bestimmte Relaxationsrate in Abhängigkeit der Spindichte für alle Butanol-Messungen ($T = 1\,\mathrm{K}$ und $B = 2.5\,\mathrm{T}$). Die Messpunkte sind zur einfacheren Identifizierung entsprechend ihrer Nummer in Tab. 5.3 gekennzeichnet. Abgesehen von Messung Nr. 4 (mit Scheibe statt Stäbchen) liegen alle Wertepaare auffällig gut entlang einer Geraden; der zusätzlich eingezeichnete lineare Fit soll das verdeutlichen. Die rechte Ordinate zeigt zur besseren Orientierung die entsprechende Relaxationszeit an.*

gen. Die Temperatur wurde aus dem gemessenen Cavity-Druck über die ^{4}He-Dampfdruckkurve berechnet. In Abb. 5.15 sind für vier Messpunkte die inverse Relaxationszeit gegen die Bad-Temperatur während der Messung aufgetragen. In diesem Temperatur- und Feldregime sollte der direkte Prozess der dominante Relaxationsprozess sein (vgl. Kapitel 4). Die theoretische Vorhersage der Temperaturabhängigkeit gemäß (4.3) ist im Plot durch die hellgraue Kurvenschar angedeutet, welche augenscheinlich nicht zu den gemessenen Daten passt. Deutlich besser beschreibt die gefittete Potenzfunktion die gemessene Temperaturabhängigkeit.

5.5.6 Konzentrationsabhängigkeit der Relaxationszeit

In Abb. 5.16 ist der Kehrwert der aus der Peakverschiebung bestimmten elektronischen Relaxationszeiten, die Relaxationsrate, gegen die Spindichte der benutzten Probe aufgetragen. Überraschenderweise liegen, von einer Messung abgesehen, alle Ergebnisse entlang einer Geraden, egal ob in H- oder D-Butanol gemessen, ob mit TEMPO oder einem Trityl-Radikal.

5.6 Diskussion der Ergebnisse

Verlauf der Peakverschiebung

Der zeitliche Verlauf der beobachteten Peakverschiebung folgt der anschaulichen Vorstellung. Der Fit-Ansatz mit Exponentialfunktionen für Zerstörungs- und Relaxationsphase beschreibt die Entwicklung der Peakfrequenz in den meisten Fällen sehr gut. Die Zeitkonstante der zweiten Exponentialfunktion entspricht der Spin-Gitter-Relaxationszeit der Elektronen, die zu messen Ziel der Arbeit war.

Gemessene Relaxationszeiten – Temperaturabhängigkeit

Die auf diese Weise ermittelten Relaxationszeiten liegen wie erwartet im Millisekunden-Bereich. Die Messung der Temperaturabhängigkeit steht allerdings im Widerspruch zur theoretischen Vorhersage des direkten Prozesses, der unter diesen Bedingungen der vorhersehende Effekt sein müsste. Die gefittete Potenzfunktion beschreibt den Verlauf der Daten sehr viel besser als die coth-Funktion des direkten Prozesses (siehe Abb. 5.15); auch Kombinationen aus $\coth(h\nu/2kT)$ (für den direkten Prozess) mit einem T^7 oder T^9-Term (des Raman-Prozesses) können die Messdaten nicht zufriedenstellend beschreiben. Aufgrund der wenigen Messpunkte sind Fitfunktionen mit mehr als zwei freien Parametern wenig sinnvoll.

Interessanterweise finden Castle et al. in [CCW 60] für ihre T_{1e}-Messungen an Cr^{3+}-Ionen in Kaliumhexacyanokobalt(III) ein vergleichbares Temperaturverhalten, obwohl diese Messungen bei leicht höheren Temperaturen von 1.3 bis 4.8 K und deutlich geringerem Feld von $B \simeq 330\,\mathrm{mT}$ durchgeführt wurden. Auch hier folgt die Relaxationsrate in Abhängigkeit der Temperatur einer Potenzfunktion $T_{1e}^{-1} \sim T^n$ mit Werten des Exponenten n zwischen 1.0 und 1.4. Das deckt sich mit dem in dieser Arbeit vom Fit bestimmten Exponenten von $n = 1.3$.

Ein weiteres Beispiel, das es lohnt kurz als Vergleich anzuführen, sind die von Abragam et al. in [ABR 76] veröffentlichten Messungen an F-Zentren in Lithiumfluorid. Bei $T = 0.5$–$2\,\mathrm{K}$ und $B = 5.5\,\mathrm{T}$ ist für den direkten Prozess eine verschwindend geringere Temperaturabhängigkeit der Relaxationsrate zu erwarten, tatsächlich steigen die Messwerte dieser linear mit der Temperatur.

Diese Beispiele zeigen, dass die theoretischen Vorhersagen nicht immer zu den experimentellen passen und auch in anderen Fällen eine stärkere Temperaturabhängigkeit gefunden wurde als vorhergesagt.

Konzentrationsabhängigkeit

Wie schon das Temperaturverhalten, so zeigt auch die Abhängigkeit der Relaxationsrate von der Spindichte ein Verhalten, das nicht den Vorhersagen der Theorie folgt. In dieser ist die Relaxationsrate zunächst unabhängig von der Spinkonzentration. Der in Kapitel 4 angesprochene *phonon bottleneck* bewirkt im Falle unzureichenden thermischen Kontakts der Phononen zum Bad eine abnehmende Relaxationsrate bei steigender Spindichte. In den hier gemachten Messungen wird aber der gegenteilige Effekt beobachtet: Mit zunehmender Spindichte steigt auch die Relaxationsrate (siehe Abb. 5.16), und das offenkundig linear.

Die Erklärung für diesen Effekt ist wahrscheinlich in den bislang nicht berücksichtigten Spin-Spin-Wechselwirkungen zu suchen, die bei höheren Konzentrationen durch den geringer werdenden Abstand der Spins zueinander mehr und mehr an Bedeutung gewinnen. So führen HARRIS und YNGVESSON in [HY 68] zusätzlich zum direkten und Raman-Prozess einen konzentrationsabhängigen Relaxationsmechanismus ein, um die von ihnen gemessene quadratische Abhängigkeit der Relaxationsrate von $(InCl_6)^{2-}$-Komplexen zu beschreiben. Dieser zusätzliche Prozess beruht auf Kreuzrelaxation zwischen isolierten Spins und austauschgekoppelten Clustern von mindestens drei Spins, die deutlich schneller relaxieren können. AL'TSHULER et al. berichten in [AKS 75] über eine lineare Konzentrationsabhängigkeit der Relaxationsrate für Cu^{2+}-Ionen im direkten Prozess, ebenfalls hervorgerufen durch Kreuzrelaxation der freien Ionen zu austauschgekoppelten Paaren.

Möglicherweise ist ein ähnlicher Effekt auch für die hier gemessene Konzentrationsabhängigkeit verantwortlich; im übernächsten Punkt zum Relaxationsverhalten wird ebenfalls eine Hypothese entwickelt, die das Vorhandensein von Radikal-Paaren oder Clustern bedarf.

Radikal- und Isotopeneinfluss

Im Diagramm 5.16 erkennt man ferner, dass die Werte der Trityl-Messungen auf der selben Gerade liegen wie die der mit TEMPO dotierten Proben. Das ist höchst bemerkenswert, wenn nicht gar erstaunlich, hätte man doch für solch verschiedene Radikale auch Unterschiede im Relaxationsverhalten erwartet. Möglicherweise ist die Relaxationszeit sogar unabhängig vom Typ des Radikals. Dass verschiedene Wasserstoffisotope des Lösungsmittles offenbar keinen Einfluss auf die Relaxationszeit haben, verwundert dagegen nicht; die Messungen in H- und D-Butanol liegen ebenfalls auf einer Geraden.

Abweichung vom exponentiellen Relaxationsverhalten

Bei hoher Radikalkonzentration bzw. Spindichte (2 %-Messung) zeigt das Relaxationsverhalten eine deutliche Abweichung von einer einfachen Exponentialfunktion. Stattdessen ist eine Summe aus zwei Exponentialfunktionen mit deutlich unterschiedlichen Zeitkonstanten nötig. Das ist ein möglicher Hinweis darauf, dass hier zwei unterschiedlich schnelle Prozesse am Relaxationsvorgang beteiligt sind, die nicht konkurieren, d.h. der schnelle Prozess kann nicht die Arbeit des langsamen mit übernehmen. Die Tatsache dass, dieses Phänomen auch nach der Devitrifikation einer deutlich geringer dotierten Probe zu beobachten ist, legt folgende Vermutung nahe: Bei hohen Radikalmengen verteilt sich das Radikal nicht homogen im Lösungsmittel, sondern bildet vermehrt Cluster von zwei oder mehr Radikalmolekülen in direkter Nähe. In diesen läuft die Relaxation durch Austauschwechselwirkung o.ä. schneller ab, als bei den freien Radikalmolekülen. Für den Prozess der Devitrifikation ist denkbar dass dieser die Zahl der Cluster erhöht bzw.

die schon vorhandenen Cluster weiter vergrößert[12)], was auch das stark verminderte Polarisationsvermögen nach der Devitrifikation erklären könnte.

Erfahrungen aus der Bestrahlung von ^{6}LiD mit Elektronen geben Hinweise darauf, dass solche Cluster geringer Größe sogar für den DNP-Prozess nötig sein können: Findet die Bestrahlung bei zu tiefen Temperaturen statt (77 K), bilden sich nur isolierte Zentren, die zwar in der ESR sichtbar sind, aber nicht zur DNP taugen – die Probe polarisiert nicht. Erst bei höheren Temperaturen (Bestrahlen oder Tempern der niedrigtemperatur-bestrahlten Probe) fangen die Zentren an zu wandern und bilden z. T. solche Cluster, die in der Halbfeld-ESR ansatzweise sichtbar sind.[13)]

Bei einem genaueren Blick auf die Relaxationskurve der 0.5 %-Probe (Abb. 5.10 auf S. 107) lässt sich spekulieren, ob nicht auch hier zwei Zeitkonstanten nötig sind: Der Verlauf der Residuen zeigt nach dem Ausschalten der resonanten Mikrowellen einen kleinen positiven Überschwinger (ca. 0.1 s lang), gefolgt von einem negativen Unterschwinger. Der Effekt ist nicht besonders signifikant, tritt aber in mehreren Messungen in genau dieser Form auf. Damit gibt es zumindest einen Hinweis, dass auch für die Proben geringer Radikalkonzentration zwei Zeitkonstanten nötig sind, die Abweichung von einer einzelnen Exponentialfunktion aber nicht ausreichend aufgelöst werden kann. Das würde aber bedeuten, dass es in allen Proben zwei parallel verlaufende Relaxationen gibt, die der isolierten Spins und die solcher in der Nachbarschaft weiterer Spins. Diese Vorstellung ist dann auch konsistent mit der bei der Konzentrationsabhängigkeit gefundenen Erklärung, dass nämlich mit steigender Radikalkonzentration eine zunehmende Clusterbildung in Verbindung mit einer Kreuzrelaxation zwischen beiden Systemen die Relaxation beschleunigt.

Diese Erklärung bleibt allerdings nur eine Hypothese, bis sie durch weitere oder andere Experimente erhärtet oder widerlegt werden kann.

Größe der Peakverschiebung

Größenordnung und Vorzeichen der in den Messungen beobachteten Peakverschiebung stimmen mit der theoretischen Vorhersage nach (5.14) überein. Allerdings liegen die gemessenen Werte zwischen 23 und 28 % unter den theoretischen Werten (die 2%-TEMPO-Messung nicht berücksichtigt). Diese Abweichung ist nicht mit der Spindichte korreliert und tritt sowohl bei Protonen- als auch bei Deuteronen-Messungen, sowie bei beiden Radikalen auf.

---

12) Die Kristallisation verläuft nicht homogen, sondern entlang gewisser Fronten, die sich durch den Festkörper bewegen. Diese Fronten sind u. U. in der Lage, die Radikalmoleküle vor sich her zu schieben und auf diese Weise zu Clustern zusammenzuschieben.

13) S. Goertz, persönliche Mitteilung, 2009

Mögliche Ursachen der Abweichung könnten sein:

1. Das Radikal-Pulver enthält weniger ungebundene Elektronen als angenommen.
2. Die Elektronenpolarisation im TE ist geringer als berechnet.
3. Die Nichtberücksichtigung des Faktors zur Kristallsymetrie, $h_3 = 0$ in (2.107).
4. Das beim Einfrieren der Proben beobachtete Reißen in viele Kristallsplitter verringert das effektive Entmagnetisierungsfeld.
5. Nur ein Teil der paramagnetischen Zentren wird von der Messung erfasst.

Ad 1.: Tatsächlich sind die verwendeten Radikale nicht absolut stabil und es ist nicht auszuschließen, dass trotz der sachgerechten Lagerung das Radikal in geringen Teilen dimerisiert[14) ist oder anderweitig seine paramagnetischen Zentren verloren hat. Da TEMPO auch ein wirksames Oxidationsmittel ist, reagiert es u. A. mit einigen Kunststoffen. Mit der Stäbchenform ist allerdings keine Reaktion zu erwarten, zum einen ist die Kontaktzeit der Radikallösung mit wenigen Minuten zu kurz, zum anderen sind Fluorkunststoffe wie das verwendete PCTFE äußerst resistent. Noch stabiler als das TEMPO sind Trityl-Radikale, da aufgrund der sterischen Hinderung[15) praktisch keine Dimerisierung möglich ist. Da außerdem das benutzte Trityl-Radikal viel jüngeren Ursprungs ist, sollte der Effekt bei dessen Proben geringer ausfallen als bei den mit TEMPO dotierten – tatsächlich ist kein signifikanter Unterschied zwischen beiden Radikalen zu sehen. Diese Ursache scheidet also als alleinige Erklärung aus.

Ad 2.: Mit den Kohlewiderständen ist während der Mikrowelleneinstrahlung keine Temperaturmessung möglich, weshalb die in der Berechnung der Elektronenpolarisation eingesetzte Temperatur nur ein Schätzwert ist. Das ist aber kein Problem, da die Polarisation bei diesen Temperaturen kaum noch von dieser abhängt. So verursacht eine Temperaturdifferenz von 0.1 K nur einen Fehler in der Polarisation von 2 %. Da auch keine Hinweise auf einen *phonon bottleneck* gefunden wurden, ist davon auszugehen, dass die Temperatur des Kristallgitters nur unwesentlich von der des Bades abweicht. Damit kann dieser Effekt als Ursache ebenfalls ausgeschlossen werden.

Ad 3.: Die Probe wird sehr schnell eingefroren, um die Kristallisation zu verhindern und stattdessen ein Glas zu bilden. Der optische Eindruck der gefrorenen Probe sowie das beobachtete „normale“ Polarisationsverhalten geben Anlass zu der Annahme, dass die Proben tatsächlich glasartig eingefroren sind. Für eine amorphe Struktur sollte kein Kristallfeld existieren, auszuschließen ist dies aber auch nicht. Da der Einfluss des Kristallfeldes unabhängig vom Entmagnetisierungsfeld ist, könnte durch Messungen an anderen Geometrien (mit rechenbaren Entmagnetisierungsfaktoren) ein eventuell vorhandenes Kristallfeld aufgespürt werden.

[14)Dimerisierung: Reaktion zweier Radikale zu einem Dimer, wobei die zwei ungepaarten Elektronen eine kovalente Bindung ausbilden.

[15)das ungepaarte Elektron in der Mitte wird von den umgebenden Seitenketten vor Angriffen effektiv geschützt.

Ad 4.: Durch die beim schnellen Einfrieren auftretenden Spannungen in der festen Probe reißt diese bei geringer Erschütterung in mehrere Bruchstücke (vgl. Abb. 5.5). Die entstandenen Splitter werden zwar von der Form zusammengehalten, allerdings ist nicht auszuschließen, dass das Entmagnetisierungsfeld durch das Reißen der Probe beeinflusst wird. Diese Erklärung scheint eine der wahrscheinlichsten zu sein.

Ad 5.: Die ESR-Linie hat eine gewisse Breite, die resonante Mikrowelleneinstrahlung erfolgt aber auf einer festen Frequenz, so dass die Außenflanken der Linie unter Umständen nicht angeregt werden können. Um das zu testen, wurden Versuche mit modulierter Einstrahlung vorgenommen, mit dem Ergebnis geringerer Peakverschiebung aber nicht verbesserter Übereinstimmung mit dem Theoriewert. Ein anderer Ansatz basiert auf der Hypothese, dass sich durch Ausbildung einer stehenden Welle in der Cavity, die Mikrowellenlesitung nicht homogen über die Probe verteilt. In diesem Fall würde ein Teil der Spins nicht gesättigt und die Verschiebung geringer als berechnet.

Weitere Untersuchungen müssen zeigen, welcher der hier genannten Punkte die wahre Ursache der beobachteten Abweichung ist.

Änderung der Breite

In vielen Messungen konnte als Reaktion auf die Mikrowelleneinstrahlung eine Veränderung der NMR-Linienbreite beobachtet werden. Diese zeigt dabei ein mit der Peakverscheibung vergleichbares Verhalten, das mit der gleichen Funktion gefittet werden kann. Diese Breitenänderung ist dabei, im Gegensatz zur Peakverschiebung, offenbar nicht abhängig von der Form der Probe: So wurde der Effekt auch zunächst an ^{6}LiD-Kristallen und Brenztarubensäurekugeln nachgewiesen, später aber auch bei Messungen an der Stäbchenform. In den Fällen, wo sowohl eine Änderung der Breite, als auch eine Verschiebung des NMR-Signals gemessen werden konnte, stimmen die Werte zwar von der Größenordnung überein, aber die Relaxations-Zeitkonstanten der Breitenänderung liegen mit 5 bis 35 % teilweise deutlich über den aus der Peakverschiebung bestimmten Zeiten. Es stellt sich daher die Frage, ob sich aus dem zeitliche Verlauf der Breitenänderung, ebenfalls die Relaxationszeit bestimmen lässt. Um das zu beantworten, muss zunächst die Ursache dieses Effekts untersucht werden.

In der theoretischen Rechnung zu den Momenten des Absorptionssignals wurde in Abschn. 2.4 eine Gleichung für das reduzierte zweite Moment unter der Wirkung der paramagnetischen Elektronen, abgeleitet:

$$^{IS}m_2 = \frac{1}{4\,N_I}\left[(1-P^2)\sum_{j,\mu} B_{j\mu}^2 + P^2\sum_j \Big(b_j - \langle b\rangle\Big)^2\right] \qquad [2.95]$$

Darin bedeuten N_I die Anzahl der Kernspins, über die entlang j summiert wird, und P die Polarisation der Elektronen. Ferner sei nochmals an die anschauliche Bedeutung der Bs erinnert: $B_{j\mu}$ beschreibt die Wirkung des μ-ten Elektronenspins auf den j-ten Kernspin. Weiter stellt b_j die Gesamtwirkung aller Elektronenspins auf den j-ten Kernspin dar und $\langle b\rangle$ schließlich die

Mittelung dieses Wertes über den gesamten Kristall. Zur genauen Definition der drei Größen siehe (2.65), (2.89) und (2.90).

Die Breite ist also abhängig von der Elektronenpolarisation; um zu sehen in welcher Art, muss bestimmt werden, welcher der beiden Terme in der eckigen Klammer der dominierende ist, d. h. welche der zwei Summen den größeren Wert annimmt. Das ist für den Fall einer kugelförmigen (oder allgemeiner ellipsoiden) Probe besonders einfach zu sehen. Für diese Körper ist nämlich das Entmagnetisierungsfeld homogen, somit gilt $b_j = \langle b \rangle$ und der zweite Summand in der Klammer von (2.95) verschwindet. Damit ist die Abhängigkeit klar: Mit steigendem Betrag der Elektronenpolarisation fällt die Breite der NMR-Linie.[16)] Für die Messung hieße das: Bei Zerstörung der Elektronenpolarisation nach Umschalten auf *on resonance* steigt die Linienbreite, danach fällt sie wieder. Tatsächlich wird genau das umgekehrte Verhalten beobachtet: während der resonanten Mikrowelleneinstrahlung verschmälert sich die Linie (vgl. Abb. 5.11 auf S. 109). Dieser Effekt konnte in 2/3 der Messungen[17)] beobachtet werden, immer mit dem gleichen Vorzeichen, im Fall des ^{6}LiD sogar an den NMR-Linien beider Nuklide synchron. Der theoretischen Vorhersage zufolge wäre der Zusammenhang zwischen beobachteter Breite und Polarisation auch nicht linear, sondern wegen $m_2 \sim (1 - P^2)$ und $\Gamma \sim \sqrt{m_2}$ eine Abbildung am Einheitskreis: $\Gamma \sim \sqrt{1 - P^2}$. Der Verlauf der Breite wäre entsprechend nicht mehr exponentiell – die Auswertung zeigt aber in allen Fällen eine gute Übereinstimmung der entsprechenden Abschnitte mit einer Exponentialfunktion. Die Tatsache, dass sowohl die entsprechenden Fitparameter als auch die geraden reduzierten Momente das gleiche Verhalten zeigen, schließt die Option eines Artefakts mit hoher Wahrscheinlichkeit aus. Diese experimentellen Indizien sprechen also für einen linearen Zusammenhang zwischen Polarisation und Linienbreite. Warum hier Theorie und Experiment derart widersprüchlich sind, bleibt unklar.

Aufgrund der noch unbefriedigenden Erklärung dieser Breitenänderung durch die Theorie sowie den nicht zu übersehenden Diskrepanzen der aus diesem Effekt bestimmten Zeitkonstanten gegenüber denen der Peakverschiebung ist Vorsicht geboten, die über die Breitenänderung gewonnenen Zeitkonstanten vorbehaltlos als Relaxationszeiten zu interpretieren. Dennoch ist die Vermutung logisch und naheliegend, und so geben die Messungen an ^{6}LiD schließlich einen möglichen Hinweis auf eine ungewöhnlich lange Relaxationszeit im unteren Sekundenbereich. Das könnte eine mögliche Erklärung für das oft beobachtete „zähe" Polarisationsverhalten von Lithiumdeuterid sein.

---

16) Die Größe $^{IS}m_2$ beschreibt nicht die komplette Linienbreite, sondern nur den Teil, der durch die Dipol-Dipol-Wechselwirkung der paramagnetischen Elektronen mit den Kernen verursacht wird. Für $P \to 1$ wird die NMR-Linie also nicht unendlich schmal.

17) In den übrigen Messungen reichte die Genauigkeit der vom Fit bestimmten Breite nicht aus um den Effekt nachzuweisen. Es ist aber davon auszugehen dass hier ebenfalls der Effekt auftritt.

Kapitel 6

Zusammenfassung und Ausblick

Das intensive Studium der für die DNP nötigen paramagnetischen Zentren hat für die Targetmaterialforschung in den letzten Jahren entscheidende Impulse gebracht. So offenbarten insbesondere die ESR-Messungen zur Bestimmung der Linienbreite wertvolle Erkenntnisse zur Optimierung der Targetmaterialien hinsichtlich hoher dynamischer Polarisationen. Neben der Linienbreite und Stabilität der paramagnetischen Zentren ist auch ihre Relaxationszeit ein entscheidender Faktor für die Effektivität des DNP-Prozesses, den es genauer zu untersuchen lohnt. Statt der Verwendung eines gepulsten ESR-Spektrometers, das unter DNP-Bedingungen ($\nu = 70\,\text{GHz}$, $T = 1\,\text{K}$) funktionieren müsste, wurde eine auf NMR-Messungen basierende Alternative entwickelt, die problemlos unter DNP-Bedingungen mit makroskopischen Proben arbeitet und zum großen Teil mit dem bestehenden Labor-Ausstattung realisiert werden konnte.

Mit dem gebauten gepulsten NMR-System steht ein flexibles Instrument zur Kernresonanzspektroskopie zur Verfügung, das in Punkto Flexibilität und Schnelligkeit die bislang standardmäßig eingesetzte cw-Methode deutlich übertrifft. Der große Dynamikbereich ermöglicht jetzt auch Messungen bei höheren Temperaturen, und Dank des – im Vergleich zur cw-NMR – erheblich Zeit sparenderen Messprinzips sind damit schnelle Messfolgen möglich, die es erlauben, Effekte im Millisekundenbereich durch ihre Wirkung auf die NMR-Linie zu verfolgen. In der konkreten Anwendung verursacht so die Relaxation der durch eine vorübergehende resonante Mikrowelleneinstrahlung zerstörten Elektronenpolarisation, durch ihr lokales Feld eine geringe Verschiebung der NMR-Linie, die vom gepulsten NMR-System verfolgt werden kann. Auf diese Weise lässt sich der Relaxationsprozess der Elektronen unter DNP-Bedingungen untersuchen und insbesondere seine Geschwindigkeit, namentlich die Relaxationszeit bestimmen.

Um dieses Messprinzip wie beschrieben nutzen zu können, waren zusätzliche Entwicklungsarbeit und einige theoretische Überlegungen nötig, die im Rahmen der vorliegenden Arbeit durchgeführt wurden: So ist das bestehende gepulste NMR-System durch zahlreiche Hardware-Eingriffe hinsichtlich höherer Sensitivität weiterentwickelt und die Möglichkeit, jede Aufnahme einer Messreihe einzeln zu fourier-transformieren, in die Software implementiert worden. Für die Synchronisation der Mikrowellenfrequenz-Umschaltung mit der NMR-Messung wurde eine kleine Schaltung konzipiert (Kapitel 3). Da der normalleitende Magnet des Standardpolarisationskryostaten zu starke Feldfluktuationen zeigte, wurde ein neues Krostatgehäuse mit supraleitendem Magneten entworfen und gebaut, das den bewährten ^{4}He-Verdampferkryostat aufnehmen kann und neben einer tieferen Minimaltemperatur von ca. 900 mK ein stabiles Magnetfeld bis 7.5 T zur Verfügung stellen kann (Anhang D). Die für das Verständnis der Peakverschiebung nötigen theoretischen Rechnungen sowie die Berechnung der Entmagnetisierungsfaktoren sind ausführlich in Kapitel 2 dargestellt. Schließlich wurden mit dem System eine Reihe von Messungen an verschiedenen Material- und Radikal-Kombinationen durchgeführt (Kapitel 5) und mit der von der Theorie der paramagnetischen Relaxation gemachten Vorhersagen (Kapitel 4) verglichen.

Wie die Auswertung der Messungen zeigt, liegen die aus der Peakverschiebung ermittelten Relaxationszeiten wie erwartet im Millisekundenbereich. Allerdings offenbaren die Messungen mit verschiedenen Radikalkonzentrationen eine eindeutige, scheinbar lineare Abhängigkeit der Relaxationsrate von der Konzentration. Da keiner der wichtigsten Spin-Phonon-Relaxationsmechanismen eine solche Konzentrationsabhängigkeit besitzt, sind mit großer Wahrscheinlichkeit Spin-Spin-Wechselwirkungen für die erhöhte Relaxationsrate verantwortlich zu machen. Durch Messungen bei verschiedenen Temperaturen wurde eine stärkere Temperaturabhängigkeit der Relaxationsrate festgestellt, als vom direkten Prozess zu erwarten wäre. Ein vergleichbares Verhalten ist für andere Materialien schon in der Literatur beschrieben. Bezüglich des Isotopeneinflusses des Targetmaterials konnte zwischen gewöhnlichem (H-) und deuteriertem Butanol kein Unterschied bezüglich des Relaxationsverhaltens der Radikale festgestellt werden. Überraschenderweise zeigen die Relaxationsraten von mit TEMPO und dem Trityl-Radikal AH 110 355 dotierten Proben sogar die gleiche Konzentrationsabhängigkeit; möglicherweise ist die gemessene Relaxationszeit überhaupt nicht vom Typ der chemischen Radikals abhängig.

Die darüber hinaus in einer Vielzahl der Messungen beobachtete Änderung der NMR-Linienbreite scheint ebenfalls in direktem Zusammenhang mit der Elektronenpolarisation zu stehen. So offenbart die gemessene Breite einen zur Peakverschiebung analogen Verlauf, und die mittels Exponentialfit ermittelten Zeitkonstanten zeigen eine gewisse Übereinstimmung mit denen aus der Peakverschiebung bestimmten. Die Ursache dieser Peakverbreiterung ist indes noch nicht verstanden, experimentelle Beobachtungen stehen vielmehr im Gegensatz zur theoretischen Vorhersage. Die Aussicht, mittels dieser Methode ebenfalls die Relaxationszeiten bestimmen zu können, ist sehr verlockend, entfiele doch die Erforderlichkeit einer bestimmten Geometrie der Probe und – noch viel wichtiger – wären damit auch Messungen an Proben möglich, die nicht ohne weiteres in eine beliebige Form zu bringen sind. So geben erste Messungen an ^{6}LiD einen Hinweis auf eine ungewöhnliche lange Relaxationszeit der durch Elektronenbestrahlung erzeugten F-Zentren und somit eine mögliche Erklärung für die in diesem Zusammenhang beobachteten langen Aufbauzeiten bei der DNP. Wegen der fehlenden Erklärung stehen die über die Breitenänderung bestimmten Zeitkonstanten allerdings noch unter Vorbehalt.

Aufgrund dieser Erkenntnisse und Hinweise bleibt die hier vorgestellte Messmethode auch für zukünftige und weiterführende Untersuchungen interessant. So ließe sich durch Messungen im

Dilution-Kryostaten die Temperaturabhängigkeit über einen größeren Bereich genauer untersuchen. Messungen bei 140 GHz (5 T) könnten helfen, die Gültigkeit der von der Theorie des direkten Prozesses vorhergesagten ν^5-Abhängigkeit der Relaxationsrate zu prüfen. Denkbar ist auch, durch Messungen an unterschiedlich präparierten Proben (mit Helium gestrippt oder mit Sauerstoff begast) den Einfluss des paramagnetischen Sauerstoffs im Targetmaterial auf die Relaxationszeiten der Radikale zu untersuchen. Auch die Wirkung von Gadolinium zur Verkürzung der Relaxationszeiten ließe sich systematisch untersuchen. Um auch Messungen an bestrahltem Ammoniak oder Lithiumdeuterid zu trauen, bleibt noch eine Erklärung für die beobachtete Breitenänderung zu finden.

Unabhängig von den zu untersuchenden Proben sind folgende (verfahrens-)technische Modifikationen überlegenswert: 1) Mittels eines elektronisch betriebenen Abschwächers oder Umschalters für den Hohlleiter ließe sich die Mikrowelleneinstrahlung tatsächlich ein- und ausschalten statt wie jetzt auf eine *off resonance* Frequenz umzuschalten. Damit wäre der Relaxationsprozess ohne jegliche Mikrowelleneinstrahlung beobachtbar – auch eine Kombination beider Verfahren ist denkbar. 2) Ein kombinierter Fit von Absorptions- und Dispersionssignal mit einer komplexen Funktion würde ebenso wie der Fit des Powerspektrums unempfindlich gegen Phasenfluktuationen sein, unter Umständen aber genauere Parameter liefern.

Anhang A

Zusammenhang zwischen Gleichungen im SI- und Gauß'schen cgs-System

A.1 Warum zwei Einheitensysteme?

Sobald man sich etwas eingehender mit der Theorie der Elektrodynamik beschäftigt, begegnet man dem Problem der verschiedenen Einheiten. War man bislang gewohnt, alles in SI-Einheiten zu rechnen, benutzen viele Lehrbücher aus diesem Gebiet das Gauß'sche Einheitensystem. Das Problem ist allerdings etwas schwieriger und beschränkt sich nicht nur darauf, Einheiten ineinander umzurechnen, wie z. B. g/cm^3 in kg/m^3 oder Joule in erg. Die verschiedenen Einheitensysteme bauen auf teilweise verschiedenen Grundeinheiten auf (verschiedene Größen!), und entsprechend sind die daraus abgeleiteten Einheiten wiederum unterschiedlich definiert, oft sind auch ihre Dimensionen verschieden. Im nächsten Absatz wird das anhand des Coulomb-Gesetzes erläutert.

Formal bauen alle Einheitensysteme auf der Definition des elektrischen Feldes auf [Jac 06]; anschaulicher ist jedoch der Weg über das Coulomb-Gesetz, welches nur die Ladung als elektrische Größe enthält. Die Kraft zwischen zwei Punktladungen Q und q im Abstand r ist proportional zum Produkt der beiden Ladungen und umgekehrt proportional zum Quadrat des Abstandes:

$$F = k_1 \frac{Qq}{r^2} \tag{A.1}$$

Die Wahl des Proportionalitätsfaktors k_1, in Betrag und Dimension, kann entweder durch diese Gleichung bestimmt werden, wenn zuvor die Ladung unabhängig hiervon definiert ist, oder willkürlich festgelegt werden, um mit dieser Gleichung die Ladungsmenge in Dimension und Einheit zu definieren. Das SI-System definiert das Ampère (über die Kraft zweier stromdurchflossener Leiter) und damit die Einheit und Dimension der Ladung. Aus der gemessenen Kraft folgt der Wert für k_1. Im Gauß'schen System wird der Proportionalitätsfaktor k_1 einfach dimensionslos gleich Eins gesetzt und darüber die elektrostatische Einheit (Abk. esE oder englisch esU) definiert:

$$k_1 = \frac{1}{4\pi\varepsilon_0} \quad \text{(SI)} \qquad\qquad k_1 = 1 \quad \text{(G)}$$

Diese Festlegung verschiedener Einheitensysteme geschieht natürlich nicht aus Willkür, sondern aus Zweckmäßigkeit: Die Maxwell'schen Gleichungen lassen sich im SI-System sehr elegant ohne Vorfaktoren wie c oder 4π schreiben, wohingegen für Rechnungen der relativistischen Elektrodynamik Gauß'sche Einheiten zweckmäßiger sind. Viele Physiker haben darüberhinaus lange an cgs-Systemen festgehalten, da diese für viele Größen handlichere Größenordnungen liefern – Beispiele: In cgs ist die Dichte von Wasser $1\,\mathrm{g/cm^3}$ statt $1000\,\mathrm{kg/m^3}$ in SI, die Stärke des Erdmagnetfeldes ist zur Zeit etwa 0.5 G oder 50 µT, die Kapazität eines Kondensators mit 1 pF beträgt in cgs-Einheiten ca. 0.9 cm.

A.2 Umrechnung von Gleichungen

Da in dieser Arbeit numerische Ergebnisse ausschließlich in SI-Einheiten angegeben sind, ist es ausreichend, Gleichungen zwischen SI- und Gauß'schen-System umzurechnen; zur Umrechnung von Einheiten, sei auf den Anhang in [Jac 06] verwiesen. In Tabelle A.1 ist für die wichtigsten abgeleiteten Größen die Umrechnung angegeben. Für nicht aufgeführte Größen muss die Umrechnung aus deren Definition oder ähnlichen Beziehungen abgeleitet werden, auch zusammengesetzte Naturkonstanten sind betroffen, wie weiter unten am Beispiel des Bohr-Magnetons gezeigt wird.

Die elektrische und magnetische Feldkonstanten, ε_0 und μ_0, werden nur im SI-System benötigt und tauchen in Gleichungen des Gauß'schen Einheitensystems nicht auf. Ihre Zahlenwerte und die der Lichtgeschwindigkeit sind:

$$\begin{aligned} c & & &= 299\,792\,458\,\frac{\mathrm{m}}{\mathrm{s}} \\ \mu_0 &= 4\pi \times 10^{-7}\,\frac{\mathrm{N}}{\mathrm{A}^2} & &= 12.566\,370\,614\ldots \times 10^{-7}\,\frac{\mathrm{N}}{\mathrm{A}^2} \\ \varepsilon_0 &= \frac{1}{\mu_0 c^2} & &= 8.854\,187\,817\ldots \times 10^{-12}\,\frac{\mathrm{F}}{\mathrm{m}} \end{aligned}$$

Diese Werte sind exakt: Die Lichtgeschwindigkeit ist über die Definition des Meters als diese feste Zahl definiert, die magnetische Feldkonstante ist in der Definition des Ampère als $\mu_0 = 4\pi \times 10^{-7}\,\mathrm{N/A^2}$ festgelegt und über beide ist schließlich auch ε_0 festgelegt (Zahlenwerte nach [PDG 02]).

Größe	Gauß	SI
elektrisches Feld, Potential, Spannung	$[U,\ \Phi,\ E]$	$\sqrt{4\pi\varepsilon_0}\ [U,\ \Phi,\ E]$
dielektrische Verschiebung	D	$\sqrt{\frac{4\pi}{\varepsilon_0}}\ D$
Ladung, Strom, Ladungsdichte, Stromdichte	$[Q,\ I,\ \rho,\ J]$	$\frac{1}{\sqrt{4\pi\varepsilon_0}}\ [Q,\ I,\ \rho,\ J]$
Widerstand, Impedanz, Induktivität	$[R,\ Z,\ L]$	$4\pi\varepsilon_0\ [R,\ Z,\ L]$
Kapazität	C	$\frac{1}{4\pi\varepsilon_0}\ C$
magnetische Feldstärke	H	$\sqrt{4\pi\mu_0}\ H$
magnetische Flussdichte	B	$\sqrt{\frac{4\pi}{\mu_0}}\ B$
Magnetisierung, magnetisches Moment, gyromagnetisches Verhältnis	$[M,\ \mu,\ \gamma]$	$\sqrt{\frac{\mu_0}{4\pi}}\ [M,\ \mu,\ \gamma]$
magnetische Suszeptibilität	χ	$\frac{1}{4\pi}\ \chi$

Tabelle A.1 *Umrechnung physikalischer Größen in Gleichungen. Alle nicht spezifisch elektromagnetischen Größen wie Länge, Masse, Zeit, Kraft und Energie bleiben unverändert. Um eine Gleichung aus dem Gauß'schen cgs-System in das SI-System umzurechnen, müssen auf beiden Seiten der Gleichung die relevanten Größen entsprechend dieser Tabelle ersetzt werden. Größen der Spalte „Gauß" werden also durch den entsprechenden Ausdruck der Spalte „SI" ersetzt. Analog verfährt man für die umgekehrte Richtung, wobei abschließend verbliebene Potenzen von* $\mu_0\varepsilon_0$ *zugunsten der Lichtgeschwindigkeit eliminiert werden sollen.*

A.3 Wichtige Gleichungen

Abschließend sollen einige wichtige Gleichungen aus dem Bereich des Magnetismus' in beiden Einheitensystemen gegenübergestellt werden.

Feldstärke und Flussdichte

Per Definition ist die magnetische Feldstärke H die Größe des Magnetfeldes, die mit seiner Erzeugung in Zusammenhang steht (Feldstärke einer Spule, Ampère'sches Gesetz). Die magnetische Flussdichte B beschreibt die Wirkung des Magnetfeldes auf bewegte Ladungsträger (Lorentzkraft, Induktionsgesetz von Faraday). Der Zusammenhang beider Größen ist im SI- bzw. Gauß'schen Einheitensystem der folgende:

$$\begin{aligned} B &= \mu_0(H+M) &&= \mu_0 H(1+\chi) = \mu_0\mu_r H && \text{(SI)} \\ B &= H + 4\pi M &&= H(1+4\pi\chi) = \mu_r H && \text{(G)} \end{aligned} \tag{A.2}$$

Allerdings wird nicht immer streng unterschieden, und so benutzen beispielsweise eine Reihe von Bücher ausschließlich das H-Feld zur Beschreibung magnetischer Resonanz. Das im Kapitel

2.5 behandelte lokale Feld zeigt, dass es in gewissen Fällen nicht einfach ist, eindeutig zwischen H und M zu unterscheiden.

Bohr-Magneton

Bei Größen, die u. a. von der Elementarladung abgeleitet sind, muss diese in der Transformation ebenso wie eine beliebige Ladung behandelt werden. Im Falle der Definitionsgleichung des Magnetons transformiert neben der Elementarladung das Magneton selbst wie ein beliebiges magnetisches Moment. Beides zusammen erzeugt das c im Nenner der Gauß'schen Schreibweise:

$$\begin{aligned} \mu_{\mathrm{B}} &= \frac{e\hbar}{2m_{\mathrm{e}}} && \text{(SI)} \\ \mu_{\mathrm{B}} &= \frac{e\hbar}{2m_{\mathrm{e}}c} && \text{(G)} \end{aligned} \tag{A.3}$$

Fürs Kern-Magneton gelten analoge Beziehungen.

A.3.1 Systeminvariante Gleichungen

Manche Gleichungen müssen beim Wechsel des Einheitensystems nicht umgeformt werden, obwohl sie Größen enthalten, die nach Tab. A.1 einer Umformung unterliegen. Das ist immer dann der Fall, wenn die Größe der beiden Terme, die mittels Gleichheitszeichen in Relation zueinander gesetzt werden, selbst keiner Umrechnung unterliegt. Es passiert aber auch, dass sich bei anderen Gleichungen die Vorfaktoren exakt kürzen. Ein paar Beispiele für beide Fälle sind:

$$V = -\vec{\mu}\cdot\vec{B} \tag{A.4}$$

$$\omega = -\gamma B \tag{A.5}$$

$$\vec{M} = n_s\langle\vec{\mu}\rangle \tag{A.6}$$

$$\vec{M} = \chi\vec{H} \tag{A.7}$$

In Zweifelsfall empfiehlt es sich jedoch nachzurechnen.

Anhang B

Ergänzende Rechnungen

B.1 Hamiltonoperator im rotierenden System

In vielen Fällen vereinfachen sich die Rechnungen, wenn man vom Laborsystem in ein rotierendes Koordinatensystem (KS) wechselt. Die Zustände ohne Auszeichnung verstehen sich im ruhenden KS im Schrödinger-Bild. Sie erfüllen die Schrödinger-Gleichung

$$\mathrm{i}\hbar\frac{\mathrm{d}}{\mathrm{d}t}|\psi\rangle = \mathcal{H}|\psi\rangle \quad . \tag{B.1}$$

Die unitäre Transformation habe die Form

$$\boldsymbol{K} = \mathrm{e}^{-\mathrm{i}/\hbar\,\boldsymbol{A}t} \quad . \tag{B.2}$$

Mit diesem Operator transformieren sich die Zustände gemäß

$$|\widehat{\psi}\rangle = \boldsymbol{K}^\dagger|\psi\rangle \qquad \text{sowie} \qquad \langle\widehat{\psi}| = \langle\psi|\boldsymbol{K} \quad . \tag{B.3}$$

Die Schrödinger-Gleichung muss weiterhin gelten:

$$\begin{aligned}
\mathrm{i}\hbar\frac{\mathrm{d}}{\mathrm{d}t}\left(\boldsymbol{K}^\dagger|\psi\rangle\right) &= \mathrm{i}\hbar\left(\frac{\mathrm{d}\boldsymbol{K}^\dagger}{\mathrm{d}t}|\psi\rangle + \boldsymbol{K}^\dagger\frac{\mathrm{d}|\psi\rangle}{\mathrm{d}t}\right) = \widehat{\mathcal{H}}\boldsymbol{K}^\dagger|\psi\rangle \\
&= -\boldsymbol{A}\boldsymbol{K}^\dagger|\psi\rangle + \boldsymbol{K}^\dagger\mathcal{H}|\psi\rangle \\
&= \left(-\boldsymbol{A} + \boldsymbol{K}^\dagger\mathcal{H}\boldsymbol{K}\right)\boldsymbol{K}^\dagger|\psi\rangle \quad ,
\end{aligned}$$

also transformiert sich der Hamiltonoperator gemäß

$$\widehat{\mathcal{H}} = \boldsymbol{K}^\dagger\mathcal{H}\boldsymbol{K} - \boldsymbol{A} \quad . \tag{B.4}$$

B.2 Terme mit Exponentialoperatoren

Bei der Verwendung von unitären Transformationen tauchen häufig Terme der Form

$$e^{\alpha \boldsymbol{A}} \boldsymbol{B}\, e^{-\alpha \boldsymbol{A}} \tag{B.5}$$

auf. Um dieser Herr zu werden, wird zunächst eine allgemeingültige Umformung in eine Kommutator-Reihe abgeleitet, bevor mit deren Hilfe einige Spezialfälle ausgerechnet werden.

B.2.1 Allgemeiner Fall

Zunächst werden die Exponentialfunktionen als Potenzreihe ausgeschrieben

$$\begin{aligned} e^{\alpha \boldsymbol{A}} \boldsymbol{B}\, e^{-\alpha \boldsymbol{A}} &= \left(\sum_{n=0}^{\infty} \frac{\alpha^n}{n!} \boldsymbol{A}^n\right) \boldsymbol{B} \left(\sum_{n=0}^{\infty} \frac{\alpha^n}{n!} (-\boldsymbol{A})^n\right) \\ &= \sum_{n=0}^{\infty} \frac{\alpha^n}{n!} \sum_{k=0}^{n} \binom{n}{k} \boldsymbol{A}^{n-k} \boldsymbol{B} (-\boldsymbol{A})^k = \sum_{n=0}^{\infty} \frac{\alpha^n}{n!} \boldsymbol{S}_n \quad , \end{aligned} \tag{B.6}$$

das ganze ausmultipliziert und nach Potenzen geordnet als Duppelsumme geschrieben. Man kann zeigen, dass für die inneren Summen $\boldsymbol{S}_n$ die Rekursionsformel

$$\boldsymbol{S}_{n+1} = \boldsymbol{A}\boldsymbol{S}_n - \boldsymbol{S}_n \boldsymbol{A} = [\boldsymbol{A}, \boldsymbol{S}_n] \tag{B.7}$$

gilt. Anschaulicher ist eine Rechnung mit Auslassungspunkten:

$$\begin{aligned} e^{\alpha \boldsymbol{A}} \boldsymbol{B}\, e^{-\alpha \boldsymbol{A}} &= \left(1 + \alpha \boldsymbol{A} + \tfrac{1}{2}\alpha^2 \boldsymbol{A}^2 + \ldots\right) \boldsymbol{B} \left(1 - \alpha \boldsymbol{A} + \tfrac{1}{2}\alpha^2 \boldsymbol{A}^2 - \ldots\right) \\ &= \boldsymbol{B} + \alpha \boldsymbol{A}\boldsymbol{B} - \alpha \boldsymbol{B}\boldsymbol{A} + \tfrac{1}{2}\alpha^2 \Big(\boldsymbol{A}(\boldsymbol{A}\boldsymbol{B} - \boldsymbol{B}\boldsymbol{A}) + (\boldsymbol{B}\boldsymbol{A} - \boldsymbol{A}\boldsymbol{B})\boldsymbol{A}\Big) + \ldots \\ &= \boldsymbol{B} + \alpha[\boldsymbol{A}, \boldsymbol{B}] + \tfrac{1}{2}\alpha^2 [\boldsymbol{A}, [\boldsymbol{A}, \boldsymbol{B}]] + \ldots \end{aligned} \tag{B.8}$$

Demnach gilt

$$e^{\alpha \boldsymbol{A}} \boldsymbol{B}\, e^{-\alpha \boldsymbol{A}} = \sum_{n=0}^{\infty} \frac{\alpha^n}{n!} [\boldsymbol{A}^{(n)}, \boldsymbol{B}] \quad , \tag{B.9}$$

wobei die abkürzende Schreibweise

$$[\boldsymbol{A}^{(n)}, \boldsymbol{B}] := [\underbrace{\boldsymbol{A}, [\boldsymbol{A}, [\cdots, [\boldsymbol{A}}_{n \text{ mal}}, \boldsymbol{B}] \cdots]]] \tag{B.10}$$

benutzt wurde.

B.2.2 Spezielle Fälle – Rotation um die z-Achse

Mit I_x

Zu berechnen ist der Ausdruck

$$\mathrm{e}^{\mathrm{i}\omega t\,\boldsymbol{I}_z}\,\boldsymbol{I}_x\,\mathrm{e}^{-\mathrm{i}\omega t\,\boldsymbol{I}_z} = \sum_{n=0}^{\infty}\frac{(\mathrm{i}\omega t)^n}{n!}[\boldsymbol{I}_z^{(n)},\boldsymbol{I}_x] \quad . \tag{B.11}$$

Für die Kommutatoren gilt gemäß (1.49)

$$\begin{aligned}[\boldsymbol{I}_z^{(0)},\boldsymbol{I}_x] &= \boldsymbol{I}_x\\ [\boldsymbol{I}_z^{(1)},\boldsymbol{I}_x] &= [\boldsymbol{I}_z,\boldsymbol{I}_x] = \mathrm{i}\,\boldsymbol{I}_y\\ [\boldsymbol{I}_z^{(2)},\boldsymbol{I}_x] &= [\boldsymbol{I}_z,[\boldsymbol{I}_z,\boldsymbol{I}_x]] = \boldsymbol{I}_x \quad .\\ &\vdots\end{aligned}$$

Damit schreibt sich die Potenzreihe (B.11)

$$\begin{aligned}\mathrm{e}^{\mathrm{i}\omega t\,\boldsymbol{I}_z}\,\boldsymbol{I}_x\,\mathrm{e}^{-\mathrm{i}\omega t\,\boldsymbol{I}_z} &= \boldsymbol{I}_x + \tfrac{\alpha}{1!}\,\mathrm{i}\,\boldsymbol{I}_y + \tfrac{\alpha^2}{2!}\,\boldsymbol{I}_x + \tfrac{\alpha^3}{3!}\,\mathrm{i}\,\boldsymbol{I}_y + \ldots \qquad \text{mit} \quad \alpha = \mathrm{i}\omega t\\ &= \cosh(\alpha)\,\boldsymbol{I}_x + \mathrm{i}\sinh(\alpha)\,\boldsymbol{I}_y\\ &= \cos(\omega t)\,\boldsymbol{I}_x - \sin(\omega t)\,\boldsymbol{I}_y \quad .\end{aligned} \tag{B.12}$$

Mit I_y

Analog dazu ist

$$\mathrm{e}^{\mathrm{i}\omega t\,\boldsymbol{I}_z}\,\boldsymbol{I}_y\,\mathrm{e}^{-\mathrm{i}\omega t\,\boldsymbol{I}_z} = \sin(\omega t)\,\boldsymbol{I}_x + \cos(\omega t)\,\boldsymbol{I}_y \quad . \tag{B.13}$$

Mit I_z

Der Ausdruck

$$\mathrm{e}^{\mathrm{i}\omega t\,\boldsymbol{I}_z}\,\boldsymbol{I}_z\,\mathrm{e}^{-\mathrm{i}\omega t\,\boldsymbol{I}_z} = \sum_{n=0}^{\infty}\frac{(\mathrm{i}\omega t)^n}{n!}[\boldsymbol{I}_z^{(n)},\boldsymbol{I}_z] \tag{B.14}$$

ergibt wegen

$$\begin{aligned}&[\boldsymbol{I}_z^{(0)},\boldsymbol{I}_z] = \boldsymbol{I}_z\\ \text{aber}\quad &[\boldsymbol{I}_z^{(n)},\boldsymbol{I}_z] = 0 \quad \forall\, n \geq 1\end{aligned}$$

trivialerweise

$$\mathrm{e}^{\mathrm{i}\omega t\,\boldsymbol{I}_z}\,\boldsymbol{I}_z\,\mathrm{e}^{-\mathrm{i}\omega t\,\boldsymbol{I}_z} = \boldsymbol{I}_z \quad . \tag{B.15}$$

Mit $I_\pm$

Schließlich für die Leiteroperatoren:

$$\mathrm{e}^{\mathrm{i}\,\Delta t\,\boldsymbol{I}_z}\,\boldsymbol{I}_\pm\,\mathrm{e}^{-\mathrm{i}\,\Delta t\,\boldsymbol{I}_z} = \sum_{n=0}^{\infty}\frac{(\mathrm{i}\Delta t)^n}{n!}[\boldsymbol{I}_z^{(n)},\boldsymbol{I}_\pm] \tag{B.16}$$

Die Kommutatoren sind nach (1.49):

$$[\boldsymbol{I}_z^{(n)},\boldsymbol{I}_\pm] = (\pm 1)^n\,\boldsymbol{I}_\pm \tag{B.17}$$

Damit ist die Potentzreihe (B.16):

$$\mathrm{e}^{\mathrm{i}\,\Delta t\,\boldsymbol{I}_z}\,\boldsymbol{I}_\pm\,\mathrm{e}^{-\mathrm{i}\,\Delta t\,\boldsymbol{I}_z} = \sum_{n=0}^{\infty}\frac{(\pm\mathrm{i}\Delta t)^n}{n!}\,\boldsymbol{I}_\pm = \mathrm{e}^{\pm\mathrm{i}\,\Delta t}\,\boldsymbol{I}_\pm \tag{B.18}$$

B.3 Eigenschaften der Spur

Die Spur ist eine lineare Abbildung, man kann sie also zerlegen und reelle Zahlen vorziehen:

$$\mathrm{Sp}(\mu\boldsymbol{A}+\nu\boldsymbol{B}) = \mu\cdot\mathrm{Sp}(\boldsymbol{A})+\nu\cdot\mathrm{Sp}(B) \tag{B.19}$$

Die Spur eines Produkts von Operatoren (Matrizen) ist invariant unter zyklischer Vertauschung:

$$\mathrm{Sp}(\boldsymbol{ABC}) = \mathrm{Sp}(\boldsymbol{CAB}) = \mathrm{Sp}(\boldsymbol{BCA}) \tag{B.20}$$

Mit diesen Eigenschaften zeigt man schnell, dass für einen Kommutator im Argument der Spur die Vertauschungsrelation gilt:

$$\mathrm{Sp}\Big([\boldsymbol{A},\boldsymbol{B}]\,\boldsymbol{C}\Big) = \mathrm{Sp}\Big([\boldsymbol{B},\boldsymbol{C}]\,\boldsymbol{A}\Big) = \mathrm{Sp}\Big([\boldsymbol{C},\boldsymbol{A}]\,\boldsymbol{B}\Big) \tag{B.21}$$

Wegen der Definition des adjungierten Operators als komplex konjugierter und transponierter Operator, sowie der Invarianz der Spur unter Transposition

$$\boldsymbol{A}^\dagger = (\boldsymbol{A}^*)^{\mathrm{T}} \quad \text{und} \quad \mathrm{Sp}(\boldsymbol{A}^{\mathrm{T}}) = \mathrm{Sp}(\boldsymbol{A}) \quad , \tag{B.22}$$

gilt für die Spur des adjungierten Operators

$$\mathrm{Sp}(\boldsymbol{A}^\dagger) = \mathrm{Sp}(\boldsymbol{A})^* \quad . \tag{B.23}$$

B.3.1 Unitäre Transformation in einer Spur

Die Spur ist weiter invariant unter unitärer Transformation $\boldsymbol{U}^{-1} = \boldsymbol{U}^\dagger$:

$$\mathrm{Sp}(\boldsymbol{UAU}^\dagger) = \mathrm{Sp}(\boldsymbol{A}) \tag{B.24}$$

Es sei $\boldsymbol{U}$ die unitäre Transformation, die eine Zeitentwicklung beschreibt – z. B. die des Dichteoperators:

$$\boldsymbol{\rho}(t) = \boldsymbol{U}(t)\boldsymbol{\rho}(0)\boldsymbol{U}^\dagger(t) \qquad \text{mit} \quad \boldsymbol{U}(t) = \mathrm{e}^{-\mathrm{i}/\hbar\,\mathcal{H}t} \tag{B.25}$$

oder die eines gewöhnlichen Operators $\boldsymbol{Q}$ mit der Nomenklatur

$$\overline{\boldsymbol{Q}}(t) = \boldsymbol{U}^\dagger(t)\,\boldsymbol{Q}\,\boldsymbol{U}(t) \quad . \tag{B.26}$$

Dabei gilt für $\boldsymbol{U}$ insbesondere

$$\boldsymbol{U}(\text{-}t) = \boldsymbol{U}^\dagger(t) \quad . \tag{B.27}$$

Unter der Bedingung, dass $\boldsymbol{\rho}_0$ den Gleichgewichtszustand beschreibt – also dass für einen beliebigen Operator $\boldsymbol{Q}$

$$\begin{aligned}\langle\boldsymbol{Q}\rangle_0(0) &= \mathrm{Sp}(\boldsymbol{\rho}_0\boldsymbol{Q})\\ &= \mathrm{Sp}(\boldsymbol{\rho}(t)\boldsymbol{Q}) = \langle\boldsymbol{Q}\rangle_0(t)\end{aligned} \tag{B.28}$$

gilt, darf in der Spur $\boldsymbol{\rho}_0\boldsymbol{U}$ durch $\boldsymbol{U}\boldsymbol{\rho}_0$ ersetzt werden:

$$\mathrm{Sp}(\boldsymbol{\rho}_0\boldsymbol{U}\cdots) = \mathrm{Sp}(\boldsymbol{U}\boldsymbol{\rho}_0\boldsymbol{U}^\dagger\boldsymbol{U}\cdots) = \mathrm{Sp}(\boldsymbol{U}\boldsymbol{\rho}_0\cdots) \tag{B.29}$$

Damit lassen sich Rechenregeln für das Vertauschen der Zeittransformation in Ausdrücken folgender Form finden:

$$\begin{aligned}\Big\langle[\overline{\boldsymbol{A}}(t)\,,\,\boldsymbol{B}]\Big\rangle_0 &= \Big\langle[\boldsymbol{U}^\dagger(t)\boldsymbol{A}\boldsymbol{U}(t)\,,\,\boldsymbol{B}]\Big\rangle_0\\ &= \mathrm{Sp}\Big(\boldsymbol{\rho}_0\boldsymbol{U}^\dagger\boldsymbol{A}\boldsymbol{U}\boldsymbol{B} - \boldsymbol{\rho}_0\boldsymbol{B}\boldsymbol{U}^\dagger\boldsymbol{A}\boldsymbol{U}\Big)\\ &= \mathrm{Sp}\Big(\boldsymbol{\rho}_0\boldsymbol{A}\boldsymbol{U}\boldsymbol{B}\boldsymbol{U}^\dagger - \boldsymbol{\rho}_0\boldsymbol{U}\boldsymbol{B}\boldsymbol{U}^\dagger\boldsymbol{A}\Big)\\ &= \Big\langle[\boldsymbol{A}\,,\,\boldsymbol{U}^\dagger(\text{-}t)\boldsymbol{B}\boldsymbol{U}(\text{-}t)]\Big\rangle_0\\ &= \Big\langle[\boldsymbol{A}\,,\,\overline{\boldsymbol{B}}(\text{-}t)]\Big\rangle_0\end{aligned} \tag{B.30a}$$

Ferner gilt (Beweis ähnlich):

$$\Big\langle[\overline{\boldsymbol{A}}(t)\,,\,\boldsymbol{B}]\Big\rangle_0 = \Big\langle[\,\overline{\boldsymbol{B}^\dagger}(\text{-}t)\,,\,\boldsymbol{A}^\dagger]\Big\rangle_0^* \tag{B.30b}$$

$$\qquad\qquad = \Big\langle[\boldsymbol{B}^\dagger\,,\,\overline{\boldsymbol{A}^\dagger}(t)]\Big\rangle_0^* \tag{B.30c}$$

Dabei ist die Zeitentwicklung des adjungierten Operators gemeint, nicht umgekehrt:

$$\overline{\boldsymbol{B}^\dagger}(\text{-}t) = \boldsymbol{U}^\dagger(\text{-}t)\boldsymbol{B}^\dagger\boldsymbol{U}(\text{-}t) = \boldsymbol{U}(t)\boldsymbol{B}^\dagger\boldsymbol{U}^\dagger(t) \tag{B.31}$$

$$\text{sowie} \qquad \overline{\boldsymbol{A}^\dagger}(t) = \boldsymbol{U}^\dagger(t)\boldsymbol{A}^\dagger\boldsymbol{U}^\dagger(t) \tag{B.32}$$

B.4 Berechnung von $\langle [\boldsymbol{I}_+ , \widetilde{\boldsymbol{I}}_+] \rangle_0$

In der Berechnung der Absorptionslinie benötigen wir den Erwartungswert

$$\langle [\boldsymbol{I}_+ , \widetilde{\boldsymbol{I}}_+] \rangle_0 = \mathrm{Sp}\Big(\boldsymbol{\rho}_0 [\boldsymbol{I}_+ , \widetilde{\boldsymbol{I}}_+]\Big) \tag{B.33}$$

mit

$$\boldsymbol{\rho}_0 = \frac{\exp(-\alpha/\hbar\,\mathcal{H}_\mathrm{Z} - \beta/\hbar\,\mathcal{H}'_\mathrm{D})}{\mathrm{Sp}(\cdots)} \;, \tag{B.34}$$

$$\widetilde{\boldsymbol{I}}_+ = \boldsymbol{U}^\dagger \boldsymbol{I}_+ \boldsymbol{U} \;, \qquad \boldsymbol{U} = \mathrm{e}^{-\mathrm{i}/\hbar\,\mathcal{H}'_\mathrm{D} t} \;. \tag{B.35}$$

Darin ist $\mathcal{H}_\mathrm{Z}$ der Zeeman-Hamiltonoperator und $\mathcal{H}'_\mathrm{D}$ der säkulare Teil des Dipolar-Hamiltonoperators. Zur Berechnung von (B.33) wählt man eine geeignete Basis des Hilbertraums und entwickelt die Spur in Matrixelementen. Die Eigenzustände des Hamiltonoperators

$$\mathcal{H} = \mathcal{H}_\mathrm{Z} + \mathcal{H}'_\mathrm{D} \tag{B.36}$$

sind eine solche Basis; weil $\mathcal{H}'_\mathrm{D}$ der säkulare Teil der Dipolwechselwirkung ist, lassen sich die Eigenzustände als $|m, \psi\rangle$ schreiben, wobei im einzelnen gilt:

$$\langle m,\psi|\mathcal{H}_\mathrm{Z}|m',\psi'\rangle = \hbar\omega_0\,\delta_{m,m'}\,\langle\psi|\psi'\rangle \tag{B.37}$$

$$\langle m,\psi|\mathcal{H}'_\mathrm{D}|m',\psi'\rangle = \delta_{m,m'}\,\langle m,\psi|\mathcal{H}'_\mathrm{D}|m,\psi'\rangle \tag{B.38}$$

$$\langle m,\psi|\boldsymbol{I}_+|m',\psi'\rangle = \delta_{m,m'+1}\,\langle m,\psi|\boldsymbol{I}_+|m\text{-}1,\psi'\rangle \tag{B.39}$$

Der gesuchte Erwartungswert

$$\begin{aligned}\langle [\boldsymbol{I}_+ , \widetilde{\boldsymbol{I}}_+] \rangle_0 &= \sum_{|m,\psi\rangle} \Big\langle m,\psi \;\Big|\; \boldsymbol{\rho}_0\,[\boldsymbol{I}_+ , \widetilde{\boldsymbol{I}}_+] \;\Big|\; m,\psi\Big\rangle \\ &= \underbrace{\sum_{|m,\psi\rangle} \Big\langle m,\psi \;\Big|\; \boldsymbol{\rho}_0\,\boldsymbol{I}_+\boldsymbol{U}^\dagger\boldsymbol{I}_+\boldsymbol{U} \;\Big|\; m,\psi\Big\rangle}_{(1)} - \underbrace{\sum_{|m,\psi\rangle} \Big\langle m,\psi \;\Big|\; \boldsymbol{\rho}_0\,\boldsymbol{U}^\dagger\boldsymbol{I}_+\boldsymbol{U}\boldsymbol{I}_+ \;\Big|\; m,\psi\Big\rangle}_{(2)}\end{aligned} \tag{B.40}$$

lässt sich dann in die einzelnen Matrixelemente zerlegen. Der Minuend aus (B.40) hat beispielsweise die Form

$$\begin{aligned}(1) = \sum_{\substack{|m,\psi\rangle\\|m',\psi'\rangle\\ \vdots}} \Big\{ &\langle m,\psi|\boldsymbol{\rho}_0|m',\psi'\rangle\,\langle m',\psi'|\boldsymbol{I}_+|m'',\psi''\rangle \\ &\cdot \langle m'',\psi''|\boldsymbol{U}^\dagger|m''',\psi'''\rangle\,\langle m''',\psi'''|\boldsymbol{I}_+|m'''',\psi''''\rangle\,\langle m'''',\psi''''|\boldsymbol{U}|m,\psi\rangle \Big\}\end{aligned} \tag{B.41}$$

und enthält wegen (B.37) bis (B.39) das Produkt aus δ-Funktionen:

$$(1) \sim \delta_{m,m'}\,\delta_{m',m''+1}\,\delta_{m'',m'''}\,\delta_{m''',m''''+1}\,\delta_{m'''',m} = 0 \tag{B.42a}$$

$$(2) \sim \delta_{m,m'}\,\delta_{m',m''}\,\delta_{m'',m'''+1}\,\delta_{m''',m''''}\,\delta_{m'''',m+1} = 0 \tag{B.42b}$$

Gleiches gilt für den Subtrahenden aus (B.40). Damit ist der gesuchte Erwartungswert

$$\langle[\boldsymbol{I}_+ \,,\, \widetilde{\boldsymbol{I}}_+]\rangle_0 = 0 \quad . \tag{B.43}$$

B.5 Berechnung der Fourier-Transformierten von $\langle \boldsymbol{I}_y\rangle(\Delta)$

Wir definieren $G(t)$ als die Fourier-Transformierte von (2.48), normiert auf $G(0) = 1$:

$$G(t) := \int_{-\infty}^{\infty}\int_{-\infty}^{\infty} \Big\langle \widetilde{\boldsymbol{I}}_+(\tau)\,\boldsymbol{I}_-\Big\rangle_0 \cdot \mathrm{e}^{\mathrm{i}\Delta\tau}\,\mathrm{d}\tau \,\cdot \mathrm{e}^{-\mathrm{i}\Delta t}\,\mathrm{d}\Delta \Bigg/ \int_{-\infty}^{\infty}\int_{-\infty}^{\infty} \Big\langle \widetilde{\boldsymbol{I}}_+(\tau)\,\boldsymbol{I}_-\Big\rangle_0 \cdot \mathrm{e}^{\mathrm{i}\Delta\tau}\,\mathrm{d}\tau\,\mathrm{d}\Delta \tag{B.44}$$

Nach Vertauschen der Integrationsreihenfolge und Ausnutzung der Beziehung

$$\int_{-\infty}^{\infty} \mathrm{e}^{\mathrm{i}\Delta(\tau-t)}\,\mathrm{d}\Delta = 2\pi\,\delta(\tau-t) \tag{B.45}$$

folgt

$$\begin{aligned} G(t) &= \int_{-\infty}^{\infty} \Big\langle \widetilde{\boldsymbol{I}}_+(\tau)\,\boldsymbol{I}_-\Big\rangle_0 \delta(\tau-t)\,\mathrm{d}\tau \Bigg/ \int_{-\infty}^{\infty} \Big\langle \widetilde{\boldsymbol{I}}_+(\tau)\,\boldsymbol{I}_-\Big\rangle_0 \delta(\tau)\,\mathrm{d}\tau \\ &= \frac{\Big\langle \widetilde{\boldsymbol{I}}_+(t)\,\boldsymbol{I}_-\Big\rangle_0}{\Big\langle \boldsymbol{I}_+\,\boldsymbol{I}_-\Big\rangle_0} \quad . \end{aligned} \tag{B.46}$$

B.6 Verschachtelte Kommutatoren

In der Berechnung des zweiten Moments des Absorptionssignals taucht im Zähler ein Erwartungswert der Form

$$\Big\langle\big[\mathcal{H}'_{\mathrm{D}}\,,\big[\mathcal{H}'_{\mathrm{D}}\,,\boldsymbol{A}\big]\big]\,\boldsymbol{B}\Big\rangle_0 \tag{B.47}$$

auf. Folgende Rechnung zeigt, wie sich diese Verschachtelung der zwei Kommutatoren auflösen und in ein Produkt zweier einzelner Kommutatoren umwandeln lässt. Dazu wird zunächst der Erwartungswert als Spur über den Dichteoperator geschrieben und in der Spur der äußere Kommutator gemäß (B.21) getauscht:

$$\Big\langle\big[\mathcal{H}'_{\mathrm{D}}\,,\big[\mathcal{H}'_{\mathrm{D}}\,,\boldsymbol{A}\big]\big]\,\boldsymbol{B}\Big\rangle_0 = \mathrm{Sp}\Big\{\boldsymbol{\rho}_0\big[\mathcal{H}'_{\mathrm{D}}\,,\big[\mathcal{H}'_{\mathrm{D}}\,,\boldsymbol{A}\big]\big]\,\boldsymbol{B}\Big\} \tag{B.48}$$

$$= \mathrm{Sp}\Big\{\big[\boldsymbol{B}\boldsymbol{\rho}_0\,,\mathcal{H}'_{\mathrm{D}}\big]\,\big[\mathcal{H}'_{\mathrm{D}}\,,\boldsymbol{A}\big]\Big\} \tag{B.49}$$

Weil $\left[\boldsymbol{\rho}_0\,,\mathcal{H}_\mathrm{D}'\right]=0$ ist, kann $\boldsymbol{\rho}_0$ aus dem ersten Kommutator herausgezogen, zyklisch getauscht

$$=\mathrm{Sp}\Big\{\left[\boldsymbol{B},\mathcal{H}_\mathrm{D}'\right]\boldsymbol{\rho}_0\left[\mathcal{H}_\mathrm{D}'\,,\boldsymbol{A}\right]\Big\} \tag{B.50}$$

$$=\Big\langle\left[\boldsymbol{B},\mathcal{H}_\mathrm{D}'\right]\left[\mathcal{H}_\mathrm{D}'\,,\boldsymbol{A}\right]\Big\rangle_0 \tag{B.51}$$

und die Spur wieder als Erwartungswert geschrieben werden.

B.7 Das reduzierte 2. Moment

Das n-te Moment des Absorptionssignals bezüglich der Larmorfrequenz ω_0 ist nach (2.50):

$$\mathcal{M}_n=\int_{-\infty}^{\infty}(\omega-\omega_0)^n\,\chi''(\omega)\,\mathrm{d}\omega\Bigg/\int_{-\infty}^{\infty}\chi''(\omega)\,\mathrm{d}\omega \tag{B.52}$$

Anstelle dieser Definition ist es in der Praxis sinnvoller, das zweite Moment bezüglich der Frequenz zu berechnen, für die das erste Moment verschwindet. Das sogenannte reduzierte zweite Moment bezieht sich daher auf $\omega_0+\mathcal{M}_1$ statt auf ω_0. Zwecks besserer Übersichtlichkeit sind die Integrationsgrenzen in folgender Rechnung weggelassen:

$$m_2:=\int\Big(\omega-\omega_0-\mathcal{M}_1\Big)^2\chi''(\omega)\,\mathrm{d}\omega\Bigg/\int\chi''(\omega)\,\mathrm{d}\omega \tag{B.53}$$

Nach der Substitution $\varDelta=\omega_0-\omega$ und dem Ausmultiplizieren der Klammer

$$=\int\Big(\varDelta+\mathcal{M}_1\Big)^2\chi''(\omega_0-\varDelta)\,\mathrm{d}\varDelta\Bigg/\int\chi''(\omega_0-\varDelta)\,\mathrm{d}\varDelta \tag{B.54}$$

$$=\int\Big(\varDelta^2+2\varDelta\mathcal{M}_1+\mathcal{M}_1^2\Big)\chi''(\omega_0-\varDelta)\,\mathrm{d}\varDelta\Bigg/\int\chi''(\omega_0-\varDelta)\,\mathrm{d}\varDelta \tag{B.55}$$

$$=\mathcal{M}_2\;-\;2\underbrace{\frac{\int\varDelta\,\chi''(\omega_0-\varDelta)\,\mathrm{d}\varDelta}{\int\chi''(\omega_0-\varDelta)\,\mathrm{d}\varDelta}}_{=\mathcal{M}_1}\mathcal{M}_1\;+\;\mathcal{M}_1^2 \tag{B.56}$$

$$m_2\;=\;\mathcal{M}_2-\mathcal{M}_1^2 \tag{B.57}$$

identifiziert man die einzelnen Summanden mit den bekannten Momenten und erhält schließlich das verblüffend einfache Ergebnis.

Anhang C

Spezielle Funktionen

C.1 Elliptische Integrale

Integrale der Form $\int R(x, y)\,\mathrm{d}x$, wobei R eine rationale Funktion und y^2 ein Polynom dritten oder vierten Grades in x sind, heißen elliptische Integrale. In den nicht trivialen Fällen können solche Integrale nicht durch elementare Funktionen ausgedrückt werden. Sie lassen sich aber immer in eine Form bringen, die neben Integralen über rationale Funktionen drei elementare Fälle des elliptischen Integrals enthält: die sogenannten elliptischen Integrale erster, zweiter und dritter Gattung. Diese Funktionen tauchen in Problemen wie der Bestimmung der Bewegungsgleichung des mathematischen Pendels oder der Berechnung des Ellipsenumfangs auf, woher auch der Name stammt.

C.1.1 Zur Notation

Hinsichtlich der Schreibweise der drei elementaren Formen ist eine Vielzahl von teilweise widersprüchlichen Konventionen in Gebrauch, die sich durch Argumente, deren Bezeichnung oder Trennzeichen unterscheiden. Daher wird die in dieser Arbeit benutzte Notation im Folgenden definiert. Die Nomenklatur der Trennzeichen geht auf [AS 72] zurück.

Das erste der zwei Argumente bezeichnet für gewöhnlich die obere Integrationsgrenze, je nach Schreibweise benutzt man:

ϕ	Jacobi-Amplitude
$x = \sin\phi$	Koordinate

Für das zweite Argument gibt es drei redundante Konventionen:

α	modularer Winkel
$k = \sin\alpha$	elliptische Modul
$m = k^2$	Parameter

Mitunter wird auch die komplementäre Form der Variablen benutzt: $m_1 = 1-m$, $k' = \sqrt{1-k^2}$ sowie $\alpha' = \frac{\pi}{2} - \alpha$.

C.1.2 Definition der unvollständigen elliptischen Integrale

Erste Gattung

Das unvollständige elliptische Integral erster Gattung ist definiert als

$$F(\phi|\, m) := \int_0^\phi \frac{\mathrm{d}\theta}{\sqrt{1 - m\sin^2\theta}} \tag{C.1a}$$

in der Legendre-Form bzw. als

$$F(x;k) := \int_0^x \frac{\mathrm{d}t}{\sqrt{(1-t^2)(1-k^2t^2)}} \tag{C.1b}$$

in der Jacobi-Form.

Zweite Gattung

In der Legendre- und Jacobi-Form:

$$E(\phi|\, m) := \int_0^\phi \sqrt{1 - m\sin^2\theta}\, \mathrm{d}\theta \tag{C.2a}$$

$$E(x;k) := \int_0^x \sqrt{\frac{1-k^2t^2}{1-t^2}}\, \mathrm{d}t \tag{C.2b}$$

C.1.3 Vollständige elliptische Integrale

Die Integrale heißen vollständig, wenn die obere Integrationsgrenze $\phi = \frac{\pi}{2}$ bzw. $x = 1$ ist. Für sie verwendet man die Notation

$$K(m) := F(\tfrac{\pi}{2}|m) \qquad \text{sowie} \qquad E(m) := E(\tfrac{\pi}{2}|m) \ . \tag{C.3}$$

Hier ist ebenso auf die Verwendung des richtigen Arguments zu achten.

C.1.4 Numerische Berechnung

Ähnlich wie Logarithmen waren die Werte elliptischer Integrale vor dem Computer-Zeitalter in Büchern oder langen Artikeln tabelliert, z. B. in [Heu 41]. Heute sind in jedem besseren Mathematik-Programm Routinen zur numerischen Berechnung elliptischer Integrale enthalten oder es finden sich dafür Skripte im Internet.

Das in dieser Arbeit für die numerischen Rechnungen benutzte Programm MATLAB bringt für die vollständigen elliptischen Integrale den Befehl `[K,E]=ellipke(m)` mit. Für die Berechnung der unvollständigen Integrale wird das auf der Webseite[1)] des MATLAB-Herstellers verfügbare Skript `[F,E,Z]=ELLIPTIC12(U,M,TOL)` benutzt.

C.2 Heuman'sche Lambda-Funktion

Die Funktion $\Lambda_0(\beta|\,m)$ ist definiert als

$$\Lambda_0(\beta|\,m) = \frac{2}{\pi}\Big(K(m)\,E(\beta|\,m_1) - \big[K(m) - E(m)\big]F(\beta|\,m_1)\Big) \quad , \tag{C.4}$$

mit den im vorigen Abschnitt definierten vollständigen und unvollständigen elliptischen Integralen und dem zu m komplementären Parameter $m_1 = 1 - m$ [Heu 41, AS 72, BF 71]. Diese Funktion taucht in der Berechnung des zirkularen Falls des elliptischen Integrals dritter Gattung auf; wahrscheinlich geht darauf die irreführende Bezeichnung in [Kra 73] zurück.

C.3 Lorentz-, Gauß- und Voigt-Profil

Für die normierte Lorentz- und Gauß-Verteilung sind verschiedene Parametrisierungen in Gebrauch:

$$\mathcal{L}(x) = \frac{\Gamma}{2\pi}\cdot\frac{1}{x^2+\frac{\Gamma^2}{4}} = \frac{\gamma}{\pi}\cdot\frac{1}{x^2+\gamma^2} \qquad \text{mit} \quad \gamma = \frac{\Gamma}{2} \tag{C.5}$$

$$\mathcal{G}(x) = \frac{1}{\sqrt{2\pi}\,\sigma}\cdot\exp\left(-\frac{x^2}{2\sigma^2}\right) = \frac{1}{\sqrt{\pi}\,\omega}\cdot\mathrm{e}^{-(x/\omega)^2} \qquad \text{mit} \quad \omega = \sqrt{2}\,\sigma \tag{C.6}$$

Dabei ist jeweils die erste Darstellung die klassische mit der vollen Halbwertsbreite (FWHM) Γ bzw. der Standardabweichung σ; die zweite Darstellung ist die der einfachsten Parametrisierung. Die volle Halbwertsbreite der Gauß-Verteilung berechnet sich zu

$$\Gamma_{\mathrm{G}} = \sigma\,2\sqrt{2\ln 2} \quad . \tag{C.7}$$

Aus Gründen der Anschaulichkeit sind in der Arbeit stets die vollen Halbwertsbreiten angegeben, zur eindeutigen Kennzeichnung wird dabei auch die Lorentzbreite (abweichend von (C.5)) mit einem Index gekennzeichnet: $\Gamma \equiv \Gamma_{\mathrm{L}}$.

[1)] `http://www.mathworks.com/matlabcentral/fileexchange/8805`

Das Voigt-Profil oder auch die Voigtfunktion bezeichnet die Faltung eines Lorentz-Profils $\mathcal{L}(x)$ mit einer Gauß-Kurve $\mathcal{G}(x)$:

$$\mathcal{V}(x) = (\mathcal{L} \otimes \mathcal{G})(x) = \int_{-\infty}^{\infty} \mathcal{L}(t) \cdot \mathcal{G}(x-t)\,\mathrm{d}t \tag{C.8}$$

Nummerische Berechnung

Die Definition des Voigt-Profils über die Faltung, ist wenig geeignet um nummerische Werte der Funktion zu berechnen. DI ROCCO und AGUIRRE TÉLLEZ geben in [RAT 04] eine Berechnungsvorschrift auf Basis der komplexen Fehlerfunktion $\mathrm{erf}(z)$ an:

$$\mathcal{V}(x) = \frac{1}{\sqrt{\pi}\,\omega} \cdot \mathrm{Re}\left[\mathrm{e}^{z^2}(1-\mathrm{erf}(z))\right] \tag{C.9}$$

mit

$$z = \frac{\gamma + \mathrm{i}x}{\omega} \quad . \tag{C.10}$$

Die im Fit der Protonen-NMR-Signale benutzte Funktion berechnet das Voigt-Profil über diesen Ausdruck. Für die komplexe Fehlerfunktion wird das MATLAB-Skipt von Marcel Leutenegger[2)] `erfz(z)` verwendet.

Voigt-Halbwertsbreite

Die volle Halbwertsbreite der Voigt-Verteilung lässt sich aus denen des Lorentz- und Gauss-Profils in guter Näherung bestimmen. OLIVERO and LONGBOTHUM geben für ihre Formel

$$\Gamma_{\mathrm{V}} \simeq 0.5346\,\Gamma_{\mathrm{L}} + \sqrt{0.2165975\,\Gamma_{\mathrm{L}}^2 + \Gamma_{\mathrm{G}}^2} \tag{C.11}$$

eine maximale Abweichung von 0.02% an [OL 77].

[2)] `http://www.mathworks.com/matlabcentral/fileexchange/18312`

Anhang D

Das Kryo- und Magnetsystem

Erste Testmessungen in der Polarisationsanlage SOPHIE[1)] hatten gezeigt, dass die zeitlichen Feldfluktuationen des normalleitenden Magneten zu groß sind, um damit eine Peakverschiebung nachweisen zu können. Daraufhin wurde ein neues Kryostatgehäuse gebaut, dass den eigentlichen Kryostaten aus SOPHIE weiter verwendet, das Magnetfeld aber mit einem supraleitenden Magneten erzeugt. Beide Anlagen nutzen den gleichen Roots-Pumpstand mit 4000 $\frac{\mathrm{m}^3}{\mathrm{h}}$ Saugleistung und können wechselseitig betrieben werden. Im Folgenden wird der Aufbau des neuen Kryostatgehäuses samt Magneten sowie sein Betrieb beschrieben, zuvor wird noch kurz auf die Funktionsweise des benutzten Kryostaten eingegangen. Für weitere Details zu SOPHIE und dem Kryostaten sei auf [Har 97] verwiesen.

D.1 Der Kryostat

Bei dem verwendeten Kryostaten handelt es sich um einen vertikalen ^{4}He-Verdampferkryostaten, der als Toploader konzipiert ist. Die Probe ist am Ende eines ca. 1 m langen Einsatzes, dem sogenannten Probenhalters befestigt, der nach Fluten der Cavity mit He-Gas und bei leichtem Überdruck im Kryostaten von oben eingesetzt werden kann. Diese Bauweise erlaubt einen schnellen Probenwechsel im Betrieb, ohne das flüssige Helium aus der Cavity entfernen zu müssen.

Kurz zum Funktionsprinzip: Mit einem vakuumisolierten Heber (Transferline, Abk. TL) gelangt flüssiges Helium in den Separator. Es läuft über verschiedene Wärmetauscherstufen – in denen es weiter abgekühlt wird – in die Cavity, in der sich die Probe befindet. Der vom Pumpstand erzeugte Unterdruck lässt Helium verdampfen, was die verbleibende Flüssigkeit weiter abkühlt, so dass im stationären Betrieb Temperaturen von 1 K erreicht werden können. Das verdampfte He-Gas kühlt über die angesprochenen Wärmetauscher das einlaufende flüssige Helium im Gegenstromprinzip vor. Das im Separator entstehende Gas wird über einen getrennten Kreislauf abgepumpt und kühlt die oberen Baffles sowie über einen großflächigen Kontakt durch die Wandung den im Isoliervakuum befindlichen Wärmeschild. Eine Schnittzeichnung des Kryostaten ist in Abb. D.2 rechts gezeigt.

---

1) Akronym für ***S****pin* ***O****rientation* ***Ph****ysics* ***I****nvestigation* ***E****quipment*

D.2 Das neu gebaute Kryostat-Gehäuse

D.2.1 Funktioneller Aufbau

Für den supraleitenden Magneten, ein Solenoid mit 52 mm-Bohrung, muss im Gehäuse ein von der Cavity unabhängiges und gegen diese isoliertes Helium-Bad untergebracht werden. Dieser Magnettopf ist im unteren Bereich nur wenig größer als der Magnet, weitet sich aber über diesem stufenförmig nach außen auf, um – wegen des sich ebenfalls nach oben aufweitenden Kryostaten, an diesem vorbei – über eine Transferline zugänglich zu sein. Im Betrieb wird der Pegel des Heliums ca. 8 cm über der Oberkante des Magneten gehalten. Das über dem Magneten befindliche Helium dient als Puffer, um bei einer Unterbrechung der Heliumzufuhr (z. B. bei einem Kannenwechsel) den Betrieb des Magneten und Kryostaten eine Weile aufrechterhalten zu können; siehe dazu die Schnittzeichnung in Abb. D.2 links. In der Bohrung des Magneten sitzt passgenau ein Rohr, das den Magnettopf nach innen zum Isoliervakuum abgrenzt (Magnetinnenrohr). Hier hinein ragt von oben das Rohr der Kryostathülle mit der sich leicht verjüngenden Cavity am unteren Ende. Dieses Kryostatrohr ist in der SOPHIE mit 50 mm geringfügig größer; um aber zwischen Magnettopf und Cavity einen Wärmekontakt zu vermeiden, musste zwischen Magnetinnen- und Kryostatrohr ein Abstand von wenigstens 2 mm sichergestellt werden und daher das Kryostatrohr 4 mm geringer dimensioniert werden, entsprechend 46 mm Außendurchmesser. Für den Probenhalter indes bleibt darin noch genug Platz, wenn darauf geachtet wird, dass das vom untersten Wärmetauscher-Baffle des Kryostaten ausgehende Röhrchen, welches die Temperaturwiderstände `AB_x` und `AB_y` sowie den Schlauch des He-Zulaufs zur Cavity führt, eng an der Rohrwandung anliegt und keiner der Widerstände hervorsteht.

Die verwinkelte Konstruktion des Magnettopfes bringt es mit sich, dass dieser, will man – ohne Schweißnähte zu öffnen – den Magneten erreichen und ggf. austauschen können, zwischen Boden und Magnetinnenrohr zusammengesetzt werden muss. Da diese Stelle im Betrieb unter flüssigem Helium steht, ist hier eine Indiumdichtung vorgesehen. Aufgrund der beengten Platzverhältnisse am Innenrohrflansch – die Indiumdichtung muss zwischen äußerer Schweißnaht und den Verschraubungen liegen – aber den gleichzeitig hohen mechanischen Anforderungen an diese Verbindung, mussten zur Verschraubung des Flansches Titanschrauben benutzt werden. Um den geringeren Wärmeausdehnungskoeffizienten von Titan auszugleichen und gleichzeitig einen dauerhaften Anpressdruck zu gewährleisten, wurden den Schraubenköpfen je zwanzig Tellerfedern unterlegt. Eine zentrale Bohrung stellt für das Isoliervakuum die Verbindung vom Außenraum des Magnettopfs zum Innenrohr und darüber zum oberen Innenbereich zwischen Kryostat und Innenwand des Magnettopfs her. Hier ist der mittlere Abschnitt des Kryostaten zur Abschirmung der Wärmestrahlung von einem kupfernen Wärmeschild umgeben, der am oberen Ende über einen großflächigen Wärmekontakt durch die Wandung des Konus' vom schon erwähnten Separatorabgas des Kryostaten gekühlt wird. Der untere Teil des Kryostaten ist durch das ihn umgebende Heliumbad des Magneten optimal gegen Wärmestrahlung geschirmt. Der Magnettopf seinerseits ist ebenfalls von einem Wärmeschild aus Kupfer umgeben, der ca. 15 cm oberhalb des flüssigen Heliums durch die Wandung an das unterste der drei Baffles kontaktiert ist. Um eine ausreichende Verbindung für das Isoliervakuum zu schaffen, ist der äußere Wärmeschild mit zwei verdeckten Öffnungen versehen. Kryostatrohr, Cavity, Magnettopf sowie beide Wärmeschilde sind – soweit es die Platzverhältnisse erlauben – mit mehreren Schichten Superisolation[2)] umwickelt. Zur Verbesserung und Aufrechterhaltung des Isoliervakuums im Betrieb ist der Boden des Magnettopfes von außen flächig mit Zeolith-Kristallen beklebt. Deren Sorptionswirkung für Gase wächst mit fallender Temperatur, und so sinkt der Druck beim Kaltfahren von ca. 10^{-4} mbar bei Raumtemperatur auf einige 10^{-7} mbar, sobald das erste flüssige Helium im Magnettopf steht. Überdruckventile an Isoliervakuum, Magnettopf und Kryostat-Pumprohren sollen bei einem Bruch des Isoliervakuums im Betrieb das verdampfte He-Gas sicher in den Raum abführen und ein Bersten des Gehäuses verhindern.

D.2.2 Betrieb

Über eine erste Transferline (die Ventil-TL) gelangt flüssiges Helium aus dem Transportbehälter („Heliumkanne") in den Magnettopf. Der He-Pegel wird zyklisch über eine spezielle Niveau-Sonde gemessen und mittels Öffnen und Schließen eines Nadelventils in der Transferline von einer Regelelektronik auf einem eingestellten Pegel gehalten. Für die zum Transport des Heliums nötige Druckdifferenz wird über eine weitere Regelung das Innere der Heliumkanne auf einem konstanten Überdruck von 100–200 mbar gehalten, da der Magnettopf direkt an der Heliumrückführung angeschlossen ist und so in ihm näherungsweise Atmosphärendruck herrscht.

Ein Vorkühlen des Magneten mit flüssigem Stickstoff ist nicht möglich, da die Flüssigkeit aufgrund der verwinkelten Form des Heliumtopfes hieraus nicht wieder entfernt werden könnte. Um das flüssige Helium zur Kühlung des Magneten aber möglichst effektiv zu nutzen, wird die Transferline zu Beginn kryostatseitig mit einer Verlängerung versehen, die bis in den Trichter der He-Pipeline stößt und das flüssige Helium so direkt unter den Magneten leitet (siehe Abb.D.2). Sobald der Füllstand das Soll-Niveau erreicht hat, wird die Transferline kurz herausgezogen und die Verlängerung entfernt; dies soll verhindern, dass bei jedem Öffnen des TL-Nadelventils warmes Gas durch das flüssige Helium strömt und dieses unnötig verdampft.

Die Versorgung des Kryostaten mit flüssigem Helium erfolgt direkt aus dem Magnettopf über eine zweite Transferline (kleine TL). In Abb.D.1 ist diese gut zu erkennen, die Schnittzeichnung in Abb. D.2 zeigt den in den Magnettopf ragenden Arm. Die aufgeschraubte Verlängerung endet gewollt wenige Zentimeter über dem Zwischenboden, wodurch bei Problemen mit der Heliumversorgung (z. B. leere Kanne) ein Puffer an flüssigem Helium (der nicht von der kleinen Transferline abgesaugt wird) über dem Magneten verbleibt und zunächst noch dessen Kühlung sicherstellt. So bleibt mindestens eine halbe Stunde Zeit, die Kanne zu wechseln, bevor der Magnet aus Sicherheitsgründen heruntergefahren werden sollte.

[2)]Eine aluminiumbeschichtete Mylar-Folie von 6 μm Stärke mit einem Polyester-Maschengewebe als Zwischenlage zwecks thermischer Isolierung der einzelnen Lagen.

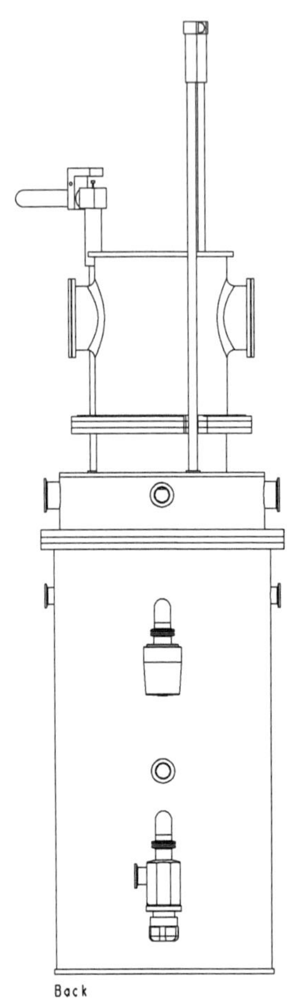

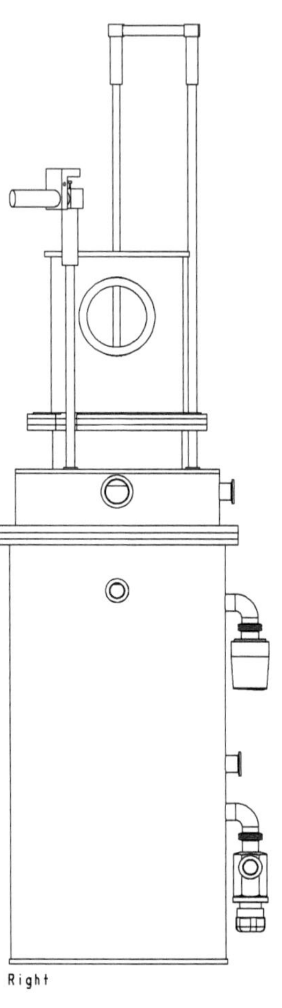

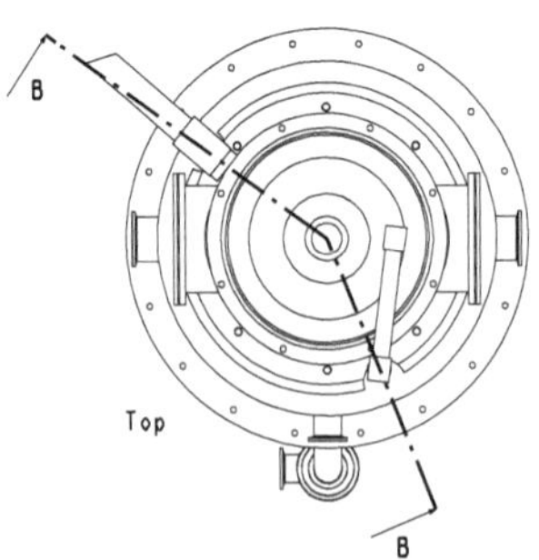

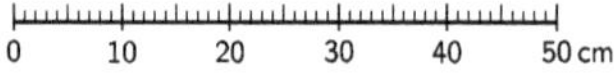

Abb. D.1 *Außenansicht des Kryostatgehäuses in der Projektionsdarstellung (ohne eingesetzten Kryostaten). Die kleine Transferline ist vollständig dargestellt, die Ventil-TL im Anschnitt gezeichnet. In der* `Top`*-Ansicht ist der Verlauf des in Abb. D.2 links dargestellten abgewinkelten Vollschnitts durch eine strichpunktierte Linie dargestellt. Die Pfeile geben die Blickrichtung auf die Schnittfläche an.*

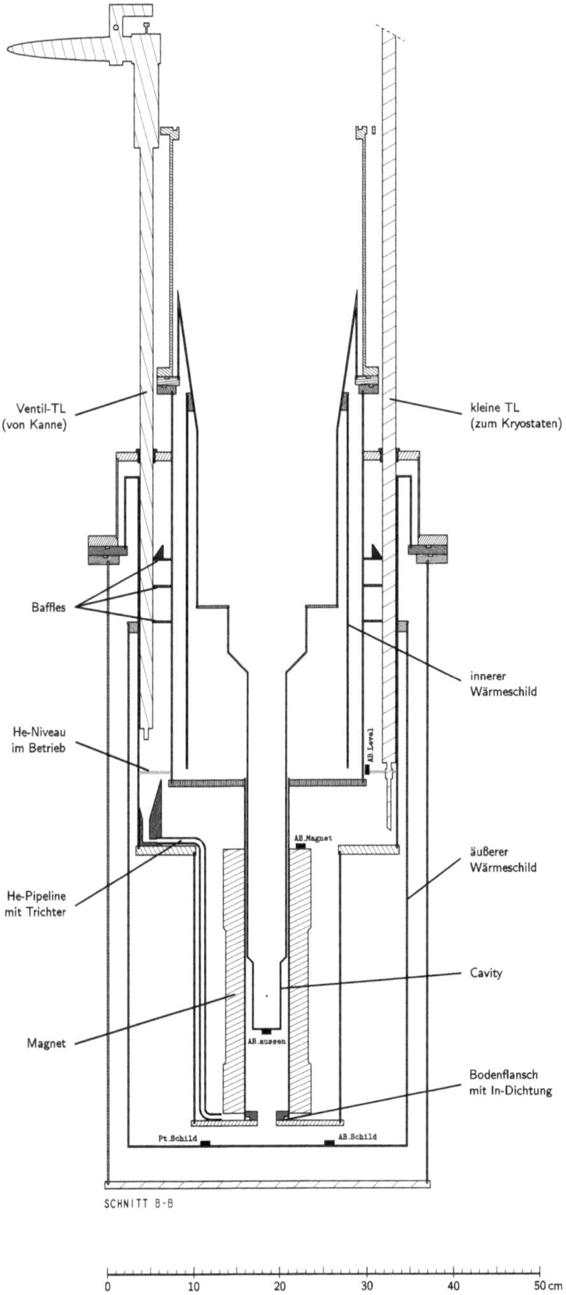

Ventil-TL
(von Kanne)
kleine TL
(zum Kryostaten)
Baffles
innerer
Wärmeschild
He-Niveau
im Betrieb
AB.Level
AB.Magnet
äußerer
Wärmeschild
He-Pipeline
mit Trichter
Cavity
Magnet
AB.aussen
Bodenflansch
mit In-Dichtung
Pt.Schild
AB.Schild
SCHNITT B-B
0
10
20
30
40
50 cm

AB.Sep
AB.x
AB.y
AB.Cavity

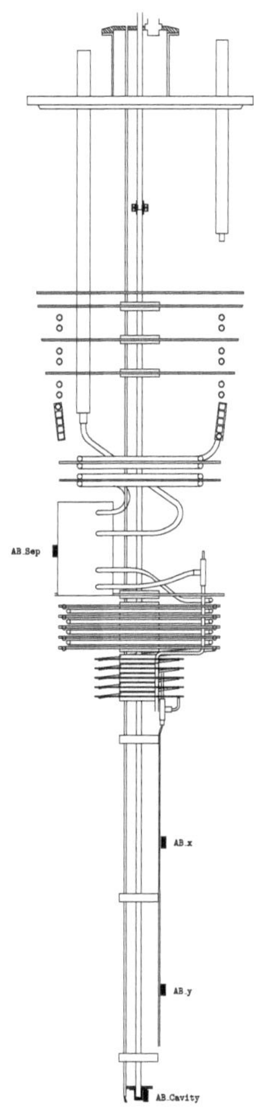

Abb. D.2 **Links:** *Schnittzeichnung des Kryostatgehäuses. Die Positionen der Temperaturwiderstände sind mit* ▬ *gekennzeichnet. Der kleine Punkt in der Cavity kennzeichnet den Feldmittelpunkt.* **Rechts:** *Eine Zeichnung des Kryostaten mit eingesetztem Probenhalter, im gleichem Maßstab dargestellt.*

Den Kryostaten mit flüssigem Stickstoff vorzukühlen, hat sich ebenfalls nicht bewährt: Aufgrund der Verbindung des Separators zum Magnettopf über die kleine Transferline kann der Separator nicht, wie sonst üblich, mit einigen hundert Millibar Überdruck versehen werden, um das Heraufsteigen des flüssigen Stickstoffs in die Röhrchen des Kryostaten zu verhindern. Geschieht das nämlich, erstarren die Flüssigkeitsreste beim ersten Anpumpen der Cavity und verstopfen die Röhrchen – so ist kein Betrieb mehr möglich. Um derartigen Schwierigkeiten vorzubeugen, werden Separator und Cavity von Anfang an mit dem über die kleine Transferline angesaugten und langsam kälter werdenden Gas aus dem Magnettopf gespült und vorgekühlt.

Im Betrieb dauert es für gewöhnlich zwei Stunden, bis der Level im Magnettopf sein Soll-Niveau erreicht hat, wofür etwa 35 Liter Helium verbraucht werden. Vier bis fünf Stunden nach Beginn ist der Kryostat dann kalt und die Messungen können gestartet werden. Dabei ist zu beachten, dass die Cavity-Temperatur innerhalb der folgenden sechs Stunden weiter fällt, bis sie bei ca. 900 mK ihr Minimum erreicht. Aus diesem Grund sollte für eine etwaige TE-Messung in diesem Zeitraum unbedingt die Druckregelung[3)] des Pumpstandes benutzt werden, um die Temperatur zu stabilisieren. Im stationären Betrieb verbrauchen Kryostat und Magnetbad ca. sechs Liter flüssiges Helium in der Stunde.

D.2.3 Thermometrie

Neben den Temperaturwiderständen im Kryostat und am Probenhalter sind auch im Kryostatgehäuse zahlreiche Exemplare untergebracht; in Abb. D.2 sind die Positionen alle Widerstände samt ihrer Bezeichnungen eingetragen. Die im Magnettopf befindlichen Widerstände dienen hauptsächlich zur Verfolgung des Levels und bedürfen keiner speziellen Präparation. Zur besseren thermischen Kontaktierung an die Oberflächen sind die im Isoliervakuum befindlichen Widerstände wie folgt befestigt: An den entsprechenden Stellen der Oberflächen sind kleine Kupferhülsen festgelötet, in welche schließlich die zum besseren thermischen Kontakt mit etwas Vakuumfett[4)] präparierten Widerstände eingesetzt werden. Zur Verkabelung im Kryostaten werden spezielle lackisolierte Kryo-Drähte aus Phosphorbronze verwendet, die paarweise verdrillt sind.[5)] Zur Durchführung werden wie schon bei den alten Kryostaten Stecker der Firma Fischer-Connectors verwendet, mit dem Unterschied, dass sich auf der Innenseite der Durchführung ebenfalls eine Steckverbindung befindet, wodurch das lästige An- und Ablöten der Drähte an den Durchführungen bei Montage und Demontage entfällt. Die Widerstandsmessung erfolgt mit einer hochpräzisen Wechselstrom-Messbrücke (AVS-47), zumeist über Vierleitermessung.

Zur Messung der Probentemperatur dient der am Probenhalter befindliche `AB_Cavity`. Für diesen wurde in einer Vergleichsmessung mit einem kalibrierten Germaniumwiderstand die Widerstand-Temperatur-Kurve ermittelt und parametrisiert (siehe Abb. D.3). Um auch bei Mikrowelleneinstrahlung die Temperatur der Cavity messen zu können, ist an dieser von außen

[3)] Über eine PID-Regelung lässt sich mittels eines Wechselrichters die Frequenz der Versorgungsspannung der 4000er Roots-Pumpe zwischen 10 Hz und 60 Hz so regeln, dass der Druck in der Cavity konstant gehalten wird.

[4)] *High Vacuum Grease Apiezon 'N'* – Dampfdruck $< 10^{-9}$ mbar bei 20 °C

[5)] *Quad-Twist 36 AWG* der Firma Lake Shore Cryotronics

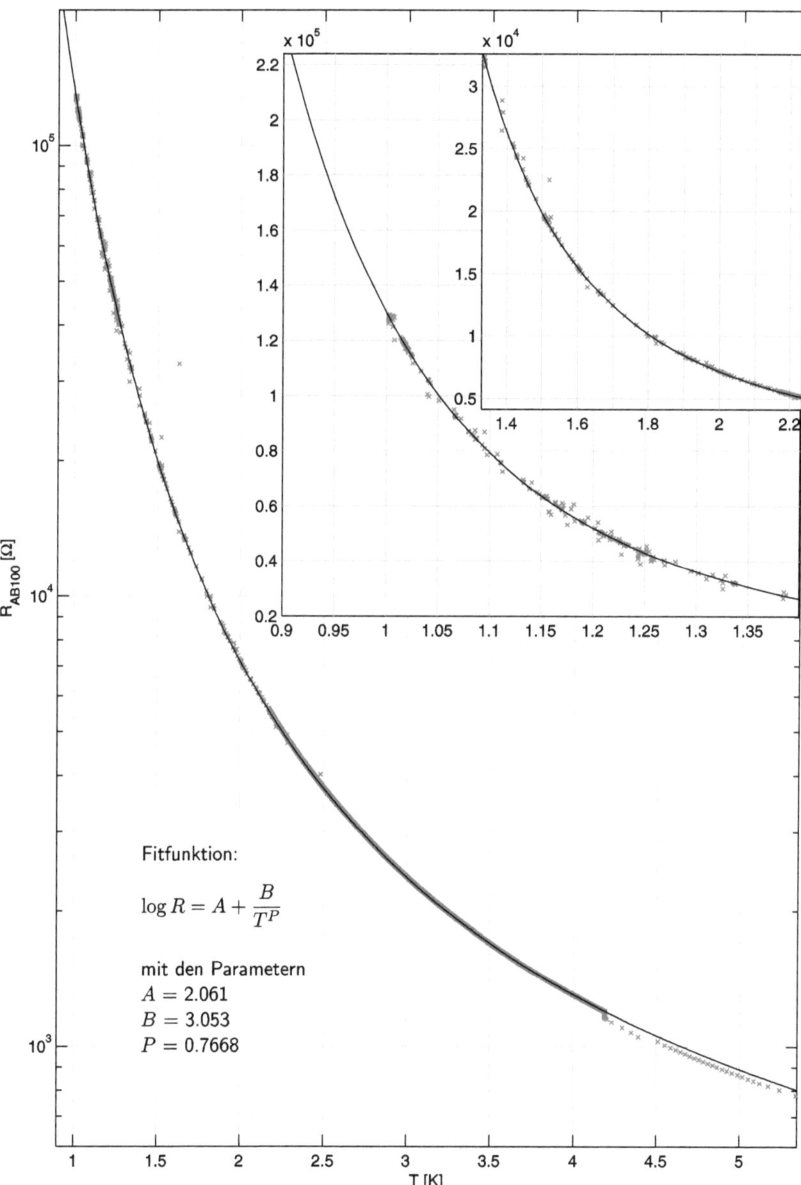

Abb. D.3 *Temperatur-Kurve des* `AB_Cavity` *im pNMR-Probenhalter für* $B = 0$. *Die Ordinate des Übersichtsplots ist logarithmisch skaliert, die der beiden Detailplots linear. Fitfunktion nach [Law 77]. Die auffallende Stufe im Verlauf der Messwerte bei* $T = 4.2\,\mathrm{K}$ *ist offenkundig durch einen schlechteren Wärmekontakt der Widerstände nach dem Verdampfen der Flüssigkeit bedingt.*

ein zusätzlicher Widerstand angebracht (`AB_aussen`), für den ebenfalls eine Kurve existiert. Im Betrieb bleibt die hier gemessene Temperatur aber immer mehrere Zehntel Kelvin über der der Flüssigkeit und reagiert nur sehr langsam auf Änderungen; offenbar ist der Wärmekontakt nicht optimal.

D.2.4 Der Magnet

Bei dem schon angesprochenen supraleitenden Solenoiden handelt es sich um einen Standardtypen der britischen Firma Cryogenics Ltd. Er besteht aus einem eloxierten Aluminiumkörper, auf den ein multifilament-NbTi-Draht aufgewickelt und mit Epoxidharz vergossen ist. Über einen supraleitenden Schalter, den *switch heater*, kann der Magnet nach dem Laden in den *persistent mode* geschaltet werden. Der Strom fließt dazu über einen supraleitenden Kurzschluss der Spule im Magneten, und die externe Stromzuführung kann heruntergefahren werden. Zum Ändern des Spulenstroms muss zunächst der Strom über die Zuleitungen wieder auf den alten Wert gefahren werden. Durch Heizen des genannten supraleitenden Kurzschlusses wird dieser hochohmig, der Kurzschluss verschwindet und der Strom kann von der externen Stromversorgung langsam verändert werden. Der Magnet ist laut Hersteller für ein maximales Feld von 7 T entworfen und wurde im hier beschriebenen Aufbau bis 73.7 A (entspricht 7.7 T) erfolgreich, das heißt ohne Quench, betrieben. Der homogene Feldbereich mit $\Delta B/B < 10^{-5}$ misst laut Hersteller ca. 5 cm in der Länge und 2 cm im Durchmesser und liegt symmetrisch um den (in Abb. D.2 eingezeichneten) Feldmittelpunkt.

Die Stromzuführung im Kryostatgehäuse muss einerseits für hohe Ströme ausgelegt sein, ohne sich dabei merklich zu erwärmen (hier für ca. 75 A), darf andererseits aber keine Wärmebrücke ins Heliumbad darstellen. Dazu sind die Zuleitungen in drei Abschnitte unterteilt: Vom Magneten führen zunächst supraleitende Drähte aus dem Bad heraus. Darauf folgen massive Kupferleitungen von $3.5\,\text{mm}^2$ und schließlich $7\,\text{mm}^2$ Querschnitt, die ihrerseits zur Wärmeableitung an das unterste und oberste Baffle thermisch kontaktiert wurden. Zusätzlich sind zwei dünne Kryo-Drähte am Magneten angeschlossen, um den Spannungsabfall ohne den der Zuleitungen messen zu können. Zur Steuerung des Magneten wird eine spezielle Stromversorgung für supraleitende Magneten verwendet, die über den Computer ferngesteuert werden kann. So kann, mittels Übernahme der Widerstandswerte des `AB_Cavity` über das DAQ-System [Rei 94], durch langsames Variieren des Spulenstroms eine bolometrische ESR-Linie (wie in Abb. 5.6 auf Seite 100 gezeigt) aufgezeichnet werden.

Abbildungsverzeichnis

Literaturverzeichnis

[AB 70] A. Abragam und B. Bleaney, *Electron Paramagnetic Resonance of Transition Ions.* Clarendon Press, Oxford (1970)

[Abr 61] A. Abragam, *Principles of Nuclear Magnetism* (International Series of Monographs on Physics · 32). Oxford University Press, 1961

[ABR 76] A. Abragam, V. Bouffard und Y. Roinel, *Concentration, Relaxation, and Phonon Bottleneck of Paramagnetic Centers: A New Experimantal Method of Study.* J. Magn. Reson. **22**, 53 (1976)

[ACJ 73] A. Abragam, M. Chapellier, J.F. Jacquinot und M. Goldman, *Absorption Lineshape of Highly Polarized Nuclear Spin Systems.* J. Magn. Reson. **10**, 322 (1973)

[AF 74] M. Alonso und E.J. Finn, *Physik III – Quantenphysik und Statistische Physik.* deut. Übers. von A. Beckmann, Inter European Editions, Amsterdam (1974)

[AG 78] A. Abragam und M. Goldman, *Principles of dynamic nuclear Polarisation.* Rep. Prog. Phys. **41**, 395 (1978)

[AG 82] A. Abragam und M. Goldman, *Nuclear Magnetism: Order and Disorder* (International Series of Monographs in Physics). Oxford University Press, 1982

[AKS 75] S.A. Al'tshuler, R. Kirmse und B.V. Solov'en, *Spin-lattice relaxation of exchange-coupled Cu^{2+}–Cu^{2+} pairs and single Cu^{2+} ions in crystals of zinc(II)bis(diethyldithiocarbonate).* J. Phys. C: Solid State Phys. **8**, 1907 (1975)

[AP 58a] A. Abragam und W.G. Proctor, *Spin Temperature.* Phys. Rev. **109**, 1441 (1958)

[AP 58b] A. Abragam und W.G. Proctor, *Dynamic polarization of atomic nuclei in solids.* C.R. Acad. Sci. **246**, 2253 (1958)

[AS 72] M. Abramowitz und I.A. Stegun, *Handbook of Mathematical Functions.* Tenth Printing (1972).
Verfügbar auf der Webseite `http://www.math.ucla.edu/~cbm/aands/`

[Bec 82] R. Becker, *Electromagnetic Field and Interactions.* Dover Publications, 1982

[BF 71] P.F. Byrd und M.D. Friedman, *Handbook of Elliptic Integrals for Engineers and Scientists.* Second Edition, Rev., Springer-Verlag (1971)

[BS 71] M. Borghini und K. Scheffler, *A butanol polarized deuteron target I. Polarization at 25 kOe.* Nucl. Instrum. Methods **95**, 93 (1971)

[Büh 03] T. Bührke, *Sternstunden der Physik: Von Galilei bis Lise Meitner.* 5. Auflage, Beck-Verlag (2003)

[Bun 95] E.I. Bunyatova, *New investigations of organic compounds for targets with polarized hydrogen nuclei.* Nucl. Instrum. Methods Phys. Res. A **356**, 29 (1995)

[CCW 60] J.G. Castle, Jr., P.F. Chester und P.E. Wagner, *Electron Spin-Lattice Relaxation in Dilute Potassium Chromicyanide at Helium Temperatures.* Phys. Rev. **119**, 953 (1960)

[Cra 77] G.W. Crabtree, *Demagnetizing field in the Haas-van Alphen effect.* Phys. Rev. B **16**, 1117 (1977)

[CS 60] D.B. Chesnut und G.J. Sloan, *Paramagnetic Resonance Absorption of Triphenylmethyl* J. Chem. Phys. **33**, 637 (1960)

[deB 75] W. de Boer, *Dynamic Orientation of Nuclei at Low Temperatures.* J. Low Temp. Phys. **22**, 185 (1975)

[Fan 57] U. Fano, *Description of States in Quantum Mechanics by Density Matrix and Operator Techniques.* Rev. Mod. Phys. **29**, 74 (1957)

[FS 61] B.W. Faughnan und M.W.P. Standberg, *The Role of Phonons in Paramagnetic Relaxation.* J. Phys. Chem. Solids **19**, 155 (1961)

[Ger 03] P.B. Gerhard, *Konventionelle Puls-NMR an ^{129}Xe auf Einkristalloberflächen.* Dissertation, Marburg 2003

[Goe 95] S. Goertz, *Investigations in high temperature irradiated ^{6,7}LiH and ^{6}LiD, its dynamic nuclear polarization and radiation resistance.* Nucl. Instrum. Methods Phys. Res. A **356**, 20 (1995)

[Goe 02] S. Goertz, *Spintemperatur und magnetische Resonanz verdünnter elektronischer Systeme – Ein Weg zur Optimierung polarisierter Festkörper-Targetmaterialien.* Habilitationsschrift, Ruhr-Universität Bochum 2002

[Goe 04a] S. Goertz, *The dynamic nuclear polarization process.* Nucl. Instrum. Methods Phys. Res. A **526**, 28 (2004)

[Goe 04b] S. Goertz et al. *Highest polarizations in deuterated compounds.* Nucl. Instrum. Methods Phys. Res. A **526**, 43 (2004)

[Gol 70] M. Goldman, *Spin Temperature and Nuclear Magnetic Resonance in Solids.* Oxford University Press, 1790

[Har 97] J. Harmesen, *Ein ^{4}He-Verdampfer-Kryostat zur Entwicklung polarisiserter Festkörpertargets.* Dipomarbeit, Ruhr-Universität Bochum 1997

[Hec 04] J. Heckmann, *Elektronenspinresonanz polarisierbarer Festkörper-Targetmaterialien bei 2.5 T.* Dissertation, Ruhr-Universität Bochum 2004

[Hec 06] J. Heckmann, W. Meyer, E. Radtke, G. Reicherz und S. Goertz, *Electron spin resonance and its implication on the maximum nuclear polarization of deuterated solid target materials.* Phys. Rev. B **74**, 134418 (2006)

[Hes 05] C. Heß, *Ein gepulstes NMR-System zur Polarisationsmessung an Festkörpertargets.* Diplomarbeit, Ruhr-Universität Bochum 2005

[Heu 41] C. Heuman, *Table of Complete Elliptic Integrals.* J. Math. Phys. **20**, 127 (1941)

[HH 67] C.F. Hwang und D.A. Hill, *Phenomenological Model for the New Effect in Dynamic Polarization.* Phys. Rev. Lett. **19**, 1011 (1967)

[HW 00] H. Haken und H.C. Wolf, *Atom- und Quantenphysik.* 7. Auflage, Springer (2000)

[HY 68] E.A. Harris und K.S. Yngvesson, *Spin-lattice relaxation in some iridium salts I. Relaxation of theisolated $(IrCl_6)^{2-}$ complex.* J. Phys. C: Solid State Phys. **1**, 990 (1968)

[Jac 06] J.D. Jackson, *Klassische Elektrodynamik.* deut. Übers. von K. Müller. 4., überarb. Auflage, W. de Gruyter, Berlin (2006)

[Kit 06] Ch. Kittel, *Einführung in die Festkörperphysik.* 14. Auflage, Oldenbourg-Verlag, München (2006)

[Kra 73] L. Kraus, *The Demagnetization Tensor of a Cylinder.* Czech. J. Phys. **23** 512 (1973)

[KU 52] K. Kambe und T.Usui, *Temperature Effect on Paramagnetic Resonance in Crystals.* Prog. Theor. Phys. **8**, 302 (1952)

[Kub 57] R. Kubo, *Statistical-Mechanical Theory of Irreversible Processes. I. General Theory and Simple Applications to Magnetic and Conduction Problems.* J. Phys. Soc. Jpn. **12**, 570 (1957)

[Kui 70] H. Kuiper, *Grundlagen der Polarisationsmessung in Polarisierten Targets mit Hilfe des inneren Feldes.* Z. Physik **232**, 325 (1970)

[Law 77] W.N. Lawless, *One-point calibration of Allen-Bradley resistor themometers, 2–20 K.* Rev. Sci. Instrum. **48**, 361 (1977)

[LL 63] L.D. Landau und E.M Lifshitz, *Electrodynamics of Continuius Media.* Pergamon Press (1963)

[Mat] MATLAB-Dokumentation zu *Confidence and Prediction Bounds* http://www.mathworks.com/access/helpdesk/help/toolbox/curvefit/bq_5ka6-1_1.html#bq_5kwr-8

[Max 04] J.C. Maxwell, *Treatise on Electricity and Magnetism Vol 2.* Third Edition, Oxford (1904). Verfügbar auf der Webseite: http://rack1.ul.cs.cmu.edu/is/maxwell2/

[Mei 01] A. Meier, *^{6}LiD für das Polarisierte Target des COMPASS-Experiments*, Dissertation, Ruhr-Universität Bochum 2001

[Mer 10] Firma Merck KGaA, *Sicherheitsdatenblatt für TEMPO (freies Radikal)*, überarbeitete Version vom 09.04.2010. Abrufbar unter http://assets.chemportals.merck.de/documents/sds/emd/deu/de/8146/814681.pdf

[Mes 90] A. Messiah, *Quantenmechanik Band 1–2.* aus dem Franz. übers. von J. Streubel. 2., verb. Auflage 1991 (Band 1), 3. verb. Auflage 1990 (Band 2). W. de Gruyter, Berlin

[Mey 83] W. Meyer et al., *Irradiated ammonia (NH_3) as target material for polarized proton targets.* Nucl. Instrum. Methods Phys. Res. A **215**, 65 (1983)

[MG 68] H. Meinke und F.W. Gundlach, *Taschenbuch der Hochfrequenztechnik.* Springer-Verlag (1968)

[MRB 69] S. Mango, Ö. Runólfsson und M. Borghini, *A butanol polarized proton target.* Nucl. Instrum. Methods **71**, 45 (1969)

[MRB 79] G. Mozurkewich, H.I. Ringermacher und D.I. Bolef, *Effect of demagnetization on magnetic resonance line shapes in bulk samples: Application to tungsten.* Phys. Rev. B **20**, 33 (1979)

[OL 77] J.J. Olivero, und R.L. Longbothuma, *Empirical fits to the Voigt line width: A brief review.* J. Quant. Spectrosc. Radiat. Transfer **17**, 233 (1977)

[Osb 45] J.A. Osborn, *Demagnetizing Factors of the General Ellipsoid.* Phys. Rev. **67**, 351 (1945)

[PDG 02] Particle Data Group, *Review of Particle Physics.* Phys. Rev. D **66**, 010001 (2002)

[RAT 04] H.O. Rocco und M. Aguirre Téllez, *Evaluation of the Asymmetric Voigt Profile and Complex Error Functions in Terms ofthe Kummer Functions.* Acta Phys. Pol. A **106**, 817 (2004)

[RB 75] Y. Roinel und V. Bouffard, *First Moments of NMR Lines for Highly Polarized Nuclei: A Rigorous Version of the "Local Field".* J. Magn. Reson. **18**, 304 (1975)

[Rei 94] G. Reicherz, *Kontroll- und NMR-System eines polarisierten Festkörpertargets.* Dissertation, Universität Bonn 1994

[Rob 91] S. Robinson et al., *Density Measurement of Solid Butanol by γ-ray Attenuation.* Proceedings of the 9th International Symposium on High Energy Spin Physics, Vol. 2, S. 385 Springer (1991)

[Rut 11] E. Rutherford, *The Scattering of α and β Particles by Matter and the Structure of the Atom.* Philos. Mag. Series 6, **21**, 669 (1911)

[Sia 09] U. Siart, *Kurzanleitung zum Smith-Diagramm.* Version 3.68 (10.Mai 2009). Verfügbar unter `http://www.siart.de/lehre/smishort.pdf`

[SV 69] K.J. Standley und R.A. Vaughan, *Electron Spin Relaxation Phenomena in Solids.* Adam Hilger Ltd., London (1969)

[SW 93] M. Schubert und G. Weber, *Quantentheorie: Grundlagen und Anwendungen.* Spektrum Akademischer Verlag, Heidelberg (1993)

[vdB 96] B. van den Brandt et al., *Dynamic nuclear polarization in thin polyethylene foils cooled via a superfluid ^{4}He film.* Nucl. Instrum. Methods Phys. A **381**, 219 (1996)

[Wen 08] T.W. Wenckebach, *The Solid Effect.* Appl. Magn. Reson. **34**, 227 (2008)

[ZF 57] J.R. Zimmerman und M.R. Foster, *Standardization of N.M.R. High Resolution Spectra.* J. Phys. Chem **61**, 282 (1957)

Index

Die Seitennummern sind dann fett gesetzt, wenn ein wichtiger Begriff auf der betreffenden Seite definiert oder ausführlich erläutert wird. Die Reichweite des Eintrags ist durch ein der Seitenzahl nachgestelltes „f“ bzw. „ff“ gekennzeichnet, wenn der Begriff auch auf der folgenden Seite bzw. auf mehreren Folgeseiten behandelt wird. Ein nachstehendes „n“ verweist auf einen Fußnoteneintrag.

Printed by Books on Demand GmbH, Norderstedt / Germany